PLD 系统设计入门与实践

王建农　　王鲲鹏　　王　伟　编著

国防工业出版社

·北京·

内 容 简 介

本书系统地介绍了可编程逻辑器件 PLD 的基本知识，尽可能让读者对 PLD 系统设计技术有较为全面的了解。PLD 的实用性决定了实践环节是不可或缺的，理论与实践的紧密结合是本书的特色。本书兼顾了 Xilinx、Altera 两家公司的 PLD 及软件开发平台，由浅入深、循序渐进地引导读者学习和实践，使读者逐步掌握 PLD 系统设计技术。本书内容包括基础篇和实践篇两部分共 11 章。基础篇主要介绍 EDA 技术概述、可编程逻辑器件 PLD、VHDL 语言、Verilog HDL 语言、ISE 软件、Quartus II 软件、SOPC 设计入门等；实践篇介绍了 PLD 开发实验系统、组合逻辑电路实验、时序逻辑电路实验、PLD设计实例等内容。

本书可以作为电子设计人员的自学和参考用书，也可以作为高等院校电子、电气、自动化、计算机等相关专业的教材。

图书在版编目（CIP）数据

PLD 系统设计入门与实践 / 王建农，王鲲鹏，王伟编著. —北京：国防工业出版社，2016.7

ISBN 978-7-118-10769-2

Ⅰ. ①P… Ⅱ. ①王… ②王… ③王… Ⅲ. ①可编程序逻辑器件—系统设计 Ⅳ. ①TP332.1

中国版本图书馆 CIP 数据核字（2016）第 154684 号

※

*国防工业出版社*出版发行

（北京市海淀区紫竹院南路 23 号 邮政编码 100048）
三河市鼎鑫印务有限公司印刷
新华书店经售

*

开本 787×1092 1/16 印张 19¾ 字数 485 千字
2016 年 7 月第 1 版第 1 次印刷 印数 1—2000 册 定价 65.00 元

（本书如有印装错误，我社负责调换）

国防书店：（010）88540777 发行邮购：（010）88540776
发行传真：（010）88540755 发行业务：（010）88540717

EDA 技术伴随着计算机、集成电路、电子系统设计的发展，经历了计算机辅助设计 CAD（Computer Assist Design）、计算机辅助工程设计 CAE（Computer Assist Engineering Design）和电子设计自动化 EDA（Electronic Design Automation）三个发展阶段。而 EDA 技术的主要内容包括可编程逻辑器件 PLD（Programmable Logic Device）、硬件描述语言、软件开发工具和实验开发系统等几个部分。其中 PLD 是 EDA 技术的核心部分，PLD 是一种半定制专用集成电路 ASIC（Application Specific Integrated Circuit），利用 PLD 进行系统设计可大大减小数字设备的体积、质量和功耗，并显著提高其可靠性。与需要用户设计集成电路版图的全定制方式相比，利用 PLD 设计数字系统可以大大缩短研制周期，降低设计费用和投资风险，特别适合于产品的样机开发和小批量生产。因此，PLD 在电子信息、通信、自动控制及计算机应用等领域的重要性日益突出，受到广大电子设计人员的普遍欢迎，已逐渐成为设计和实现数字系统的主要方式。

本书兼顾 Xilinx、Altera 两家公司的 PLD 及软件开发平台，介绍 VHDL 和 Verilog HDL 两种描述语言，内容全面、连贯，由浅入深，各章内容既相对独立，又彼此联系。理论与实践的紧密结合是本书的特色，全书分为基础篇和实践篇二个部分共 11 章，基础篇（1～7 章）介绍 EDA 技术概述、可编程逻辑器件 PLD、VHDL 语言、Verilog HDL 语言、ISE 软件、Quartus II 软件、SOPC 设计入门；实践篇（8～11 章）介绍了 PLD 开发实验系统、组合逻辑电路实验、时序逻辑电路实验、PLD 设计实例等内容。通过阅读本书，读者可以对 PLD 系统设计技术有一个较为系统、全面的了解，各章主要内容如下。

第 1 章　EDA 技术概述：介绍 EDA 技术的涵义、EDA 技术的发展历程、EDA 技术的主要内容、数字系统的设计、EDA 技术的应用形式、EDA 技术的发展趋势等。

第 2 章　可编程逻辑器件 PLD：介绍 PLD 的发展历程、PLD 的分类、PLD 的结构、边界扫描测试技术、在系统编程 ISP 等。

第 3 章　VHDL 语言：介绍 VHDL 语言概述、VHDL 程序结构、VHDL 的语言要素、VHDL 的基本语句、VHDL 的描述举例等。

第 4 章　Verilog HDL 语言：介绍 Verilog HDL 语言概述、Verilog HDL 程序基本结构、Verilog HDL 语言要素、Verilog HDL 基本语句、Verilog HDL 描述举例等。

第 5 章　ISE 软件：介绍 ISE 软件主界面、ISE 软件设计流程、用 ISE 软件新建工程、原理图编辑设计方法、混合编辑设计方法等。

第 6 章　Quartus II 软件：介绍 Quartus II 软件主窗口、Quartus II 软件设计流程、用 Quartus II 软件新建工程、原理图编辑设计方法、文本编辑设计方法、混合编辑设计方法等。

第 7 章　SOPC 设计入门：SOPC 概述、NiosII 嵌入式处理器简介、Avalon 系统互连结构总线、HAL 系统库简介、SOPC 设计流程、SOPC 设计举例等。

第 8 章　PLD 开发实验系统：介绍 PLD 开发实验系统的结构、EPM1270 核心板、XC95288XL 核心板、EP2C5Q208 核心板、MAGIC3200 扩展板等。

第 9 章　组合逻辑电路实验：介绍门电路实验、全加器实验、2-4 译码器实验、4-2 编码器实验、数据选择器实验、数据比较器实验、显示译码器实验等。

第 10 章　时序逻辑电路实验：介绍触发器实验、分频器实验、移位寄存器实验、计数器实验、数字电子钟实验等。

第 11 章　PLD 设计实例：介绍 8×8LED 点阵扫描、RS232 串口通信、数字电压表、红外线报警器、LCD1602 字符液晶显示、频率计等。

本书由常州工学院王建农、王鲲鹏、王伟共同编著，全书由王建农统稿。本书可以作为电子设计人员的自学和参考用书，也可以作为高等院校电子、电气、自动化、计算机等相关专业的培训教材。在书稿撰写、出版过程中，得到了成都云智优创科技有限公司佘春涛工程师提供了资料和技术支持，在此表示衷心的感谢。由于作者水平有限、编著时间仓促，书中不足之处和错误在所难免，敬请广大读者批评指正，联系信箱：wangjncz@126.com。

作者

2015 年 10 月

CONTENTS **目录**

第1章 EDA 技术概述

第2章 可编程逻辑器件 PLD

第 3 章　VHDL 语言

第 4 章　Verilog HDL 语言

第 5 章　ISE 软件

第6章 Quartus II 软件

第7章 SOPC 设计入门

第 8 章　PLD 开发实验系统

第 9 章　组合逻辑电路实验

第 10 章　时序逻辑电路实验

第 11 章　PLD 设计实例

第1章

EDA 技术概述

1.1 EDA 技术的涵义

电子设计自动化（Electronic Design Automation，EDA）是以计算机为工作平台，以 EDA 软件工具为开发环境，以 PLD 器件或者 ASIC 专用集成电路为目标器件实现电子系统设计的一种技术。EDA 涉及面广，内容丰富，理解各异，有广义 EDA 技术和狭义 EDA 技术之分。

广义 EDA 技术是指以计算机和微电子技术为先导，汇集了计算机图形学、数据库管理、图论和拓扑逻辑、编译原理、微电子工艺与结构学和计算数学等多种计算机应用学科最新成果的先进技术。

狭义 EDA 技术是指以大规模可编程逻辑器件为设计基础，以硬件描述语言为系统逻辑描述的主要表达方式，以计算机、大规模可编程逻辑器件的开发软件及实验开发系统为设计工具，通过有关的开发软件，自动完成用软件的方式设计的电子系统到硬件系统的逻辑编译、逻辑化简、逻辑分割、逻辑综合及优化、逻辑布局布线、逻辑仿真，直至完成对于特定目标芯片的适配编译、逻辑映射、编程下载等工作，最终形成集成电子系统或专用集成芯片的一门新技术。

EDA 技术的发展使得硬件设计进入到一个新的阶段，用 EDA 技术进行电子系统设计具有以下几个主要特征。

（1）采用自上而下的设计方法。其基本思想是从系统总体要求出发，各环节设计逐渐求精的过程。从系统的分解、模型的建立、门级模型的产生到最终的底层电路，将设计内容逐步细化，最后完成整体设计，这是一种全新的设计思想与设计理念。

（2）系统中采用可编程逻辑器件，使系统具有很强的保密性，在通信设备、计算机系统中，这已经成为衡量系统先进性的一个标准。

（3）利用 EDA 工具软件，在设计的每个阶段都可以进行仿真，EDA 工具软件强大的逻辑仿真测试技术能够及时发现设计中的错误。

（4）由于采用硬件描述语言设计电子系统的逻辑功能，从而降低了对设计者硬件电路方面的知识要求，由于采用软件方式设计硬件，因而易于在各种可编程逻辑器件之间移植。并适合多个设计者分工合作，协同设计，大大缩短设计周期，降低系统的成本。

（5）系统可现场编程，在线升级，整个系统可集成在一个芯片上，体积小、功耗低、可靠性高。

1.2　EDA 技术的发展历程

EDA 技术伴随着计算机、集成电路、电子系统设计的发展，经历了计算机辅助设计（Computer Assist Design，CAD）、计算机辅助工程设计（Computer Assist Engineering Design，CAE）和电子设计自动化（Electronic Design Automation，EDA）三个发展阶段。

（1）20 世纪 70 年代为计算机辅助设计（CAD）阶段。

早期的电子系统硬件设计采用的是分立元件，随着集成电路的出现和应用，硬件设计大量选用中、小规模标准集成电路，设计师开始用计算机辅助进行电路原理图编辑、PCB 布局布线。

（2）20 世纪 80 年代为计算机辅助工程设计 CAE 阶段。

随着计算机和集成电路的发展，EDA 技术进入到计算机辅助工程设计阶段。该阶段所推出的 EDA 工具则以逻辑模拟、定时分析、故障仿真、自动布局和布线为核心，重点解决电路设计没有完成之前的功能检测等问题。利用这些工具，设计师能在产品制作之前预知产品的功能与性能，能生成产品制造文件，使设计阶段对产品性能的分析前进了一大步。

（3）20 世纪 90 年代以后为电子系统设计自动化 EDA 阶段。

为了满足千差万别的系统用户提出的设计要求，最好的办法是由用户自己设计集成电路芯片，把想设计的电子系统直接设计在芯片上。微电子技术的发展，特别是可编程逻辑器件的发展，使得微电子厂家可以为用户提供各种规模的可编程逻辑器件，使设计者通过设计芯片实现电子系统功能。

这个阶段发展起来的 EDA 工具，可将原来设计师从事的许多高层次设计工作由 EDA 工具来完成，如可以将用户要求转换为设计技术规范，有效地处理可用的设计资源与理想的设计目标之间的矛盾，按具体的硬件、软件和算法分解设计等。设计师可以在较短的时间内利用 EDA 工具，通过一些简单的标准化设计过程，利用微电子厂家提供的设计库来完成电子系统的设计与验证。EDA 阶段设计师逐步从使用硬件转向设计硬件，从单个电子产品开发转向系统级电子产品开发。

1.3　EDA 技术的主要内容

EDA 技术的主要内容包括可编程逻辑器件、硬件描述语言、软件开发工具和实验开发系统四个部分，利用 EDA 技术可以进行电子系统的设计。

1.3.1　可编程逻辑器件

可编程逻辑器件（PLD）是一种由用户编程以实现某种逻辑功能的新型逻辑器件，常用的 PLD 主要有 CPLD 和 FPGA 二类器件。随着 EDA 技术的发展，CPLD 和 FPGA 器件的应用已十分广泛，它们将成为电子设计领域的重要角色。

CPLD 在结构上主要由可编程逻辑宏单元，可编程输入/输出单元和可编程内部连线三个部分构成。FPGA 在结构上主要由可编程逻辑单元，可编程输入/输出单元和可编程连线三个部分构成。

高集成度、高速度和高可靠性是 CPLD/FPGA 最明显的特点，其时钟延时可小至纳秒级。

结合其并行工作方式，在超高速应用领域和实时测控方面有着非常广阔的应用前景。

1.3.2 硬件描述语言

常用的硬件描述语言有 VHDL、Verilog、ABEL 等。

VHDL：作为 IEEE 的工业标准硬件描述语言，在电子工程领域，已成为事实上的通用硬件描述语言。

Verilog HDL：支持的 EDA 工具较多，适用于 RTL 级和门电路级的描述，其综合过程较 VHDL 稍简单，但其在高级描述方面不如 VHDL。

ABEL：一种支持各种不同输入方式的 HDL，被广泛用于各种可编程逻辑器件的逻辑功能设计，由于其语言描述的独立性，因而适用于各种不同规模的可编程器件的设计。

1.3.3 EDA 软件开发工具

目前主流的可编程逻辑器件厂家的 EDA 软件开发工具有 Altera 的 Quartus II、Xilinx 的 ISE 和 Lattice 的 ispLEVER 等。这三种软件的基本功能相同，主要区别是所面向的目标器件不同，性能各有优劣。

1.3.4 实验开发系统

实验开发系统一般包括以下模块。

（1）实验或开发所需的各类基本信号发生模块，包括时钟、脉冲、高低电平等；

（2）FPGA/CPLD 输出信息显示模块，包括数码显示、发光管显示、声响指示等；

（3）监控程序模块，提供"电路重构软配置"；

（4）目标芯片适配座以及上面的 FPGA/CPLD 目标芯片和编程下载电路；

（5）EDA 实验开发的外围资源。

实验开发系统主要供数字系统功能验证之用。

1.4 数字系统的设计

电子系统可分为模拟系统、数字系统及数模混合系统三种，无论哪一种电子系统，都是能够完成某种任务的电子设备。

数字系统实现的技术很多，一般而言，可以分为以下几种。

（1）可编程逻辑器件（PLD）

（2）单片机（MCU）

（3）数字信号处理器（DSP）

（4）嵌入式系统（Embedded System）

在数字系统设计时，应该根据不同的应用场合、成本和设计的难度来决定使用合适的设计技术。

1.4.1 数字系统的设计模型

数字系统是指以离散形式表示的、交互式的、具有存储、传输、信息处理能力的逻辑子系统的集合。

用于描述数字系统的模型有多种，各种模型描述数字系统的侧重点也不同。图 1-1 为一种普遍采用的模型，这种模型根据数字系统的定义，将整个系统划分为两个模块或两个子系统：数据处理子系统和控制子系统。

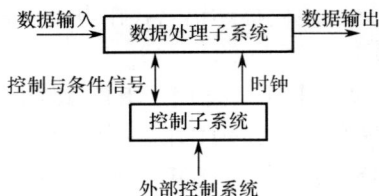

图 1-1　数字系统的设计模型

数据处理子系统由存储器、运算器、数据选择器等功能电路组成，主要完成数据的采集、存储、运算和传输。在控制子系统（或称控制器）发出的控制信号作用下，数据处理子系统与外界进行数据交换、数据的存储和运算等操作。数据处理子系统将接收由控制器发出的控制信号，同时将自己的操作进程或操作结果作为条件信号传送给控制器。

控制子系统是执行数字系统算法的核心，具有记忆功能，因此控制子系统是时序系统。控制子系统由组合逻辑电路和触发器组成，与数据处理子系统共用时钟。

把数字系统划分成数据处理子系统和控制子系统进行设计，能帮助设计者有层次地理解和处理问题，进而获得清晰、完整、正确的电路图，采用该模型的优点如下。

（1）把数字系统划分为控制子系统和数据处理子系统两个主要部分，使设计者面对的电路规模减小，二者可以分别设计。

（2）由于数字系统中控制子系统的逻辑关系比较复杂，将其独立划分出来后，可突出设计重点和分散设计难点。

（3）当数字系统划分为控制子系统和数据处理子系统后，逻辑分工清楚，各自的任务明确。

1.4.2　数字系统的设计准则

进行数字系统设计时，通常需要考虑多方面的条件和要求，如设计的功能和性能要求，元器件的资源分配和设计工具的可实现性，系统的开发费用和成本等。虽然具体设计的条件和要求千差万别，实现的方法也各不相同，但数字系统设计还是具备一些共同的方法和准则的。

1. 分割准则

自顶向下的设计方法或其他层次化的设计方法，需要对系统功能进行分割，然后用逻辑语言进行描述。分割过程中，若分割过粗，则不易用逻辑语言表达；分割过细，则带来不必要的重复和繁琐。

2. 系统的可观测性

在系统设计中，应该同时考虑功能检查和性能的测试，即系统观测性的问题。一些有经验的设计者会自觉地在设计系统的同时设计观测电路，即观测器，指示系统内部的工作状态。

建立观测器应遵循以下原则：具有系统的关键点信号，如时钟、同步信号和状态等信号；具有代表性的节点和线路上的信号；具备简单的"系统工作是否正常"的判断能力。

3. 同步和异步电路

异步电路会造成较大延时和逻辑竞争，容易引起系统不稳定，而同步电路则是按照统一的时钟工作，稳定性好。因此，在设计时应尽可能采用同步电路进行设计，避免使用异步电路。在必须使用异步电路时，应采取措施来避免竞争和增加稳定性。

4. 最优化设计

由于可编程器件的逻辑资源、连接资源和 I/O 资源有限，器件的速度和性能也是有限的，用器件设计系统的过程相当于求最优解的过程，因此，需要给定两个约束条件：边界条件和最优化目标。

所谓边界条件，是指器件的资源及性能限制。最优化目标有多种，设计中常见的最优化目标有：器件资源利用率最高；系统工作速度最快，即延时最小；布线最容易，即可实现性最好。具体设计中，各个最优化目标间可能会产生冲突，这时应满足设计的主要要求。

5. 系统设计的艺术

一个系统的设计，通常需要经过反复的修改、优化才能达到设计的要求。一个好的设计，应该满足"和谐"的基本特征，对数字系统可以根据以下几点做出判断：

设计是否总体上流畅，无拖泥带水的感觉；资源分配、I/O 分配是否合理，设计上和性能上是否有瓶颈，系统结构是否协调；是否具有良好的可观测性；是否易于修改和移植；器件的特点是否能得到充分发挥。

1.4.3　数字系统的设计步骤

1. 系统任务分析

数字系统设计中的第一步是明确系统的任务。在设计任务书中，可用各种方式提出对整个数字系统的逻辑要求，常用的方式有自然语言、逻辑流程图、时序图或几种方法的结合。当系统较大或逻辑关系较复杂时，系统任务（逻辑要求）逻辑的表述和理解都不是一件容易的工作。所以，分析系统的任务必须细致、全面，不能有理解上的偏差和疏漏。

2. 确定逻辑算法

实现系统逻辑运算的方法称为逻辑算法，也简称为算法。一个数字系统的逻辑运算往往有多种算法，设计者的任务是不但要找出各种算法，还必须比较优劣，取长补短，从中确定最合理的一种。数字系统的算法是逻辑设计的基础，算法不同，则系统的结构也不同，算法的合理与否直接影响系统结构的合理性。确定算法是数字系统设计中最具创造性的一环，也是最难的一步。

3. 建立系统及子系统模型

当算法明确后，应根据算法构造系统的硬件框架（也称为系统框图），将系统划分为若干个部分，各部分分别承担算法中不同的逻辑操作功能。如果某一部分的规模仍嫌大，则需进一步划分。划分后的各个部分应逻辑功能清楚，规模大小合适，便于进行电路级的设计。

4. 系统（或模块）逻辑描述

当系统中各个子系统（指最低层子系统）和模块的逻辑功能和结构确定后，则需采用比较规范的形式来描述系统的逻辑功能。设计方案的描述方法可以有多种，常用的有方框图、流程图和描述语言等。

对系统的逻辑描述可先采用较粗略的逻辑流程图，再将逻辑流程图逐步细化为详细逻辑流程图，最后将详细逻辑流程图表示成与硬件有对应关系的形式，为下一步的电路级设计提供依据。

5. 逻辑电路级设计及系统仿真

电路级设计是指选择合理的器件和连接关系以实现系统逻辑要求。电路级设计的结果常采用两种方式来表达：电路图方式和硬件描述语言方式。EDA 软件允许以这两种方式输入，以便作后续的处理。

6. 系统的物理实现

物理实现是指用实际的器件实现数字系统的设计，用仪表测量设计的电路是否符合设计要求。现在的数字系统往往采用大规模和超大规模集成电路，由于器件集成度高、导线密集，故一般在电路设计完成后即设计印制电路板，在印制电路板上组装电路进行测试。需要注意的是，印制电路板本身的物理特性也会影响电路的逻辑关系。

1.4.4 数字系统的设计方法

1. 传统设计方法

数字系统的传统设计方法如图 1-2 所示，根据设计目标，然后人工给出真值表，并通过卡诺图进行化简，得到最简的表达式，再画出逻辑图，最后用 TTL 系列（或 CMOS 系列）的 LSI 芯片实现数字逻辑的功能。

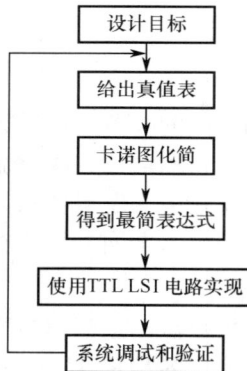

图 1-2　数字系统的传统设计

这种设计方法从方案的提出到验证、修改及设计实现均采用人工手段完成，尤其是系统的验证需要经过实际搭接电路来完成，因此，这种方法效率低、周期长。

2. CAD 设计方法

数字系统的 CAD 设计方法是在传统设计方法的基础上，借助于计算机来完成数据处理、模拟评价、设计验证、绘图等部分工作，人们可以借助于计算机设计规模稍大的电子系统，但设计阶段中的很多工作尚需人工来完成。

3. EDA 设计方法

EDA 设计方法是使用硬件描述语言（Hardware Description Language，HDL）来设计数字系统。现在广泛使用的 HDL 语言是 VHDL 和 Verilog HDL，这些语言允许设计人员通过写程序描述逻辑电路的行为来设计数字系统，程序能用来仿真电路的操作和在 CPLD、FPGA 或者专用集成电路 ASIC 上综合出一个实际的电路系统。EDA 通过软件编程对硬件系统的结构和工作方式进行重构，使得硬件的设计可以如同软件设计那样方便快捷，这一切极大地改变了传统的数字系统设计方法、设计过程。

1.4.5 两种设计方法的比较

1. 传统设计方法的特点

传统方法设计电子电路的验证工作很多，除需要完成电子电路板的设计和电路的安装外，还需用电源、信号发生器、示波器等各种测试仪表来加以验证。这种做法需要花很多的时间、容易损耗材料。如果测试结果不正确，还要花大量的时间和精力去检查是设计的错误还是制作电路的错误。这种做法在早期的小型电路设计时还可以应付，但随着电路设计的规模越来越大，复杂度越来越高，这种设计的方法显然不能适应现代化设计的需要。不仅如此，电路板图的设计也是一个相当复杂的过程，在进行手工设计电路板图时，需要进行元件布局，绘制草图，修改草图，才能绘制出所需要的电路图，随着电子元件的增多，电路板的尺寸的减小，电路的层数也越来越多，布线就有了相当的难度，导致无法再用用手工进行设计了。另外，随着元件数量的增多，各元件之间的相互干扰，耦合也就变得越来越复杂了，除非电路设计师具有相当高的设计经验和理论水平，否则很难保证设计的成功率。

2. EDA 技术设计方法的特点

利用 EDA 技术进行电子系统的设计，具有以下几个特点。

硬件方面：

① 简化设计者的设计工作量；

② 通过电脑算法合理 PCB 板的布局布线；

③ 提供设计成功率；

④ 对于没有太多设计经验者，也可以较快上手并完成设计；

⑤ 大大降低设计成本，推动电子技术的发展。

软件方面：

① 用软件的方式设计电子系统的各模块硬件功能；

② 用软件方式设计的系统到硬件系统的转换是由有关的开发软件自动完成的；

③ 设计过程中可用有关软件进行各种仿真；

④ 系统可现场编程，在线升级；

⑤ 整个系统可集成在一个芯片上，体积小、功耗低、可靠性高。因此，EDA 技术是现代电子设计的发展趋势。

3. 两种设计方法的比较

综上所述，可将电子系统的传统设计方法和 EDA 技术设计方法对比总结如表 1。

表 1　电子系统传统设计方法和 EDA 技术设计方法的比较

	传统设计	EDA 技术设计
设计方式	自底向上	自顶向下
核心器件	通用的逻辑元器件	可编程逻辑器件
调试时期	系统硬件设计的后期进行仿真和调试	系统设计的早期进行仿真和修改
设计文件	主要设计文件时电路原理图	多种设计文件，HDL 描述文件为主
对设计帮助	主要依靠设计者的经验	降低硬件电路设计难度

在基于 EDA 技术的系统设计中，最重要环节是在系统的基本功能或行为级上对设计的产品进行描述和定义时，采用自顶向下的设计方法。所谓"自顶向下"，就是指将数字系统的整体逐步分解为各个子系统和模块，若子系统规模较大，则还需将子系统进一步分解为更小的子系统和模块，层层分解，直至整个系统中各子系统关系合理，并便于逻辑电路级的设计和实现为止，图 1-3 是一个自顶向下设计的结构分解图。

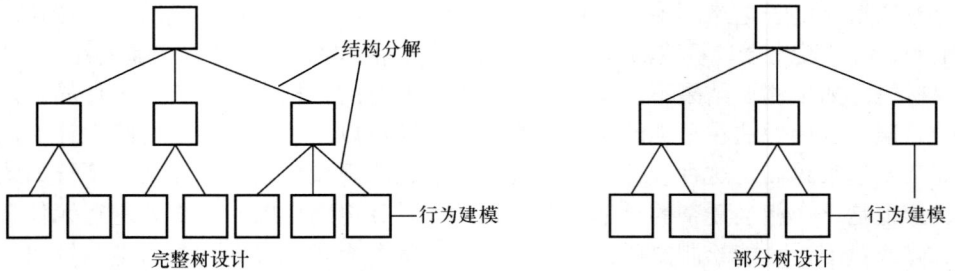

图 1-3 自顶向下设计的结构分解图

采用自顶向下的设计方法有如下优点：①自顶向下设计方法是一种模块化设计方法。②由于高层设计与器件无关，可以完全独立于目标器件的结构，因此在设计的最初阶段，设计人员可以不受芯片结构的约束，集中精力对产品进行最适应市场需求的设计，从而避免了传统设计方法中的再设计风险，缩短了产品的上市周期。③由于系统采用硬件描述语言进行设计，可以完全独立于目标器件的结构，因此设计易于在各种集成电路工艺或可编程器件之间移植。④适合多个设计者同时进行设计。

1.4.6 EDA 技术设计流程

用 EDA 技术进行电子系统的设计，大部分工作是在计算机上中完成，基于 EDA 技术的系统设计流程如图 1-4 所示。

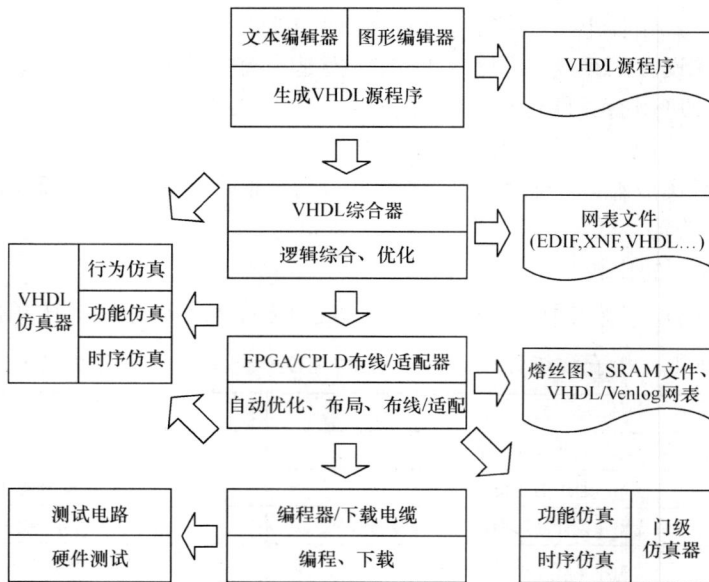

图 1-4 EDA 技术系统设计流程图

8

（1）设计输入，是使用相关软件的模块输入方式、文本输入方式、Core 输入方式和 EDA 设计输入工具等编辑器将设计者的设计意图表达出来。表达用户的电路构思，同时使用分配器设定初始设计约束条件。

（2）编译，完成设计描述后即可通过编译器进行排错编译，变成特定的文本格式，为下一步的综合做准备。

（3）综合，是将 HDL 语言、原理图等设计输入翻译成由与、或、非门 RAM，触发器等基本逻辑单元组成的逻辑连接（网表），并根据目标与要求（约束条件）优化所生成的逻辑连接，输出标准格式的网表文件，供布局布线器进行实现。除了可以用 Quartus II 或 ISE 软件的命令综合外，也可以用第三方综合工具进行。这是将软件设计与硬件的可实现性挂钩，是将软件转化为硬件电路的关键步骤。综合后 HDL 综合器可生成网表文件，从门级开始描述了最基本的门电路结构。

（4）布局布线，布局布线的输入文件是综合后的网表文件，Quartus II 或 ISE 软件中布局布线包含分析布局布线结、优化布局布线、增量布局布线和通过反标保留分配等。

（5）时序分析，是允许用户分析设计中所有逻辑的时序性能，并引导布局布线满足设计中的时序分析要求。默认情况下，时序分析作为全编译的一部分自动运行，它观察和报告时序信息，如建立时间、保持时间性、时钟至输出延时、最大时种频率以及设计的其他时序，可以用时序分析生成信息分析、调试和验证设计的时序性能。

（6）仿真，分为功能仿真和时序仿真。功能仿真主要是难证电路功能是否符合设计要求；时序仿真包含了延时信息，它能较好地反映芯片的设计工作情况。

（7）编程和适配，是在全编译成功后，对器件进行编程或配置，它包括生成编程文件、建立包含设计所用器件名称和选项的链式文件、转换编程文件等。利用布局布线适配器将综合后的网表文件针对某一具体的目标器件进行逻辑映射操作，包括底层器件配置、逻辑分割、逻辑优化、布局布线。该操作完成后，EDA 软件将产生针对此项设计的适配报告和下载文件等多项结果。

（8）功能仿真和时序仿真，该仿真已考虑硬件特性，非常接近真实情况，因此仿真精度很高。

（9）下载，如果以上的所有过程都没有发现问题，就可以将适配器产生的文件下载到目标芯片中。

（10）硬件仿真与测试。

1.5　EDA 技术的应用形式

随着 EDA 技术的深入发展和 EDA 技术软硬件性能价格比的不断提升，EDA 技术的应用将向广度和深度两个方面发展。根据利用 EDA 技术所开发的产品的最终主要硬件构成来分，EDA 技术的应用有如下几种形式。

（1）CPLD/FPGA 系统：使用 EDA 技术开发 CPLD/FPGA，使自行开发的 CPLD/FPGA 作为电子系统、控制系统、信息处理系统的主体。

（2）"CPLD/FPGA+MCU" 系统：综合应用 EDA 技术与单片机技术，将自行开发的 "CPLD/FPGA+MCU" 作为电子系统、控制系统、信息处理系统的主体。

（3）"CPLD/FPGA+专用 DSP 处理器"系统：将 EDA 技术与 DSP 专用处理器配合使用，用"CPLD/FPGA+专用 DSP 处理器"构成一个数字信号处理系统的整体。

（4）基于 FPGA 实现的现代 DSP 系统：基于 SOPC（a System on a Programmable Chip）技术、EDA 技术与 FPGA 技术实现方式的现代 DSP 系统。

（5）基于 FPGA 实现的 SOC 片上系统：使用超大规模的 FPGA 实现的，内含 1 个或数个嵌入式 CPU 或 DSP，能够实现复杂系统功能的单一芯片系统。

（6）基于 FPGA 实现的嵌入式系统：使用 CPLD/FPGA 实现的，内含嵌入式处理器，能满足对象系统要求的特定功能的，能够嵌入到宿主系统的专用计算机应用系统。

1.6　EDA 技术的发展趋势

未来的 EDA 技术将在仿真、时序分析、集成电路自动测试、高速印制电路板设计及开发操作平台的扩展等方面取得新的突破，并向功能强大、简单易学、使用方便的方向发展。

1.6.1　可编程逻辑器件发展趋势

可编程逻辑器件已经成为当今世界上最具吸引力的半导体器件，在现代电子系统设计中承担着越来越重要的角色。过去的几年中，可编程器件市场的增长主要来自大容量的可编程逻辑器件 CPLD 和 FPGA，其未来的发展趋势如下。

（1）向高密度、高速度、宽频带方向发展。

在电子系统的发展过程中，工程师的系统设计理念要受到其能够选择的电子器件的限制，而器件的发展又促进了设计方法的更新。随着电子系统复杂度的提高，高密度、高速度和宽频带的可编程逻辑产品已经成为主流器件，其规模也不断扩大，从最初的几百门发展到现在的上百万门，有些已具备了片上系统（System on a Chip）集成的能力。这些高密度、大容量的可编程逻辑器件的出现，给现代电子系统的设计业实现带来了巨大的帮助。设计方法和设计效率的飞跃，带来了器件的巨大需求，这种需求又促使器件生产工艺的不断进步，而每次工艺的改进，可编程逻辑器件的规模都将有很大的扩展。

（2）向在系统可编程方向发展。

在系统可编程是指程序在置入用户系统后仍具有改变其内部功能的能力。采用在系统可编程技术，可以像对待软件那样通过编程来配置系统内硬件的功能，从而在电子系统中引入"软硬件"的全新概念。它不仅使电子系统的设计和产品性能的改进和扩充变得十分简捷，还使新一代电子系统具有极强的灵活性和适应性，为许多复杂信号的处理和信息加工的实现提供了新的设计思路和方法。

（3）向可预测延时方向发展。

当前的数字系统中，由于数据处理量的激增，要求其具有大的数据吞吐量，加之多媒体技术的迅速发展，要求能够对图像进行实时处理，就要求有高速的系统硬件系统。为了保证高速系统的稳定性，可编程逻辑器件的延时可预测性就变得十分重要。用户在进行系统重构的同时，担心延时特性会不会因为重新布线而改变，延时特性的改变将导致重构系统的不可靠，这对高速的数据系统而言将是非常可拍的。因此，为了适应未来复杂高速电子系统的要求，可编程逻辑器件的高速可预测延时是非常必要的。

（4）向混合可编程技术方向发展。

可编程逻辑器件为电子产品的开发带来了极大的方便，它的广泛应用使得电子系统的结构和设计方法均发生了很大的变化。但是，有关可编程器件的研究和开发工作多数都集中在数据逻辑电路上，直到 1999 年 11 月，Lattice 公司推出了在系统可编程模拟电路，为 EDA 技术的应用开拓了更广阔的前景。其允许设计者使用开发软件在计算机中设计、修改模拟电路，进行电路特性仿真，最后通过编译电缆将设计方案下载至芯片中。已有多家公司开展了这方面的研究，并且推出了各自的模拟与数字混合型的可编程器件，相信在未来几年中，模拟电路及数模混合电路可编程技术将得到更大的发展。

（5）向低电压、低功耗方面发展。

集成技术的飞速发展，工艺水平的不断提高，节能潮流在全世界的兴起，也为半导体工业提出了向降低工作电压、降低功耗的方向发展。

1.6.2　开发工具的发展趋势

面对当今飞速发展的电子产品市场，电子设计人员需要更加实用、快捷的开发工具，使用统一的集成化设计环境，改变优先考虑具体物理实现方式的传统设计思路，将精力集中到设计构思、方案比较和寻找优化设计等方面，以最快的速度开发出性能优良、质量一流的电子产品，开发工具的发展趋势如下。

（1）具有混合信号处理能力。

由于数字电路和模拟电路的不同特性，模拟集成电路 EDA 工具的发展远远落后于数字电路 EDA 开发工具。但是，由于物理量本身多以模拟形式存在，实现高性能复杂电子系统的设计必然离不开模拟信号。

（2）高效的仿真工具。

在整个电子系统设计过程中，仿真是花费时间最多的工作，也是占用 EDA 工作时间最多的一个环节。可以将电子系统设计的仿真过程分为两个阶段：设计前期的系统级仿真和设计过程中的电路级仿真。系统级仿真主要验证系统的功能，如验证设计的有效性等；电路级仿真主要验证系统的性能，决定怎样实现设计，如测试设计的精度、处理和保证设计要求等。要提高仿真的效率，一方面是要建立合理的仿真算法；另一方面是要更好地解决系统级仿真中，系统模型的建模和电路级仿真中电路模型的建模技术。在未来的 EDA 开发中，仿真工具将有较大的发展空间。

（3）理想的逻辑综合、优化工具。

逻辑综合功能是将高层次系统行为设计自动翻译成门级逻辑的电路描述，做到了实际与工艺的独立。优化则是对于上述综合生成的电路网络表，根据逻辑方程功能等效的原则，用更小、更快的综合结果替代一些复杂的逻辑电路单元，根据指定目标库映射成新的网络表。随着电子系统的集成规模越来越大，设计者不可能直接面向电路原理图的设计，而是需要将大部分精力从繁琐的电路图设计和分析转移到设计前期算法开发上。逻辑综合、优化工具就是要把设计者的算法完整高效地生成为电路网络表。

第 2 章

可编程逻辑器件 PLD

可编程逻辑器件（Programmable Logic Device，PLD）以其集成度高、编程方便、开发周期短、速度快、价格合理等特点受到广大电子设计人员的青睐。

2.1　PLD 的发展历程

20 世纪 60 年代以来，数字集成电路已经历了从 SSI、MSI 到 LSI、VLSI 的发展过程。20 世纪 70 年代初以 1K 位存储器为标志的大规模集成电路（LSI）问世以后，微电子技术得到迅猛发展，集成电路的集成规模几乎以平均每 1～2 年翻一番的惊人速度迅速增长。集成技术的发展也大大促进了 EDA 技术的进步，20 世纪 90 年代以后，由于新的 EDA 工具不断出现，使设计者可以直接设计出系统所需要的专用集成电路，从而给电子系统设计带来了革命性的变化。过去传统的系统设计方法是采用 SSI、MSI 标准通用器件和其他元件对电路板进行设计，由于一个复杂电子系统所需要的元件往往种类和数量都很多，连线也很复杂，因而所设计的系统体积大、功耗大、可靠性差。先进的 EDA 技术使传统的"自下而上"的设计方法，变为一种新的"自顶向下"的设计方法，设计者可以利用计算机对系统进行方案设计和功能划分，系统的关键电路可以采用一片或几片专用集成电路来实现，因而使系统的体积、重量减小，功耗降低，而且具有高性能、高可靠性和保密性好等优点。

专用集成电路（Application Specific Integrated Circuit，ASIC）是指专门为某一应用领域或为专门用户需要而设计、制造的 LSI 或 VLSI 电路，它可以将某些专用电路或电子系统设计在一个芯片上，构成单片集成系统。ASIC 可分为数字 ASIC 和模拟 ASIC，数字 ASIC 又分为全定制和半定制两种。

全定制 ASIC 芯片的各层（掩膜）都是按特定电路功能专门制造的。设计人员从晶体管的版图尺寸、位置和互连线开始设计，以达到芯片面积利用率高、速度快、功耗低的最优性能，但其设计制作费用高，周期长，因此只适用于批量较大的产品。

半定制是一种约束性设计方式。约束的主要目的是简化设计、缩短设计周期和提高芯片成品率。目前半定制 ASIC 主要有门阵列、标准单元和可编程逻辑器件三种。

门阵列（Gate Array）是一种预先制造好的硅阵列（称母片），内部包括几种基本逻辑门、触发器等，芯片中留有一定的连线区。用户根据所需要的功能设计电路，确定连线方式，然后再交生产厂家布线。

标准单元（Standard Cell）是厂家将预先配置好、经过测试，具有一定功能的逻辑块作为标准单元存储在数据库中，设计人员在电路设计完成之后，利用 CAD 工具在版图一级完成与电路——对应的最终设计。与门阵列相比，标准单元设计灵活、功能强，但设计和制造周期较长，开发费用也比较高。

可编程逻辑器件 PLD 是 ASIC 的一个重要分支。与上述两种半定制电路不同，PLD 是厂家作为一种通用型器件生产的半定制电路，用户可以通过对器件编程使之实现所需要的逻辑功能。PLD 是用户可配置的逻辑器件，它的成本比较低、使用灵活、设计周期短、可靠性高、承担风险小，因而很快得到普遍应用，发展非常迅速。

可编程逻辑器件从 20 世纪 70 年代发展到现在，已形成了许多类型的产品，其结构、工艺、集成度、速度和性能等都在不断改进和提高。最早出现的可编程逻辑器件是 1970 年制成的 PROM，它由全译码的与阵列和可编程的或阵列组成。由于阵列规模大，速度低，因此它的主要用途还是作存储器。

20 世纪 70 年代中期出现了可编程逻辑阵列（Programmable Logic Array，PLA）器件，它由可编程的与阵列和可编程的或阵列组成，虽然其阵列规模大为减少，提高了芯片的利用率，但由于编程复杂，支持 PLA 的开发软件有一定难度，因而也没有得到广泛应用。

20 世纪 70 年代末美国 MMI 公司率先推出了可编程阵列逻辑（Programmable Array Logic，PAL）器件，它由可编程的与阵列和固定的或阵列组成，采用熔丝编程方式，双极型工艺制造，器件的工作速度很高。由于它的输出结构种类很多，设计很灵活，因而成为第一个得到普遍应用的可编程逻辑器件。

20 世纪 80 年代初 Lattice 公司发明了通用阵列逻辑（Generic Array Logic，GAL）器件，它在 PAL 的基础上进一步改进，采用了输出逻辑宏单元（OLMC）的形式和 E^2CMOS 工艺结构，因而具有可擦除、可重复编程、数据可长期保存和可重新组合结构等优点。GAL 比 PAL 使用更加灵活，它可以取代大部分 SSI、MSI 和 PAL 器件，所以在 20 世纪 80 年代得到广泛应用。PAL 和 GAL 都属于低密度 PLD，其结构简单，设计灵活，但规模小，难以实现复杂的逻辑功能。20 世纪 80 年代末，随着集成电路工艺水平的不断提高，PLD 突破了传统的单一结构，向着高密度、高速度、低功耗以及结构体系更灵活，适用范围更宽的方向发展，因而相继出现了各种不同结构的高密度 PLD。

20 世纪 80 年代中期 Altera 公司推出了一种新型的可擦除、可编程逻辑器件 EPLD（Erasable Programmable Logic Device），它采用 CMOS 和 UVEPROM 工艺制作，集成度比 PAL 和 GAL 高得多，设计也更加灵活，但内部互连能力比较弱。

1985 年 Xilinx 公司首家推出了现场可编程逻辑 FPGA（Field Programmable Gate Array）器件，它是一种新型的高密度 PLD，采用 CMOS-SRAM 工艺制作，其结构和阵列型 PLD 不同，内部由许多独立的可编程逻辑模块组成，逻辑块之间可以灵活地相互连接，具有密度高、编程速度快、设计灵活和可再配置设计能力等许多优点。FPGA 出现后立即受到世界范围内电子设计人员的普遍欢迎，并得到迅速发展。

20 世纪 80 年代末 Lattice 公司提出了在系统可编程技术以后，相继出现一系列具备在系统可编程能力的复杂可编程逻辑器件 CPLD（Complex PLD）。CPLD 是在 EPLD 的基础上发展起来的，它采用 E^2CMOS 工艺制作，增加了内部连线，改进了内部结构体系，因而比 EPLD 性能更好，设计更加灵活，其发展也非常迅速。

目前世界著名半导体器件公司 Xilinx、Altera、Lattice 和 AMDAtmel 等公司，均可提供不同类型的 CPLD、FPGA 产品，众多公司的竞争促进了可编程集成电路技术的提高，使其性能不断完善，产品日益丰富。现在可编程逻辑器件在结构、密度、功能、速度和性能等各方面得到了很快的发展，并在现代电子系统设计中得到了广泛的应用。

2.2 PLD 的分类

PLD 种类繁多，不同的半导体器件公司均有各自的系列和型号，且 PLD 器件集成密度也不同、结构差别也较大。

2.2.1 按 PLD 集成密度分类

可编程逻辑器件 PLD 从集成密度上可分为低密度 PLD 和高密度 PLD 两类，按 PLD 集成密度分类如图 2-1 所示。

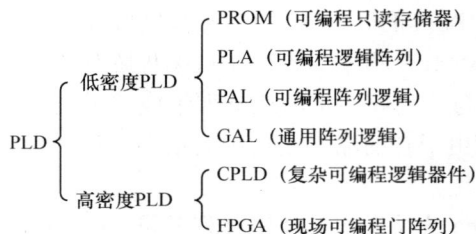

$$PLD \begin{cases} 低密度PLD \begin{cases} PROM（可编程只读存储器） \\ PLA（可编程逻辑阵列） \\ PAL（可编程阵列逻辑） \\ GAL（通用阵列逻辑） \end{cases} \\ 高密度PLD \begin{cases} CPLD（复杂可编程逻辑器件） \\ FPGA（现场可编程门阵列） \end{cases} \end{cases}$$

图 2-1 数字系统的设计模型

低密度 PLD 主要指早期发展起来的 PLD，它包括 PROM、PLA、PAL 和 GAL 四种，其集成密度一般小于 700 门/片。

高密度包括 CPLD 和 FPGA 二种，其集成密度在 700 门/片以上。随着集成工艺的发展，PLD 的集成密度不断增加，性能也不断提高。

2.2.2 按 PLD 编程方式分类

可编程逻辑器件 PLD 的编程方式分为两类：一类是一次性编程 OTP（One Time Programmable）器件；另一类是可多次反复编程的器件。OTP 器件只允许对器件编程一次，编程后不能修改，其优点是集成度高、工作频率和可靠性高、抗干扰性强。可多次反复编程器件的优点是可多次修改设计，特别适合于系统样机的研制。

可编程逻辑器件的编程信息均存储在可编程元件中。根据各种可编程元件的结构及编程方式，可编程逻辑器件通常又可以分为以下四类。

（1）采用一次性编程的熔丝（Fuse）或反熔丝（Antifuse）元件的可编程器件。

（2）采用紫外线擦除、电可编程元件，即采用 EPROM、UVCMOS 工艺结构的可编程器件。

（3）采用电擦除、电可编程元件。其中一种是 E^2PROM，即采用 E^2CMOS 工艺结构的可编程器件；另一种是采用快闪存储单元（Flash）结构的可编程器件。

（4）基于静态存储器 SRAM 结构的编程器件。

以上四类器件中第（1）类属于一次性编程器件，第（2）、（3）、（4）类属于可多次反复编程器件。基于 EPROM、E^{2}PROM 和快闪存储单元（Flash）存储器的可编程器件的优点是系统断电后，编程信息不丢失。其中基于 E^{2}PROM 和快闪存储单元（Flash）的编程器件可以编程 100 次以上，因而得到广泛应用。在系统编程 ISP（In System Programmable）器件就是利用 E2PROM 或快闪存储单元（Flash）来存储编程信息的。

基于 SRAM 的可编程器件的缺点是，编程信息在系统断电后会丢失，是易失性器件。多数 FPGA 是基于 SRAM 的可编程器件。它在每次上电工作时，需要从器件外部的 EPROM、E^{2}PROM 或其他存储体上将编程信息写入器件的 SRAM 中。这类可编程器件的优点是可进行任意次数的编程，并在工作中可以快速编程，实现板级和系统级的动态配置，因而也称为在线重配置 ICR（In Circuit Reconfigruable）的可编程逻辑器件。

2.2.3　按 PLD 结构特点分类

目前常用的可编程逻辑器件都是从与或阵列和门阵列发展起来的，所以可以从结构上将其分为两大类：阵列型 PLD 和现场可编程门阵列 FPGA。

阵列型 PLD 的基本结构由与阵列和或阵列组成。简单 PLD（PROM、PLA、PAL 和 GAL）、CPLD 都属于阵列型 PLD。

现场可编程门阵列 FPGA 具有门阵列的结构形式，它是由许多可编程逻辑单元（或称逻辑功能块）排成阵列组成的，这些逻辑单元的结构和与或阵列的结构不同，所以也将 FPGA 称为单元型 PLD。

2.3　阵列型 PLD 的结构

阵列型 PLD 包括 PROM、PLA、PAL、GAL 和 CPLD。由于 CPLD 是在 PAL 和 GAL 基础上发展起来的，因此首先了解简单 PLD 的结构特点，然后再介绍 CPLD 的结构特点。

2.3.1　简单 PLD 的基本结构

1. PLD 电路的表示方法

由于 PLD 内部电路的连接规模很大，用传统的逻辑电路表示方法很难描述 PLD 的内部结构，所以对 PLD 进行描述时采用了一种特殊的简化方法。PLD 的输入、输出缓冲器都采用了互补输出结构，PLD 缓冲器表示法如图 2-2 所示。

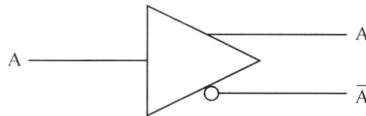

图 2-2　PLD 缓冲器表示法

PLD 的与门表示法如图 2-3 所示，图中与门的输入线通常画成行（横）线，与门的所有变量都称为输入项，并画成与行线垂直的列线以表示与门的输入，列线与行线相交的交叉处若有"·"，表示有一个耦合元件固定连接；若有"×"，则表示是编程连接；若交叉处无标

15

记，则表示不连接（被擦除）。与门的输出称为乘积项 P，与门输出 P=A·B·D。

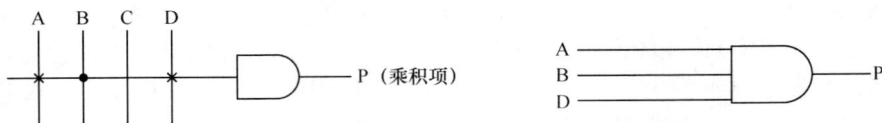

图 2-3　PLD 的与门表示法

或门可以用上述类似的方法表示，PLD 的或门表示法如图 2-4 所示。

图 2-4　PLD 的或门表示法

2. 简单 PLD 的基本结构

简单 PLD 的基本结构框图如图 2-5 所示，与阵列和或阵列是电路的主体，主要用来实现组合逻辑函数，输入电路由缓冲器组成，它使输入信号具有足够的驱动能力，并产生互补输入信号，输出电路可以提供不同的输出方式，如直接输出（组合方式）或通过寄存器输出（时序方式）。此外，输出端口上往往带有三态门，通过三态门控制数据直接输出或反馈到输入端。

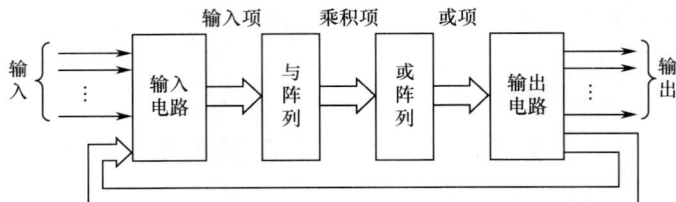

图 2-5　简单 PLD 的基本结构

通常，PLD 电路中只有部分电路可以编程或组态，PROM、PLA、PAL 和 GAL 四种 PLD 电路主要是编程情况和输出结构不同，因而电路结构也不相同，表 2-1 列出了四种 PLD 电路的结构特点。

表 2-1　四种 PLD 电路的结构特点

类　型	阵　列		输出方式
	与	或	
PROM	固定	可编程	TS，OC
FPLA	可编程	可编程	TS，OCH，L
PAL	可编程	固定	TS，I/O，寄存器
GAL	可编程	固定	用户定义

图 2-6、图 2-7 和图 2-8 分别为 PROM、PLA 和 PAL（GAL）的阵列结构图，从这些阵列结构图可以看出，可编程阵列逻辑 PAL 和通用阵列逻辑 GAL 的基本门阵列结构相同，均为与阵列可编程，或阵列固定连接，也就是说，每个或门的输出是若干个乘积

16

项之和，其中乘积项的数目是固定的。一般在 PAL 和 GAL 的产品中，最多的乘积项数可达 8 个。

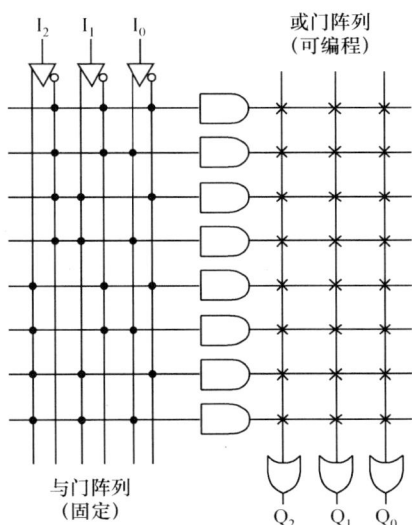

图 2-6　PROM 阵列结构

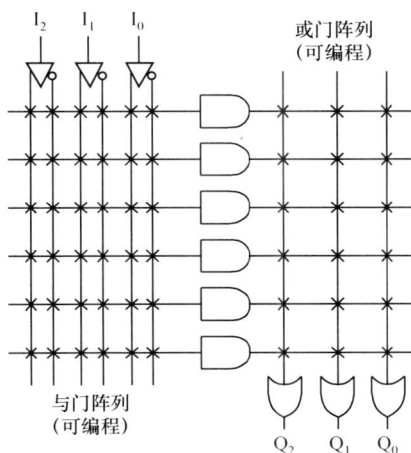

图 2-7　PLA 阵列结构

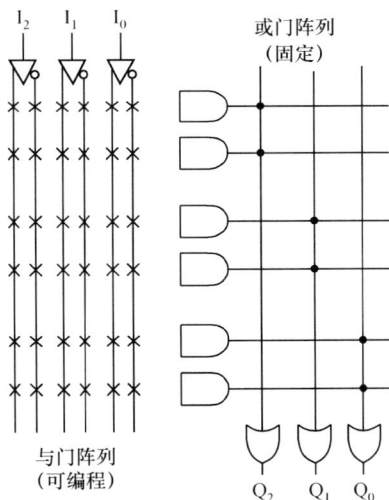

图 2-8　PAL 和 GAL 阵列结构

PAL 和 GAL 的输出结构是不相同的，PAL 有几种固定的输出结构，选定芯片型号后，其输出结构也就选定了。GAL 和 PAL 最大的差别在于 GAL 有一种灵活的、可编程的输出结构，它只有两种基本型号，并可以代替数十种 PAL 器件，因而称为通用可编程逻辑器件。GAL 的可编程输出结构称为输出逻辑宏单元 OLMC（Output Logic Macro Cell）。

图 2-9 是 GAL22V10 的 OLMC 内部逻辑图，OLMC 除了包含或门阵列和 D 触发器之外，还多了两个数选器（MUX），其中 4 选 1 MUX 用来选择输出方式和输出极性，2 选 1 MUX 用来选择反馈信号，而这些数选器的状态取决于两位可编程特征码 S1S0 的控制。

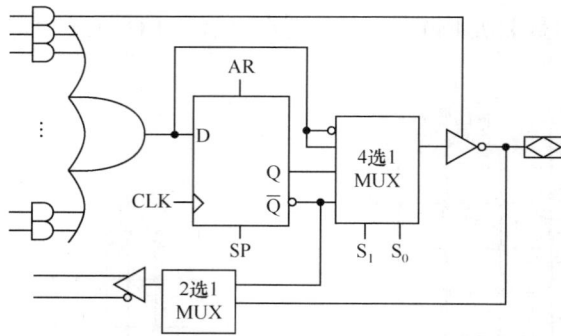

图 2-9 GAL22V10 的 OLMC 内部逻辑图

PAL 和 GAL 器件与 SSI、MSI 标准产品相比，有以下突出的优点。

① 提高了功能密度，节省了空间，通常一片 PAL 或 GAL 可以代替 4～12 片 SSI 或 2～4 片 MSI；

② 使用方便，设计灵活；

③ 具有上电复位功能和加密功能，可以防止非法复制等。

因而，这两种产品在早期得到了广泛应用。但 PAL 器件有许多缺陷，主要是 PAL 采用的是 PROM 编程工艺，只能一次性编程，而且由于输出方式是固定的，不能重新组态，因而编程灵活性较差。GAL 器件的每个宏单元（OLMC）均可根据需要任意组态，所以它的通用性好，比 PAL 使用更加灵活，而且 GAL 器件采用了 E²CMOS 工艺结构，可以重复编程，通常可以擦写百次以上，甚至上千次，由于这些突出的优点，因而 GAL 应用更为广泛。

3. CPLD 的基本结构

CPLD 是从 PAL、GAL 发展起来的阵列型高密度 PLD 器件，其采用了 E²PROM 和快闪存储器等编程技术，因而具有高密度、高速度和低功耗等特点。目前 Xilinx、Altera、Lattice 和 AMD 等半导体器件公司，在各自生产的高密度 PLD 产品中，都有相应的 CPLD 器件。

大多数 CPLD 器件中，至少包含了三种结构：可编程宏功能模块、可编程 I/O 控制块、可编程连线阵列，CPLD 的基本结构如图 2-10 所示。

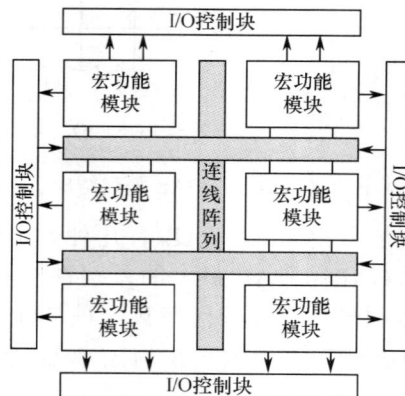

图 2-10 CPLD 的基本结构

1）可编程宏功能模块

可编程宏功能模块也称为可编程逻辑宏单元，可编程逻辑宏单元内部主要包括与或阵列、

18

可编程触发器和多路选择器等电路，能独立地配置为时序或组合工作方式。CPLD器件的宏单元在内部，称为内部逻辑宏单元。CPLD除了密度高之外，许多优点都反映在逻辑宏单元上。

（1）多触发器结构和"隐埋"触发器结构。

GAL器件每个输出宏单元只有一个触发器，而CPLD的宏单元内通常含两个或两个以上的触发器，其中只有一个触发器与输出端相连，其余触发器的输出不与输出端相连，但可以通过相应的缓冲电路反馈到与阵列，从而与其他触发器一起构成较复杂的时序电路。这些不与输出端相连的触发器就称为"隐埋"触发器。这种结构对于引脚数有限的CPLD器件来说，可以增加触发器数目，即增加其内部资源。

（2）乘积项共享结构。

在PAL和GAL的与或阵列中，每个或门的输入乘积项最多为7个或8个，当要实现多于8个乘积项的"与—或"逻辑函数时，必须将"与—或"函数表达式进行逻辑变换。在CPLD的宏单元中，如果输出表达式的与项较多，对应的或门输入端不够用时，可以借助可编程开关将同一单元（或其他单元）中的其他或门与之联合起来使用，或者在每个宏单元中提供未使用的乘积项供其它宏单元使用和共享。

（3）异步时钟和时钟选择

一般GAL器件只能实现同步时序电路，在CPLD器件中各触发器的时钟可以异步工作，有些器件中触发器的时钟还可以通过数据选择器或时钟网络进行选择。此外，逻辑宏单元内触发器的异步清零和异步置位也可以用乘积项进行控制，因而使用更加灵活。

2）可编程I/O控制块

I/O控制块即输入/输出单元，简称I/O单元（或IOC），它是内部信号到I/O引脚的接口部分。由于CPLD通常只有少数几个专用输入端，大部分端口均为I/O端，而且系统的输入信号常常需要锁存。因此I/O常作为一个独立单元来处理。

3）可编程连线阵列

可编程连线阵列的作用是在各逻辑宏单元之间以及逻辑宏单元和I/O单元之间提供互连网络。各逻辑宏单元通过可编程连线阵列接收来自专用输入或输入端的信号，并将宏单元的信号反馈到其需要到达的目的地。这种互连机制有很大的灵活性，它允许在不影响引脚分配的情况下改变内部的设计。

2.4 现场可编程门阵列FPGA

2.4.1 FPGA的分类

不同的半导体器件公司、不同型号的FPGA其结构有各自的特点，但就其基本结构而言，大致有以下几种分类。

1. 按逻辑功能块大小分类

可编程逻辑块是FPGA的基本逻辑构造单元。按照逻辑功能块的大小不同，可将FPGA分为细粒度结构和粗粒度结构两类。

细粒度FPGA的逻辑功能块一般较小，仅由很小的几个晶体管组成，非常类似于半定制门阵列的基本单元，其优点是功能块的资源可以被完全利用，缺点是完成复杂的逻辑功能需要大量的连线和开关，因而速度慢。

粗粒度 FPGA 的逻辑块规模大，功能强，完成复杂逻辑只需较少的功能块和内部连线，因而能获得较好的性能，缺点是功能块的资源有时不能被充分利用。

近年来随着工艺的不断改进，FPGA 的集成度不断提高，同时硬件描述语言（HDL）的设计方法得到广泛应用，由于大多数逻辑综合工具是针对门阵列的结构开发的，细粒度的 FPGA 较粗粒度的 FPGA 可以得到更好的逻辑综合结果。因此许多厂家开发出了一些具有更高集成度的细粒度 FPGA，如 Xilinx 公司采用 MicroVia 技术的一次编程反熔丝结构的 XC8100 系列，GateField 公司采用闪速 EPROM 控制开关元件的可再编程 GF100K 系列等，它们的逻辑功能块规模相对都较小。

2. 按互连结构分类

根据 FPGA 内部的连线结构不同，可将其分为分段互连型和连续互连型两类。

分段互连型 FPGA 中有不同长度的多种金属线，各金属线段之间通过开关矩阵或反熔丝编程连接。这种连线结构走线灵活，有多种可行方案，但走线延时与布局布线的具体处理过程有关，在设计完成前无法预测，设计修改将引起延时性能发生变化。

连续互连型 FPGA 是利用相同长度的金属线，通常是贯穿于整个芯片的长线来实现逻辑功能块之间的互连，连接与距离远近无关。在这种连线结构中，不同位置逻辑单元的连接线是确定的，因而布线延时是固定和可预测的。

3. 按编程特性分类

根据采用的开关元件的不同，FPGA 可分为一次编程型和可重复编程型两类。

一次编程型 FPGA 采用反熔丝开关元件，其工艺技术决定了这种器件具有体积小、集成度高、互连线特性阻抗低、寄生电容小及可获得较高的速度等优点。此外它还有加密位、反复制、抗辐射抗干扰、不需外接 PROM 或 EPROM 等特点。但它只能一次编程，一旦将设计数据写入芯片后，就不能再修改设计，因此比较适合于定型产品及大批量应用。

可重复编程型 FPGA 采用 SRAM 开关元件或快闪 EPROM 控制的开关元件。FPGA 芯片中，每个逻辑块的功能以及它们之间的互连模式由存储在芯片中的 SRAM 或快闪 EPROM 中的数据决定。SRAM 型开关的 FPGA 是易失性的，每次重新加电，FPGA 都要重新装入配置数据。SRAM 型 FPGA 的突出优点是可反复编程，系统上电时，给 FPGA 加载不同的配置数据，即可令其完成不同的硬件功能。这种配置的改变甚至可以在系统的运行中进行，实现系统功能的动态重构。采用快闪 EPROM 控制开关的 FPGA 具有非易失性和可重复编程的双重优点，但在再编程的灵活性上较 SRAM 型 FPGA 差一些，不能实现动态重构。此外，其静态功耗较反熔丝型及 SRAM 型的 FPGA 高。

2.4.2　FPGA 的基本结构

FPGA 具有掩模可编程门阵列的通用结构，它由逻辑功能块排成阵列组成，并由可编程的互连资源连接这些逻辑功能块来实现不同的设计。下面以 Xilinx 的 FPGA 为例，分析其结构特点。

FPGA 一般由三种可编程电路和一个用于存放编程数据的静态存储器 SRAM 组成。这三种可编程电路是：可编程逻辑块 CLB（Configurable Logic Block），输入/输出模块 IOB（I/O Block）和互连资源 IR（Interconnect Resource）。FPGA 的基本结构如图 2-11 所示，可编程逻辑块（CLB）是实现逻辑功能的基本单元，它们通常规则地排列成一个阵列，散布于整个芯片；可编程输入/输出模块（IOB）主要完成芯片上的逻辑与外部封装脚的接口，它通常排列在芯片的四周；可编程互连资源（IR）包括各种长度的连线线段和一些可编程连接开关，它们将各个 CLB 之间或 CLB、IOB 之间以及 IOB 之间连接起来，构成特定功能的电路。

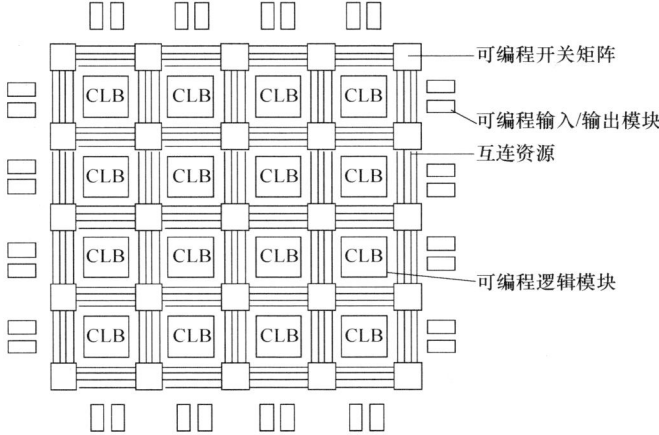

图 2-11　FPGA 的基本结构

　　FPGA 的功能由逻辑结构的配置数据决定，工作时，这些配置数据存放在片内的 SRAM 或熔丝图上。基于 SRAM 的 FPGA 器件，在工作前需要从芯片外部加载配置数据，配置数据可以存储在片外的 EPROM 或其他存储体上。用户可以控制加载过程，在现场修改器件的逻辑功能，即所谓现场编程。

1. 可编程逻辑块 CLB

　　CLB 是 FPGA 的主要组成部分，它主要由逻辑函数发生器、触发器、数据选择器等电路组成。CLB 中的逻辑函数发生器为查找表结构，其工作原理类似于 ROM，其物理结构是静态存储器 SRAM，4 输入 LUT 及内部结构如图 2-12 所示，N 个输入项的逻辑函数可以由一个 2^N 位容量的 SRAM 来实现，函数值存放在 SRAM 中，SRAM 的地址线起输入作用，SRAM 的输出为逻辑函数值，由连线开关实现与其他功能块的连接。

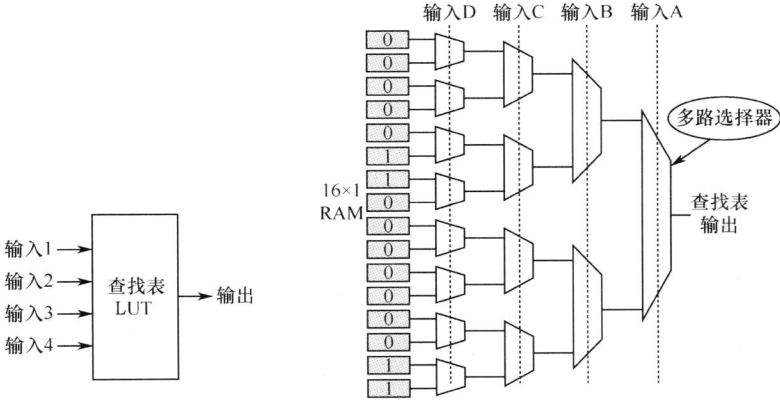

图 2-12　4 输入 LUT 及内部结构图

　　基于查找表结构的特点：①一个 N 输入查找表可以实现 N 个输入变量的任何逻辑功能。

②一个 N 输入查找表需要对应 2^N 位的 SRAM 存储单元。③器件的 LUT 的输入变量一般是 4 个或 5 个，所以存储单元的个数一般是 16 个或 32 个。输入变量多于 4 个或 5 个的逻辑函数，可以用多个查找表级联来实现。

CLB 中，除了有 LUT 外，一般还包含触发器等电路。其可将 LUT 输出值保存，用以实现时序逻辑电路，也可将触发器旁路，实现组合逻辑功能。Xilinx 公司 XC4000 系列 CLB 的基本结构如图 2-13 所示。CLB 中有两个边沿触发的 D 触发器，它们有公共的时钟和时钟使能输入端。R/S 控制电路可以分别对两个触发器异步置位和复位。每个 D 触发器可以配置成上升沿触发或下降沿触发。

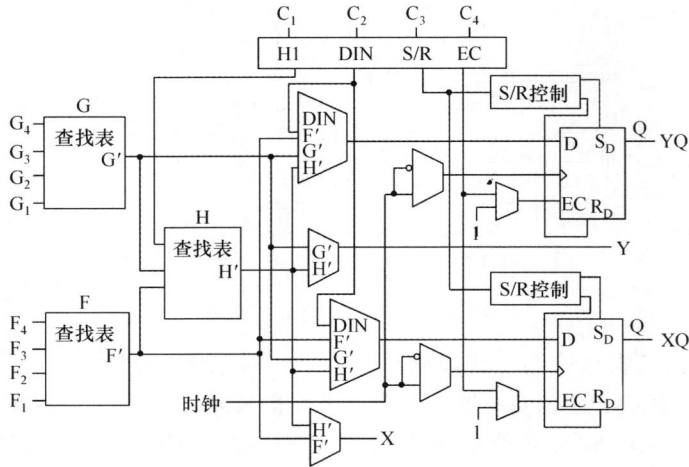

图 2-13　XC4000 系列 CLB 的基本结构

2. 输入/输出模块 IOB

输入/输出模块 IOB 提供了器件引脚和内部逻辑阵列之间的连接。它主要由输入触发器、输入缓冲器和输出触发/锁存器、输出缓冲器组成，Xilinx 公司 XC4000 系列的 IOB 结构如图 2-14 所示。每个 IOB 控制一个引脚，它们可被配置为输入、输出或双向 I/O 功能。

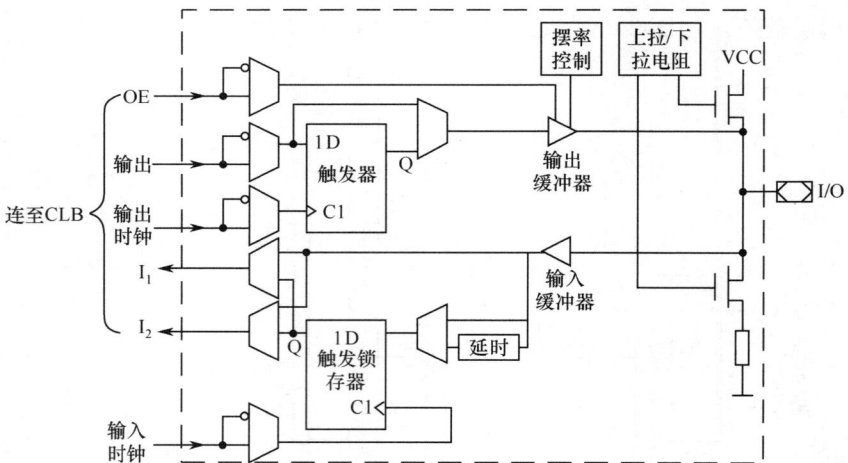

图 2-14　XC4000 系列 IOB 的基本结构

当 IOB 控制的引脚被定义为输入时，通过该引脚的输入信号先送入输入缓冲器。缓冲器的输出分成两路：一路可以直接送到 MUX；另一路经延时几纳秒（或者不延时）送到输入通路 D 触发器，再送到数据选择器。通过编程给数据选择器不同的控制信息，确定送至 CLB 阵列的 I_1 和 I_2 是来自输入缓冲器，还是来自触发器。D 触发器可通过编程来确定是边沿触发还是电平触发，且配有独立的时钟。与前述 CLB 中的触发器一样，也可任选上升沿或者下降沿作为有效作用沿。

当 IOB 控制的引脚被定义为输出时，CLB 阵列的输出信号 OUT 也可以有两条传输途径：一条是直接经 MUX 送至输出缓冲器；另一条是先存入输出通路 D 触发器，再送至输出缓冲器。输出通路 D 触发器也有独立的时钟，且可任选触发边沿。输出缓冲器既受 CLB 阵列送来的 OE 信号控制，使输出引脚有高阻状态，还受转换速率（摆率）控制电路的控制，使它可高速或低速运行，后者有抑制噪声的作用。

IOB 输出端配有两只 MOS 管，它们的栅极均可编程，使 MOS 管导通或截止，分别经上拉电阻或下拉电阻接通 VCC、地线或者不接通，用以改善输出波形和负载能力。

3. 可编程互连资源 IR

可编程互连资源 IR 可以将 FPGA 内部的 CLB 和 CLB 之间、CLB 和 IOB 之间连接起来，构成各种具有复杂功能的系统。IR 主要由许多金属线段构成，这些金属线段带有可编程开关，通过自动布线实现各种电路的连接。

2.5　边界扫描测试技术

随着微电子技术、微封装技术和印制板制造技术的不断发展，印制电路板变得越来越小，密度越来越大，复杂程度越来越高，使用万用表、示波器测试芯片的传统"探针"方法已不能满足要求。在这种背景下，早在 20 世纪 80 年代，联合测试行动组 JTAG（Joint Test Action Group）就起草了边界扫描测试 BST（Boundary Scan Testing）技术规范，后来在 1990 年被批准为 IEEE 标准 1149.1-1990 规定，简称 JTAG 标准。该规范提供了有效地测试引线间隔致密的电路板上元器件的能力。

边界扫描测试有两大优点：一是方便芯片的故障定位，能迅速准确地测试两个芯片引脚的连接是否可靠，提高测试检验效率；二是具有 JTAG 接口的芯片，内置一些预先定义好的功能模式，通过边界扫描通道来使芯片处于某个特定的功能模式，以提高系统控制的灵活性，方便系统设计。

边界扫描技术是一种应用于数字集成电路器件的测试性结构设计方法。所谓"边界"是指测试电路被设置在 IC 器件逻辑功能电路的四周，位于靠近器件输入、输出引脚的边界处。所谓"扫描"是指连接器件各输入、输出引脚的测试电路实际上是一组串行移位寄存器，这种串行移位寄存器被叫做"扫描路径"，沿着这条路径可输入由"0"和"1"组成的各种编码，对电路进行"扫描"式检测，从输出结果判断其是否正确。

边界扫描电路结构如图 2-15 所示，其提供了一个串行扫描路径，它能捕获器件核心逻辑的内容，也可以测试遵守 JTAG 规范的器件之间的引脚连接情况，而且可以在器件正常工作时捕获功能数据。测试从左边一个边界扫描单元串行移入，捕获的数据从右边一个边界扫描单元串行移出，然后同标准数据进行比较，就能够知道芯片性能的好坏了。边界扫描数据移位方式如图 2-16 所示，表 2-2 为边界扫描 IO 引脚功能。

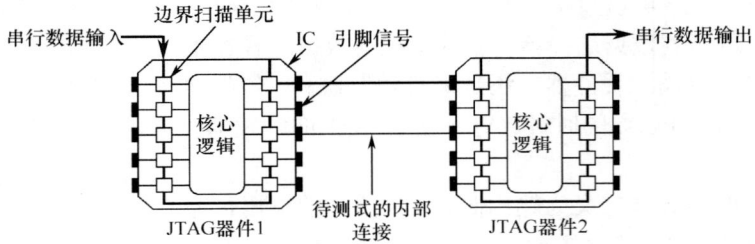

图 2-15　边界扫描电路结构

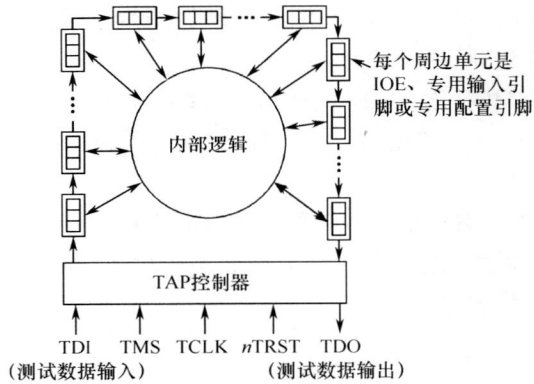

图 2-16　边界扫描数据移位方式

表 2-2　边界扫描 IO 引脚功能

引　脚	描　　述	功　　能
TDI	测试数据输入（Test Data Input）	测试指令和编程数据的串行输入引脚。数据在 TCK 的上升沿移入
TDO	测试数据输出（Test Data Output）	测试指令和编程数据的串行输出引脚。数据在 TCK 的下降沿移出。如果数据没有被移除时，该引脚处于高阻态
TMS	测试模式选择（Test Mode Select）	控制信号输入引脚，负责 TAP 控制器的转换。TMS 必须在 TCK 的上升沿到来之前稳定
TCK	测试时钟输入（Test Clock Input）	时钟输入到 BST 电路，一些操作发生在上升沿，而另一些发生在下降沿
TRST	测试复位输入（Test Reset Input）	低电平有效，异步复位边界扫描电路（在 IEEE 规范中，该引脚可选）

2.6　在系统编程 ISP

在系统编程 ISP（In-System Programming）指的是对器件、电路板或整个电子系统的逻辑功能可随时进行修改或重构的能力，这种重构和修改可以在产品设计、生产过程的任一环节进行，甚至是交付用户以后。在系统编程 ISP 通过编程电缆和编程接口，将配置数据从计算机下载至具有 ISP 功能的 CPLD/FPGA 芯片中。

在系统编程一般采用 IEEE 1149.1 JTAG 接口进行，例如 Altera 公司的 MAX7000、EPM1270 等 CPLD 器件使用了 TCK、TDO、TMS 和 TDI 这四条 JTAG 信号线。JTAG 接口

本来是用来进行边界扫描测试的，用它同时作为编程接口，可以减少对芯片引脚的占用，由此在 IEEE 1149.1 边界扫描测试接口规范的基础上产生了 IEEE 1532 编程标准，以对 JTAG 编程方式进行标准化。Altera 公司的 USB-Blaster 下载电缆如图 2-17 所示，下载接口引脚信号如表 2-3 所列，典型的编程下载连接如图 2-18 所示。

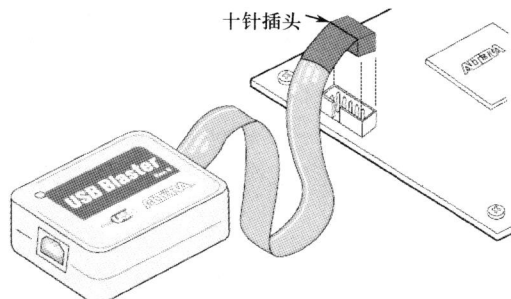

图 2-17　Altera 公司的 USB-Blaster 下载电缆

表 2-3　下载接口引脚信号

引脚	1	2	3	4	5	6	7	8	9	10
PS	DCK	GND	CONF_DONE	VCC	nCONFIG	—	nSTATUS	—	DATAO	GND
JTAG	TCK	GND	TDO	VCC	TMS	—	—	—	TDI	GND

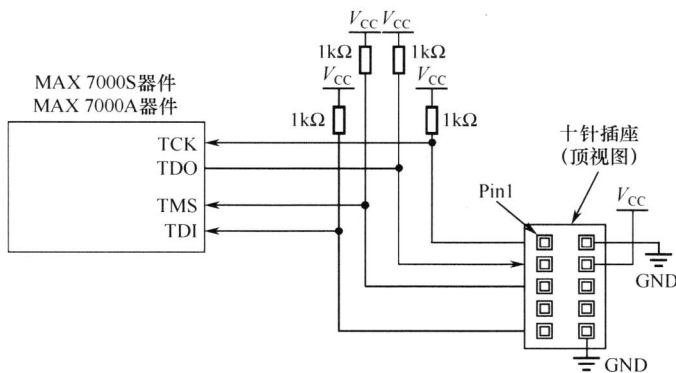

图 2-18　编程下载连接图

VHDL 语言

3.1　VHDL 语言概述

　　VHDL（Very-High-Speed Integrated Circuit Hardware Description Language），诞生于 198
年。1987 年底，VHDL 被 IEEE 和美国国防部确认为标准硬件描述语言。自 IEEE 公布了 VHDL
的标准版本 IEEE-1076（简称 87 版）之后，各 EDA 公司相继推出了自己的 VHDL 设计环境
或宣布自己的设计工具可以和 VHDL 接口。此后 VHDL 在电子设计领域得到了广泛的接受
并逐步取代了原有的非标准的硬件描述语言。1993 年，IEEE 对 VHDL 进行了修订，从更高
的抽象层次和系统描述能力上扩展 VHDL 的内容，并公布了新版本的 VHDL，即 IEEE 标准
的 1076-1993 版本（简称 93 版）。现在，VHDL 和 Verilog 作为 IEEE 的工业标准硬件描述语
言，又得到众多 EDA 公司的支持，在电子工程领域，已成为事实上的通用硬件描述语言。
有专家认为，在新的世纪中，VHDL 和 Verilog 语言将承担起大部分的数字系统设计任务。

　　如前所述，VHDL 英文翻译成中文就是超高速集成电路硬件描述语言，因此它主要应用
于数字电路系统设计。目前，它在中国的应用多数是用在 FPGA/CPLD/EPLD 的设计中。当
然在一些实力较为雄厚的单位，它也被用来设计 ASIC。

　　VHDL 语言主要用于描述数字系统的结构、行为、功能和接口。除了含有许多具有硬件
特征的语句外，VHDL 的语言形式和描述风格与句法是十分类似于一般的计算机高级语言。
VHDL 的程序结构特点是将一项工程设计，或称设计实体（Design Entity，可以是一个元件
一个电路模块或一个系统）分成外部（或称可视部分，及端口）和内部（或称不可视部分）
即涉及实体的内部功能和算法完成部分。在对一个设计实体定义了外部界面后，一旦其内部
开发完成后，其他的设计就可以直接调用这个实体。这种将设计实体分成内外部分的概念是
VHDL 系统设计的基本特点。

　　VHDL 的描述对象称为实体（ENTITY），实体的描述对象相当广泛，可以是逻辑门、小
函数、电路单元、芯片、电路板或完整的系统（特大型）。由于 VHDL 支持多层次描述，如
果设计时采用自顶向下的层次化设计和模块划分，则各层的设计模块都可以作为实体。高层
次实体可以调用低层次的设计实体。

3.2　VHDL 程序结构

　　一个完整的 VHDL 程序由 5 个部分组成，包括：库（LIBRARY）、程序包（PACKAGE）

实体（ENTITY）、结构体（ARCHITECTUR）和配置（CONFIGURATION）。

库（LIBRARY）：储存预先已经写好的程序和数据的集合，一般是已编译的实体、结构体、包和配置。在具体设计中可以使用 ASIC 芯片制造商提供的库，也可以使用由用户生成的 IP 库。

程序包（PACKAGE）：声明在设计中将用到的常数、数据类型、元件及子程序。对于任一具体的程序包而言，它也是设计模块所能共享的设计类型、常数和子程序的集合体。

实体（ENTITY）：声明基本设计实体的公共信息，即输入/输出端口信号或引脚，信息通过端口在实体之间流入或流出。一个设计实体只有一个实体。

结构体（ARCHITECTUR）：实体描述了设计实体的公共信息，而结构体定义了设计实体的实现，也即电路的具体逻辑行为描述。

配置（CONFIGURATION）：一个设计实体可以有多个结构体，可以通过配置来为实体选择其中一个结构体。

图 3-1 表示的是一个 VHDL 程序的完整结构。

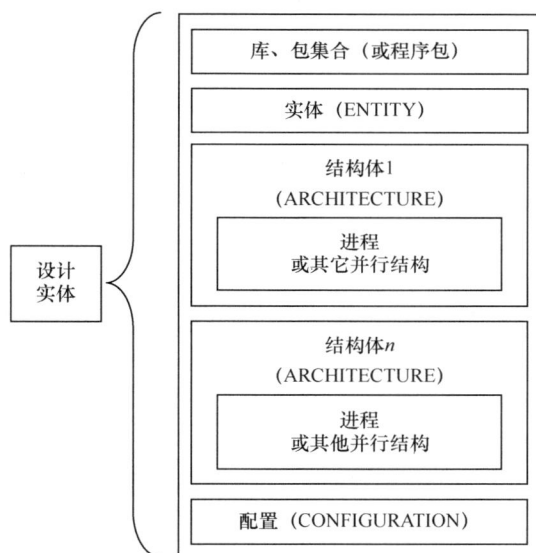

图 3-1　VHDL 程序完整结构

例 3.1 是采用 VHDL 编写的触发器程序结构模板。通过这个抽象的程序，可以更直观的了解 VHDL 程序的基本结构。

【例 3.1】　VHDL 编写的触发器程序结构模板。

```
LIBRARY IEEE;                        —库声明
USE IEEE.STD_LOGIC_1164.ALL;         —包声明
ENTITY test IS                       —实体说明，描述设计实体的外部接口信号
  PORT(
    d:        IN  STD_LOGIC;
    clk:      IN  STD_LOGIC;
    q:        OUT STD_LOGIC);
END test;

ARCHITECTURE trigger OF test IS      —结构体定义，描述设计实体内部的电路逻辑行为
```

27

```
      SIGNAL q_temp: STD_LOGIC;
BEGIN
  q<= q_temp;
   PROCESS (clk)
   BEGIN
    IF CLK'EVENT AND clk ='1' THEN
      q_temp <=D;
    END IF;
  END PROCESS;
END trigger;

CONFIGURATION d_trigger OF test IS 一配置，将结构体配置给实体，配置名为
                                   一d_trigger
  FOR trigger
  END FOR;
END d_trigger;
```

这个例子描述的是一个上升沿触发的 D 触发器。从这个 VHDL 语言程序结构模板可知，一般库语句放在最前面，接着是程序包声明；然后是实体说明，实体说明由实体名和端口组成，可将其看作是设计实体的外面部分，又称为可视部分；紧接着的是结构体，它是对实体的具体功能描述，将其看作是设计实体的里面部分，又称为不可视部分。一旦对已完成的设计实体定义了它的可视界面后，其他的设计实体就可以将其作为已开发好的成果直接调用。当实体对应多个结构体的时候，可以用独立的配置语句来说明该实体对其他设计单元（不在本程序结构内的设计单元）的引用，若结构体的描述很复杂或需配置的设计单元很多时，还可以另作一个单独的配置文件，使用起来更方便。

需要特别指出的是，上述所谓的完整结构，并不是任何 VHDL 程序必须具备的模式。在 VHDL 程序中，设计实体（Design Entity）常被看作是 VHDL 程序的基本单元，它也是电子系统的抽象。实体是设计实体的组成部分，而设计实体则包含了实体和结构体两个在 VHDL 程序中的最基本的部分。因此，实体和结构体这两部分结构才是必需的，它们可以构成最简单的 VHDL 程序。当然，最简单的 VHDL 程序结构还应包括库说明部分，即库和程序包。

3.2.1 实体

实体作为一个设计实体的组成部分,其功能是对这个设计实体与外部电路进行接口描述。实体是设计实体的表层设计单元,实体说明部分规定了设计单元的输入输出接口信号或引脚,它是设计实体对外的一个通信界面。就一个设计实体而言,外界所看到的仅仅是它的界面上的各种接口。设计实体可以拥有一个或多个结构体,用于描述此设计实体的逻辑结构和逻辑功能。对于外界来说,这一部分是不可见的。

不同逻辑功能的设计实体可以拥有相同的实体描述,这是因为实体类似于原理图中的一个部件符号,而其具体的逻辑功能是由设计实体中结构体的描述确定的。实体是 VHDL 的基本设计单元,它可以对一个门电路、一个芯片、一块电路板乃至整个系统进行接口描述。

1. 实体的组成

实体由实体名、类型表、端口表、实体说明部分和实体语句部分组成。根据 IEEE 标准,实体组织的一般格式为

```
ENTITY 实体名  IS
```

```
    [ GENERIC (类属表); ]
    [ PORT(端口表); ]
END [实体名];
```

实体单元应以语句"ENTITY 实体名 IS"开始，以语句"END 实体名；"结束，其中的实体名可由设计者自己添加。方括号内的语句描述在特定的情况下并非是必需的。例如构建一个 VHDL 仿真测试基准等情况中可以省去方括号中的语句。对于 VHDL 的编译器和综合器来说，程序文字的大小写是不加区分的，但为了便于阅读和分辨，建议将 VHDL 的标识符或基本语句关键词以大写方式表示，而由设计者添加的内容可以以小写方式来表示，而且一般要求尽量取便于记忆、能较直观反映涉及实体逻辑功能的名字，如实体的结尾可写成"END ENTITY nand"，其中的 nand 即为设计者取的实体名，并且从这个名字基本可以判断该实体实现的是"与非门"功能。

2. 类属说明

类属（GENERIC）参量是一种端口界面常数，常以一种说明的形式放在实体或块结构体前的说明部分，它实体说明中的可选项。类属为设计实体和其外部环境通信的静态信息提供通道，可以定义端口的大小、实体中元件数目及实体的定时特性等等；带有 GENERIC 的实体所定义的元件叫做参数化元件，即元件的规模或特性由 GENERIC 的常数决定。但类属与常数不同，常数只能从设计实体的内部得到赋值且不能再改变，而类属的值可以由设计实体外部提供，设计者可以从外面通过类属参量的重新设定而改变一个设计实体或一个元件的内部电路结构和规模。因此利用 GENERIC 可以设计更加通用的元件，弹性地适应不同的应用。

类型说明的一般书写格式为

```
GENERIC [CONSTANT]名字表：[IN]子类型标识[:=静态表达式],…]
```

【例 3.2】 使用类属说明的实例描述。

```
ENTITY mcu1 IS
  GENERIC (addrwidth : INTEGER := 16);
  PORT(
    add_bus : OUT STD_LOGIC_VECTOR(addrwidth-1 DOWNTO 0) );
    …
```

在这里，GENERIC 语句对实体 mcu1 作为地址总线的端口 add_bus 的数据类型和宽度作了定义，即定义 add_bus 为一个 16 位的标准位矢量，定义 addrwidth 的数据类型是整数 INTEGER。其中，常数名 addrwidth 减 1 即为 15，所以这类似于将上例端口表写为

```
PORT (add_bus : OUT STD_LOGIC_VECTOR (15 DOWNTO 0));
```

由例 3.2 可见，对于类属值 addrwidth 的改变将对结构体中所有相关的总线的定义同时作了改变，由此将改变整个设计实体的硬件结构。

类型说明和端口说明是实体说明的组成部分，用于说明设计实体和外部通信的通道。利用外部通信通道，参数的类型说明为设计实体提供信息。参数的类型用来规定端口的大小、I/O 引脚的指派、实体中子元件的数目和实体的定时特性等信息。

3. 端口说明

由 PORT 引导的端口说明语句是对设计实体与外部接口的描述，是设计实体和外部环境动态通信的通道，其功能对应于电路图符号的一个引脚。实体说明中的每一个 I/O 信号被称

为一个端口，一个端口就是一个数据对象。端口可以被赋值，也可以当作变量用在逻辑表达式中。

端口说明要求必须有一个端口名、一个端口模式（MODE，或称通信模式）和一个端口数据类型（TYPE）。端口说明的一般格式为：

　　　　PORT（端口名，端口名：模式 数据类型
　　　　　　　　　⋮
　　　　端口名，端口名：模式 数据类型）；

其中的端口名是设计者为实体的每一个对外通道所取的名字，端口模式是指这些通道上的数据流动方式，如输入或输出等。数据类型是指端口上流动的数据的表达格式或取值类型，这是由于 VHDL 是一种强类型语言，即对语句中的所有的端口信号、内部信号和操作数的数据类型有严格的规定，只有相同数据类型的端口信号和操作数才能相互作用。

一个实体通常有一个或多个端口，端口类似于原理图部件符号上的引脚。实体与外界交流的信息必须通过端口通道流入或流出，例 3.3 是一个 2 输入与非门的实体描述示例，图 3-2 是它对应的原理图。

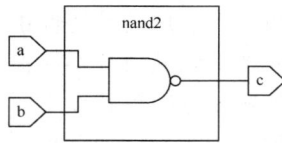

图 3-2　nand 对应的原理图符号

【例 3.3】　nand 的 VHDL 描述。

```
LIBRARY IEEE;
USE IEEE.STD_LOGIC_1164.ALL ;
ENTITY nand2 IS
  PORT(a : IN STD_LOGIC;
     b : IN STD_LOGIC;
     c : OUT STD_LOGIC);
END nand2 ;
...
```

图 3-3 中的 nand2 可以看成一个设计实体，它的外部接口界面由输入输出信号端口 a、b 和 c 构成，内部逻辑功能是一个与非门。在电路图上，端口对应于器件符号的外部引脚。端口名作为外部引脚的名称，端口模式用来定义外部引脚的信号流向。

1）端口名

端口名是赋予每个外部引脚的名称，名称的含义要明确且唯一，如 D 开头的端口名表示数据，A 开头的端口名表示地址等。端口名通常用几个英文字母或一个英文字母加数字表示。下面是合法的端口名：

　　CLK, RESET, A0, D3

2）端口模式

端口模式用来说明数据、信号通过该端口的传输方向。端口模式有 IN、OUT、BUFFER 和 INOUT。

30

（1）输入模式（IN）。

输入仅允许数据流入端口。输入信号的驱动源由外部向该设计实体内进行。输入模式主要用于时钟输入、控制输入（如 Load、Reset、Enable、CLK）和单向的数据输入，如地址信号（Address）。不用的输入一般接地，以免浮动引入干扰噪声。

（2）输出模式（OUT）。

输出仅允许数据流从实体内部输出。端口的驱动源是由被设计的实体内部进行的。输出模式不能用于被设计实体的内部反馈，因为输出端口在实体内不能看作可读的。输出模式常用于计数输出、单向数据输出、设计实体产生的控制其他实体的信号等。一般而言，不用的输出端口不能接地，避免造成输出高电平时烧毁被设计实体。

（3）缓冲模式（BUFFER）。

缓冲模式的端口与输出模式的端口类似，只是缓冲模式允许内部引用该端口的信号。缓冲端口既能用于输出，也能用于反馈。

缓冲端口的驱动源可以为

① 设计实体的内部信号源；

② 其他实体的缓冲端口。

缓冲不允许多重驱动，不与其他实体的双向端口和输出端口相连。

内部反馈的实现方法有：

① 建立缓冲模式端口；

② 建立设计实体的内部节点。

缓冲模式用于在实体内部建立一个可读的输出端口，例如计数器输出，计数器的现态被用来决定计数器的次态。实体既需要输出，又需要反馈，这时设计端口模式应为缓冲模式。

【例 3.4】 BUFFER 模式应用实例。

```
LIBRARY IEEE;
USE IEEE.STD_LOGIC_1164.ALL ;
ENTITY bfexp IS
  PORT(
    clk,rst,din :   IN STD_LOGIC;
            q1 :    BUFFER STD_LOGIC;
            q2 :    OUT STD_LOGIC
            );
END bfexp ;

ARCHITECTURE Behavioral1 OF bfexp IS
  BEGIN
    PROCESS(clk,rst)
      BEGIN
        IF rst ='0' THEN
          q1 <= '0' ;
          q2 <= '0' ;
        ELSIF clk'EVENT AND clk = '1' THEN
          q1 <= din ;     —将由 din 读入的数据向 q1 输出
          q2 <= q1 ;      —将向 q1 输出的数据回读，并向 q2 赋值
        END IF;
    END PROCESS;
```

```
END;
```

例 3.4 综合后的电路图如图 3-3 所示。

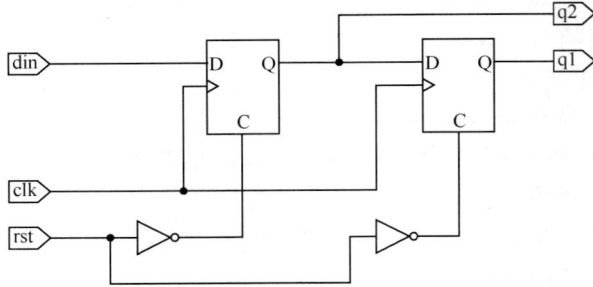

图 3-3　例 3.4 综合后的电路图

（4）双向模式（INOUT）。

双向模式可以代替输入模式、输出模式和缓冲模式。

在设计实体的数据流中，有些数据是双向的，数据可以流入该设计实体，也有数据从设计实体流出，这时需要将端口模式设计为双向端口。

双向模式的端口允许引入内部反馈，所以双向模式端口还可以作为缓冲模式用。由上述分析可见，双向端口是一个完备的端口模式。

一般而言，输入信号把端口指派成输入模式，输出信号把端口指派成输出模式，而双向数据信号，如计算机的 PCI 总线的地址/数据复用总线、DMA 控制器数据总线，都选用端口双向模式。这一良好的设计习惯，使得从端口名称、端口模式就可一目了然地知道信号的用途、性质、来源和去向，十分方便。对一个大型设计任务，大家应协同工作，从而不至于引起歧义。

3）端口数据类型（TYPES）

端口说明除了定义端口标识名称、端口定义外，还要标明出入端口的数据类型。VHDL语言有 10 种数据类型，在逻辑电路设计中主要有两种：位型（BIT）、位矢量型（BIT_VECTOR）。若端口的数据类型定义为 BIT，则其信号值是一个 1 位的二进制数取值，且只能是 0 或 1。若端口的数据类型定义为 BIT_VECTOR，则其信号值是一组二进制数。

BIT 类型也可以用 STD_LOGIC 说明，BIT_VECTOR 类型也可以用 STD_LOGIC_VECTOR说明。但是，在使用 STD_LOGIC 和 STD_LOGIC_VECTOR 时，应该在实体说明前增加两条语句：

```
LIBRARY IEEE;                  —IEEE 库
USE IEEE.STD_LOGIC_1164.ALL ;  —调用其中的 STD_LOGIC_1164 程序包中的
                               —所有（.ALL）内容
```

3.2.2　结构体

VHDL 语言中的实体语句只描述设计实体的外观（外部接口），设计实体的硬件电路功能与结构是由结构体（ARCHITECTURE）语句描述的。结构体具体指明了该设计实体的行为，定义了该设计实体的功能，规定了该设计实体的数据流程，指派了实体中内部元件的连接关系。

1. 结构体的一般格式

结构体的一般书写格式为

```
ARCHITECTURE 结构体名 OF 实体名 IS
    [定义语句，内部信号、常数、数据类型、函数定义]        —结构体说明语句
BEGIN
    [并发处理语句]；                                  —功能描述语句
    [进程语句]；
    ...
END 结构体名；
```

在书写格式上，实体名必须是所在设计实体的名字，而结构体名可以由设计者自己选择，但当一个实体具有多个结构体时，结构体的取名不可相重。结构体必须从"ARCHITECTURE 结构体名 OF 实体名 IS"开始，以"END 结构体名"结束。结构体的说明语句部分必须放在关键词"ARCHITECTURE"和"BEGIN"之间，功能描述语句必须放在"BEGIN"和"END ARCHITECTURE 结构体名；"之间。

2. 结构体说明语句

如上所述，结构体名称后面结构体说明语句，位于关键字 ARCHITECTURE 和 BEGIN 之间，用于对结构内部使用的信号（SIGNAL）、常数（CONSTANT）、数据类型（TYPE）、元件（COMPONENT）、函数（FUNCTION）和过程（PROCEDURE）等进行定义。特别需要注意的是，这是结构体内部，而不是实体内部，因为实体中可能有几个结构体。另外，实体说明中定义 I/O 信号为外部信号，而结构体定义的信号为内部信号。因此，一个结构体中说明和定义的信号、常数、数据类型、元件、函数和过程只能用于这个结构体中，如果希望这些定义也能用于其他的实体或结构体中，则需要将其作为程序包来处理。

结构体说明语句和实体的端口说明一样，应有信号名称和数据类型定义，但不需要定义信号模式，不用说明信号方向，因为是结构体内部连接用信号，如例 3.5 所示。

【例 3.5】 结构体说明语句描述方法。

```
ARCHITECTURE c_adder OF full_adder IS
  COMPONENT half_adder
    PORT (A, B : IN STD_LOGIC; S, C : OUT STD_LOGIC);
  END COMPONENT;
    COMPONENT or_gate
    PORT (in1, in2 : IN STD_LOGIC; out : OUT STD_LOGIC);
    END COMPONENT;
    SIGNAL a, b, c : STD_LOGIC;              —信号不必注明模式 IN、OUT
BEGIN

  END c_adder;
```

3. 功能描述语句

用 VHDL 语言描述结构体有 4 种方法。

（1）行为描述法：采用进程语句，顺序描述设计实体的行为。

（2）数据流描述法：采用进程语句，顺序描述数据流在控制流作用下被加工、处理、存储的全过程。

（3）结构描述法：采用并发处理语句描述设计实体内的结构组织和元件互连关系。

（4）采用多个进程（Process）、多个模块（Blocks）、多个子程序（Subprograms）的子结构方式。

3.2.3 块语句

BLOCK 语句是一个并发语句（有关并发语句的概念，参见 3.4.2 节），而它所包含的一系列语句也是并发语句，而且块语句中的并发语句的执行与次序无关。块语句的实质作用就是将一个大的结构划成一块一块小的结构，从而增加并发描述语句及其结构的可读性，是结构体层次分明。

BLOCK 语句的书写格式一般为

```
标号：BLOCK
       接口说明；
       类属说明；
     BEGIN
       并发处理语句；
     END BLOCK 标号名；
```

（1）接口说明类似于实体的定义部分，主要用于信号的映射及参数的定义，通常通过 GENERIC 语句，GENERIC_MAP 语句以及 PORT 语句和 PORT_MAP 语句引导，对 BLOCK 的接口设置以及对外部信号的联接加以说明。

（2）类属说明语句与构造体的说明语句相同，主要是对该 BLOCK 所要用到的客体加以说明。这些说明都是局部的，仅限于本 BLOCK。这些说明有：定义 USE 语句、定义子程序说明及子程序体、定义类型及子类型、定义常数、定义信号和定义元件。

【例 3.6】 采用 BLOCK 语句描述的二选一电路。

```
ENTITY mux IS
  PORT(d0, d1, sel: IN BIT;
                  q: OUT BIT);
END ENTITY mux;

ARCHITECTURE connect OF mux IS
  SIGNAL tmp1, tmp2, tmp3: BIT;
BEGIN
  cale: BLOCK
  BEGIN
    tmp1<=d0 AND sel;
  tmp2<=d1 AND (NOT sel);
  tmp3<=tmp1 OR tmp2;
  q<=tmp3;
 END BLOCK cale;
END ARCHITECTURE connect;
```

其中，cale 为块结构标号，SIGNAL 为信号说明语句的关键字，当信号 d0 或 sel 发生变化时，将信号 d0 和 sel 相与后的结果赋给信号 tmp1。

上述程序的构造体中只有一个 BLOCK 块，当电路较复杂时就可以由几个 BLOCK 块组成。

【例 3.7】 块语句实例。
```
B1:BLOCK
```

```
    SIGNAL s:BIT;
  BEGIN
    s<=A AND B;
    B2:BLOCK
    SIGNAL s:BIT;
    BEGIN
      s<=C AND D;
      B3:BLOCK
      BEGIN
        Z<=s;
      END BLOCK B3;
    END BLOCK B2;
    Y<=s;
  END BLOCK B1;
```

3.2.4 进程

进程语句是一种应用广泛的并发语句，一个结构体中可以包括一个或者多个进程语句，结构体中的进程语句是并发关系，即各个进程是同时处理的、并发执行的；但在每个进程语句结构内，组成进程的各个语句都是顺序执行，进程语句内部是不能包含并发语句的。

PROCESS 语句归纳起来有如下几个特点。

（1）它可以与其他进程并发运行，并可存取构造体或实体号中所定义的信号。

（2）进程结构内的所有语句都是按顺序执行的。

（3）为启动进程，在进程结构中必须包含一个显式的敏感信号量表或者包含一个 WAIT 语句，但敏感信号量表和 WAIT 语句不能并存。

（4）进程之间的通信是通过信号量传递来实现的。

一些并发语句，可以看成是一种进程的缩写形式。

PROCESS 进程语句的书写格式：

```
[进程标号：] PROCESS [敏感信号表] [IS]
  [进程语句说明部分;]
BEGIN
  <顺序语句部分>
END PROCESS[进程标号];
```

（5）敏感信号表列出了进程语句敏感的所有信号，每当其中的一个信号发生变化时，就会引起其他语句的执行，如果敏感信号表不写，那么在 PROCESS 里面必须有 WAIT 语句，由 WAIT 语句来产生对信号的敏感；而当敏感信号表存在时，就不能在 PROCESS 里再有 WAIT 语句。

（6）IS 可有可无，是由 93 版规定的。

（7）进程语句说明部分是进程语句的一个说明区，它主要用来定义进程语句所需的局部数据环境，包括数据类型说明、子程序说明和变量说明。

（8）进程语句有两种存在状态，一是等待，当敏感信号没有发生变化时；一是执行，当敏感信号变化时。

【例 3.8】 采用 WAIT 语句启动的十进制计数器的 VHDL 描述。

```
ENTITY counter10 IS
```

```
        PORT( clear, CLK: IN BIT;
          IN_count:    IN INTEGER RANGE 0 TO 9;
          OUT_count:   OUT INTEGER RANGE 0 TO 9);
      END counter10;

      ARCHITECTURE Behavioral OF counter10 IS
      BEGIN
        PROCESS
        BEGIN
          WAIT UNTIL CLK'EVENT AND CLK='1';          —WAIT 语句
          IF (clear ='1' OR IN_count >=9) THEN
            OUT_count <=0;
          ELSE
            OUT_count <=IN_count +1;
          END IF;
          END PROCESS;
      END Behavioral;
```
WAIT 语句在这里的作用即是当电路出现时钟上升沿时，计数器开始计数。

【例 3.9】 采用敏感信号启动的十进制计数器的 VHDL 描述。

```
      ENTITY counter10 IS
        PORT( clear:  IN BIT;
          IN_count:    IN INTEGER RANGE 0 TO 9;
          OUT_count:   OUT INTEGER RANGE 0 TO 9);
      END counter10;

      ARCHITECTURE Behavioral OF counter10 IS
      BEGIN
        PROCESS (IN_ count, clear)                   —敏感信号表
        BEGIN
          IF (clear ='1' OR IN_count =9) THEN
            OUT_count <=0;
          ELSE
            OUT_count <=IN_count +1;
          END IF;
        END PROCESS;
      END Behavioral;
```
一旦 IN_ count 或 clear 发生变化时，就开始计数。

3.2.5 子程序

子程序是一个 VHDL 程序模块，这个模块利用顺序语句来定义和完成算法，因此只能使用顺序语句。VHDL 语言的子程序与其他高级语言、汇编语言中的子程序的应用目的是相似的，即利用一组顺序执行的语句描述过程和函数功能，这些功能可以在程序中反复调用，从而简化程序设计，高效地完成重复性的工作。子程序有两种类型，即函数（FUNCTION）和过程（PROCEDURE）。

1. 函数

函数语句的作用是输入若干参数，通过函数运算求值，最后返回一个值。

函数语句的书写格式为：

```
FUNCTION 函数名 （参数表）RETURN 数据类型；           —函数首
FUNCTION 函数名 （参数表）RETURN 数据类型 IS          —函数体
  [子程序声明部分;]
 BEGIN
   顺序语句;
 END 函数名;
```

函数首是程序包与函数的接口界面。如果要将一个函数组织成程序包入库，则必须定义函数首，且函数首应放在程序包的说明部分，而函数体应放在程序包的包体内。如果只在一个结构体中定义并调用函数，则只需定义函数体即可。

其中：参数表中为参数名、参数类别及数据类型，函数的参数为信号或常数，默认情况为常数；在 RETURN 后面的数据类型为函数返回值的类型；子程序声明项用来说明函数体内引用的对象和过程；顺序语句就是函数体，用来定义函数的功能。

【例 3.10】 函数定义及调用实例。

```
LIBRARY ieee;
USE  ieee.STD_LOGIC_1164.ALL;
ENTITY  fun IS
  PORT (A:   IN BIT_VECTOR(0 TO 2);
        M:   OUT BIT_VECTOR(0 TO 2));
END fun;

ARCHITECTURE art OF fun IS
  FUNCTION sam (X,Y,Z: BIT) RETURN BIT IS     —所有参数只能是输入
  BEGIN                                        —参数，默认 IN 省略
    RETURN (X AND Y) OR Z;
  END sam;
BEGIN
  PROCESS (A)
  BEGIN
    M(0)<=sam(A(0), A(1), A(2));              —函数调用是一个表达式。
    M(1)<=sam(A(2), A(0), A(1));
    M(2)<=sam(A(1), A(2), A(0));
  END PROCESS;
END art;
```

当 A 的 3 个 BIT 位中任何一位有变化时，将启动对 sam 函数的调用，并将返回值赋给 M 输出。

通常各种功能的 FUNCTION 语句的程序都集中在程序包（Package）中。

【例 3.11】 程序包内定义函数实例。

```
LIBRARY IEEE;
USE IEEE.STD_LOGIC_1164.ALL;
PACKAGE packeexp IS                                    —定义程序包
  FUNCTION max( a,b : IN STD_LOGIC_VECTOR)
   RETURN STD_LOGIC_VECTOR ;                           —定义函数首
  FUNCTION func1 ( a, b, c: REAL ) RETURN REAL ;       —定义函数首
```

```
        FUNCTION "*" ( a , b: INTEGER ) RETURN INTEGER ;          —定义函数首
        FUNCTION as2 (SIGNAL in1, in2 : REAL ) RETURN REAL ;       —定义函数首
      END ;
      PACKAGE BODY packexp IS
        FUNCTION max( a, b : IN STD_LOGIC_VECTOR)
        RETURN STD_LOGIC_VECTOR IS                                 —定义函数体
         BEGIN
          IF a > b THEN RETURN a;
          ELSE RETURN b;
          END IF;
         END FUNCTION max;                                         —结束 FUNCTION 语句
      END;                                                         —结束 PACKAGE BODY 语句

      LIBRARY IEEE;                                                —函数应用实例
      USE IEEE.STD_LOGIC_1164.ALL;
      USE WORK.packexp.ALL ;                                       —自定义程序包引用
      ENTITY examp IS
        PORT( dat1,dat2: IN STD_LOGIC_VECTOR (3 DOWNTO 0);
              dat3, dat4: IN STD_LOGIC_VECTOR (3 DOWNTO 0);
              out1, out2: OUT STD_LOGIC_VECTOR (3 DOWNTO 0) );
      END;
      ARCHITECTURE Behavioral OF examp IS
      BEGIN
        out1 <= max(dat1, dat2);              —用在赋值语句中的并行函数调用语句
        PROCESS (dat3, dat4)
        BEGIN
          out2 <= max(dat3, dat4);            —顺序函数调用语句
        END PROCESS;
      END;
```

2. 过程

过程的作用是传递信息，即通过参数进行内外的信息传递。其中参数需说明（信号、变量及常量）类别、类型及传递方向。

过程定义的格式为：

```
      PROCEDURE 过程名参数表                    —过程首
      PROCEDURE 过程名 （参数声明）IS           —过程体
        [子程序声明部分];
      BEGIN
        顺序语句;
      END [PROCEDURE] [过程名];
```

其中：参数声明指明了输入、输出端口的数目和类型。参数声明的语法格式为：[参数名:方式]

方式参数类型有 IN、OUT、INOUT、BUFFER 等四种。

（1）在 PROCEDURE 结构中，参数可以是输入也可以是输出。在没有特别指定的情况下，"IN"作为常数；而"OUT"和"INOUT"则看作"变量"进行复制。

（2）在过程语句执行结束后，如没有特别说明，输出和输入输出参数将按变量对待将值

传递给调用者的变量。如果调用者需要输出和输入输出作为信号使用，则在过程参数定义时要指明是信号。

例如：

```
PROCEDURE shift (   din:    IN STD_LOGIC_VECTOR;
                SIGNAL dout:   OUT STD_LOGIC_VECTOR;
                q: INOUT INTEGER) IS
BEGIN
...
END shift;
```

过程的调用是一条语句，调用时通过其接口返回 0 个或多个值。

根据环境的不同，过程调用有两种方式，即顺序语句方式和并行语句方式。在一般的顺序语句自然执行过程中，一个过程被执行，则属于顺序语句方式；当某个过程处于并行语句环境中时，其过程体中定义的任一 IN 或 INOUT 的目标参量发生改变时，将启动过程的调用，这时的调用属于并行语句方式。

【例 3.12】 过程定义及调用实例。

```
LIBRARY IEEE;
USE IEEE.STD_LOGIC_1164.ALL;
ENTITY  fun IS
  PORT (A:  IN STD_LOGIC_Vector (0 TO 2);
    M :  OUT STD_LOGIC_Vector (0 TO 2));
END fun;
ARCHITECTURE art1 OF fun IS
 PROCEDURE sam1 (X, Y, Z: IN BIT;
        N: OUT BIT) IS          —不仅有输入变量还有输出变量
BEGIN
   N: =(X AND Y) OR Z;
 END sam1;
 BEGIN
   sam1(A(0), A(1), A(2), N(0));
   sam1(A(2), A(0), A(1), N(1));
   sam1(A(1), A(2), A(0), N(2));
   M(0)<= N(0);             —等效于：M<= N(2) & N(1) & N(0);
   M(1)<= N(1);
   M(2)<= N(2);
END art1;
```

在使用函数（FUNCTION）和过程（PROCEDURE）时，要注意以下几点。

（1）在 PROCEDURE 结构中，参数可以是输入也可以是输出。而 FUNCTION 语句中括号内的所有参数都是输入参数或输入信号，因此在括号内指明端口方向的"IN"可以省略。

（2） FUNCTION 的输入值由调用者复制到输入参数中，如果没有特别指定，在 FUNCTION 语句中按常数处理。

（3）通常各种功能的 FUNCTION 语句的程序都被集中在程序包（Package）中。

3.2.6 库、程序包和配置

除了实体和构造体之外，程序包、库及配置是在 VHDL 语言中另外 3 个可以各自独立进行编译的源设计单元。

1. 库

库（Library）是用于存放预先编译好的程序包（PACKAGE）和数据的集合体，它可以存放程序包定义、实体定义、结构体定义和配置定义。常用的库有 IEEE 库、STD 库、WORK 库和用户库。这些设计单元可用作其他 VHDL 描述的资源。用户编写的设计单元既可以访问多个设计库，又可以加入到设计库中，被其他单元所访问。

1）库的种类

当前在 VHDL 语言中存在的库大致可以分为 5 类：IEEE 库，STD 库，ASIC 矢量库，用户定义的库和 WORK 库。

IEEE 库。常用的资源库。IEEE 库包含经过 IEEE 正式认可的 STD_LOGIC_1164 程序包和某些公司提供的一些程序包，如 STD_LOGIC_ARITH（算术运算库）、STD_LOGIC_UNSIGNED 等。

STD 库。VHDL 的标准库。库中存放有称为"standard"的标准程序包，其中定义了多种常用的数据类型，均不加说明可直接引用。STD 库中还包含有称为"textio"的程序包。在使用"textio"程序包中的数据时，应先说明库和程序包名，然后才可使用该程序包中的数据。

ASIC 矢量库。在 VHDL 语言中，为了进行门级仿真，各公司可提供面向 ASIC 的逻辑门库。在该库中存放着与逻辑门——对应的实体。为了使用面向 ASIC 的库，对库进行说明是必要的。

WORK 库。WORK 库是现行作业库。设计者所描述的 VHDL 语句不需要任何说明，将都存放在 WORK 库中。WORK 库对所有设计都是隐含可见的，因此，在使用该库时无需进行任何说明。

用户定义库。用户定义库简称用户库，是由用户自己创建并定义的库。设计者可以把自己经常使用的非标准（一般是自己开发的）程序包和实体等汇集成在一起定义成一个库，作为对 VHDL 标准库的补充。用户定义库在使用时同样要首先进行说明。

2）库的使用

前面提到的 5 类库，除 WORK 库和 STD 库之外，其他 3 类库在使用前都首先要作说明。库说明语句的语法形式为

```
LIBRARY 库名;          —说明使用什么库
USE 程序包名;          —说明使用库中哪一个程序包及程序包中的项目
                      —（如过程名、函数名等）
```

如：

LIBRARY IEEE;

USE IEEE.STD_LOGIC_1164.ALL;

这两条语句表示，打开 IEEE 标准库中 STD_LOGIC_1164 程序包的所有资源（ALL）。

2. 程序包

程序包是一个可选设计单元，常用于定义一些公用的子程序、常量以及自定义数据类型等。各种 VHDL 编译系统都含有多个标准程序包，如 STD_LOGIC_1164 和 STANDARD 程序包。用户也可以自行设计程序包（保存到 WORK 下）。

程序包包括程序包说明（PACKAGE DECLARATION）和程序包体（PACKAGE BODY）两部分。程序包说明用来声明包中的类型、元件、函数和子程序；而程序包体则用来存放说明中的函数和子程序。不含有子程序和函数的程序包不需要程序包体。

【例 3.13】 描述三电平逻辑的包集合。

```
PACKAGE LOGIC_PKG IS
  TYPE three_level_logic IS ('0','1','Z');                —三电平逻辑
  CONSTANT unknown_value: three_level_logic :='0';
  FUNCTION invert (input : three_level_logic) RETURN three_level_logic;
END logic;
PACKAGE BODY LOGIC_PKG IS
  FUNCTION invert (input : hree_level_logic)
RETURN hree_level_logic IS
BEGIN
 CASE input IS
   WHEN '0'=> RETURN '1';
   WHEN '1'=> RETURN '0';
   WHEN 'Z'=> RETURN 'Z';
  END CASE;
 END invert;
END LOGIC_PKG ;
```

当需要使用上述程序包时，只需在包定义时用 USE 语句指定该程序即可，例如：

USE.WORK.PKG.ALL;

3. 配置

配置语句描述了层与层之间的连接关系，以及实体与构造体之间的连接关系。设计者可以利用配置语句选择不同的构造体，使其与要设计的实体相对应；在仿真某一个实体时，可以利用配置选择不同的构造体进行性能对比实验，以得到性能最佳的构造体。

配置的基本格式为

```
CONFIGURATION  配置名 OF 实体名 IS
   [配置说明];
  END 配置名;
```

很多 VHDL 综合器不支持配置语句，配置语句主要用在 VHDL 的行为仿真中。

3.3 VHDL 的语言要素

VHDL 具有计算机编程语言的一般特性，其语言要素是编程语句的基本单元，是 VHDL 作为硬件描述语言的基本结构元素，反映了 VHDL 重要的语言特征。准确无误地理解和掌握 VHDL 语言要素的基本含义和用法，对于正确地完成 VHDL 程序设计十分重要。VHDL 的语言要素主要有数据对象、操作数和运算操作符。

3.3.1 VHDL 语言的基本语法

1. 标识符

标识符是最常用的操作符，标识符可以是常数、变量、信号、端口、子程序或参数的名

字，VHDL 基本标识符的书写遵守如下规则。

（1）有效的字符：英文字母包括 26 个大小写字母：a～z，A～Z；数字包括 0～9，以及下划线"_"。

（2）任何标识符必须以英文字母开头。

（3）下划线"_"必须是单一的，且其前后都必须有英文字母或数字。

（4）标识符中的英文字母不分大小写。

VHDL' 93 标准还支持扩展标识符：

（1）扩展标识符以反斜杠来界定，可以用数字开头，如\74LS373\、\Hello World\都是合法的标识符。

（2）允许包含图形符号（如回车符、换行符等），也允许包含空格符。如\IRDY#\、\C/BE\、\A or B\等都是合法的标识符。

（3）两个反斜杠之前允许有多个下划线相邻，扩展标识符要分大小写。扩展标识符与短标识符不同。扩展标识符如果含有一个反斜杠，则用两个反斜杠来代替它。

支持扩展标识符的目的是免受 1987 标准中短标识符的限制，描述起来更为直观和方便，但是目前仍有许多 VHDL 工具不支持扩展标识符。以下是几种标识符的示例。

合法的标识符：

    coder_1，FFT，Sig_N，Not_Ack，State0，Idle

非法的标识符：

    _coder_1   —起始为非英文字
    2ASC   —起始为数字
    Sig_#D   —符号"#"不能成为标识符的构成
    Y-Ack   —符号"-"不能成为标识符的构成
    X_RST_   —标识符的最后不能是下划线"_"
    ADRR__BUS   —标识符中不能有双下划线
    end   —关键词

2. 数字型文字

数字型文字的值有多种表达方式，现列举如下。

（1）整数文字：整数文字都是十进制的数，例如：

4，567，0，123E2(=12300)，45_234_687 (=45234687)

（2）实数文字：实数文字也都是十进制的数，但必须带有小数点，例如：

188.993 88_670_551.453_909(=88670551.453909)，1.0
44.99E-2(=0.4499)，1.335，0.0

（3）以数制基数表示的文字：用这种方式表示的数由五个部分组成。其格式如下：

数制 # 基数 # 指数

即第一部分用十进制数标明数制进位的基数，第二部分为数制隔离符号"#"，第三部分是数字基数，第四部分又是指数隔离符号"#"，第五部分是用十进制表示的指数部分，这一部分的数如果为 0 可以省去不写。

现举例如下：

    10#180#   —十进制表示，等于 170

2#1111_1110#	—二进制表示等于 254
8#377#	—八进制表示等于 255
16#F#E1	—十六进制表示等于 2#1110000#，等于 15×16^1，等于 240
16#B.01#E+2	—十六进制表示等于 2#1110000#，等于 $11\dfrac{1}{256}\times16^2$，等于 2817

3. 字符型文字

字符是用单引号引起来的 ASCII 字符，可以是数值,也可以是符号或字母，如：

'R'，'b'，'*'，'Z'，'U'，'0'，'11'，'-'，'M'

字符串则是一维的字符数组，需放在双引号中。有两种类型的字符串：文字字符串和数位字符串。

1）文字字符串

文字字符串是用双引号引起来的一串文字，如：

"ERROR"，"Both S and Q equal to 1"，"X"，"BB$CC"

2）数位字符串

数位字符串也称位矢量，是预定义的数据类型 Bit 的一位数组。数位字符串与文字字符串相似，但所代表的是二进制、八进制或十六进制的数组。它们所代表的位矢量的长度即为等值的二进制数的位数。字符串数值的数据类型是一维的枚举型数组。与文字字符串表示不同，数位字符串的表示首先要有计算基数，然后将该基数表示的值放在双引号中，基数符以 "B"、"O"和"X"表示，并放在字符串的前面。它们的含义分别为

（1）B：二进制基数符号，表示二进制位 0 或 1，在字符串中的每一个位表示一个 Bit。

（2）O：八进制基数符号，在字符串中的每一个数代表一个八进制数，即代表一个 3 位（BIT）的二进制数。

（3）X：十六进制基数符号（0～F），代表一个十六进制数，即代表一个 4 位的二进制数。例如：

B"1_1101_1110"	—二进制数数组位矢数组长度是 9
O"15"	—八进制数数组位矢数组长度是 6
X"AD0"	—十六进制数数组位矢数组长度是 12
B"101_010_101_010"	—二进制数数组位矢数组长度是 12

4. 下标名及下标段名

下标名用于指示数组型变量或信号的某一元素，下标名的语句格式如下。

标识符（表达式）

如：a（m），b（3）

要注意的是，标识符必须是数组型的变量或信号的名字，表达式所代表的值必须是数组下标范围中的一个值，这个值将对应数组中的一个元素。

下标段名用于指示数组型变量或信号的某一段元素。所谓段名，即多个下标名的组合，该组合对应于数组中某一段的元素，段名的表达形式为

标识符（表达式方向 表达式）

这里的标识符必须是数组类型的信号名或变量名，每一个表达式的数值必须在数组元素下标号范围以内，并且必须是可计算的（立即数）。方向用 TO 或者 DOWNTO 来表示。TO 表示数组下标序列由低到高，如（2 TO 8）；DOWNTO 表示数组下标序列由高到低，如（8

DOWNTO 2），所以段中两表达式值的方向必须与原数组一致。

下例各信号分别以段的方式进行赋值，内部则按对应位的方式分别进行赋值：

```
SIGNAL a, z      : BIT_VECTOR (0 TO 7);
SIGNAL b         : STD_LOGIC_VECTOR (4 DOWNTO 0);
SIGNAL c         : STD_LOGIC_VECTOR (0 TO 4);
SIGNAL e         : STD_LOGIC_VECTOR (0 TO 3);
SIGNAL d         : STD_LOGIC;
...
z(0 TO 3) <= a(4 TO 7);          —赋值对应 z(0) <=a(4)、z(1) <=a(5)、...
z(4 TO 7) <= a(0 TO 3);
b(2) <= '1';
b(3 DOWNTO 0) <= "1010";         —赋值对应 b(3) <='1'、b(2) <='0'、...
c(0 TO 3) <= "0110";
c(2) <= d ;
c <= b ;                         —即 c(0 TO 4)<=b(4 DOWNTO 0) 对应 c(0)
                                   <=b(4)、c(1) <=b(3)、…
```

3.3.2 数据对象

在 VHDL 语言中，凡是可以赋予一个值的客体叫对象。对象也可认为是数值的载体，VHDL87 版只定义 3 个对象：常数、变量、信号，VHDL93 版新增加文件这个对象，因为文件也是大量数据的载体。

1. 常数（CONSTANT）

常数是一种全局变量，主要使用于结构体描述、程序包说明、实体说明、过程说明、函数调用说明和进程说明中。在设计中描述某一规定类型的特定值不变，如利用它可设计不同模值的计数器，模值存于一常量中，对不同的设计，改变模值仅需改变此常量即可。

常数的书写格式为

　　　　CONSTANT 常数名：数据类型[:=初值或表达式]；

例如：

定义一个单片机的数据总线初矢量为 6 位二进制：

　　　　CONSTANT fbus : BIT_VECTOR := "010110" ;

定义芯片的电源供电电压为 5.0V：

　　　　CONSTANT Vcc : REAL := 5.0 ;

定义一个设计实体的输入延迟时间为 15ns：

　　　　CONSTANT dely : TIME := 15ns ;

常量被赋予一个固定值后，其值在程序执行中保持不变。若要改变，必须重新输入被赋予的固定值，重新编译后才生效。

2. 变量（VARIABLE）

变量在程序中可多次赋值，一旦赋值则立即生效。它是一个局部量，变量仅用于局部的电路描述，只能在进程语句、函数语句或过程语句中使用。变量代表电路单元内部的操作，代表暂存的临时数据，因此变量是"虚"的，仅是为了书写方便而引入的一个名称，常用在实现某种算法的赋值语句当中。变量的数据类型一般是标量或复合类型，但不能是文件或存取类型。变量书写格式与常量相似，赋值符号均为":="，只是关键字不同：

　　　　VARIABLE 变量名：数据类型[:=初始值]；

如果对变量多次赋值，那么每次赋值都是立即生效的，并且，变量的值在再次赋值之前一直保持不变。

例如：

定义一个变量 a 为整型数：

```
VARIABLE a: integer;
```

也可给出数值范围（区间约束）及初值：

```
VARIABLE a: integer rang 0 to 99:=0;
```

定义变量 x，y 为浮点数：

```
VARIABLE x, y: Real;
```

定义变量 b 为位矢量：

```
VARIABLE b: Bit_vector(7 downto 0);
```

3. 信号（SIGNAL）

信号是描述硬件系统的基本数据对象，它是设计实体中硬件电路间连接线的抽象表示，可以作为设计实体中并发语句模块间的信息交流通道（交流来自顺序语句结构中的信息）。信号在程序中可以多次赋值，作为一种数值容器，它不但可以容纳当前值，也可以保持历史值。但每次赋值一般要经一定时间延迟后才生效。信号也是一个全局量，在实体描述、结构体描述和程序包中说明，但不能在进程中说明，只能在进程中使用。信号定义的语句格式与变量非常相似，信号定义也可以设置初始，值它的定义格式如下。

SIGNAL 信号名：数据类型[:=初始值];

例如：

定义 s 是一个位信号：

```
SIGNAL s: Bit;
```

定义双向 8 位数据信号 Dbus：

```
SIGNAL Dbus: INOUT Bit8;
```

定义单向 16 位地址信号 Abus：

```
SIGNAL Abus: OUT Bit16;
```

定义复位信号 RST，并赋初值为 0：

```
SIGNAL RST: IN Bit := 0;
```

把复位信号改为 STD_LOGIC 逻辑赋初值为 1：

```
SIGNAL RST: IN STD_LOGIC:= 1;
```

赋值符"：="一般是给常量、变量赋值，也可以给信号赋初值，用赋值符"：="给信号赋初值时会立即生效，而不产生延迟。但信号一般用代入符"<="赋值，会产生一定延时后才生效。

4. 信号和变量的区别

从硬件电路系统来看，信号和变量有一定的相似性，二者都相当于组合电路系统中门与门间的连线及其连线上的信号值；而常量相当于电路中的恒定电平，如 GND 或 VCC 接口。此外，满足一定条件的进程，综合后信号和变量都能引入寄存器，因此 VHDL 仿真器都允许信号和变量设置初始值，不过在实际应用中，VHDL 综合器并不会把这些信息综合进去。这是因为实际的 FPGA/CPLD 芯片在上电后并不能确保其初始状态的取向。因此，对于时序仿真来说设置的初始值在综合时是没有实际意义的。

实际实体设计时，更应关注信号和变量的区别。

（1）信号可以在 PACKAGE、ENTITY 和 ARCHITECTURE 中声明，而变量只能在一段顺序描述代码的内部声明。因此，信号是全局的，在整个结构体内的任何地方都适用，常用于作为电路中的信号连线，实体的所有端口都默认为信号；而变量通常是局部的，只能在所定义的进程中使用，其主要作用是在进程中作为临时的数据存储单元，即用于临时数据的暂存。

（2）从行为仿真和 VHDL 语句功能上看，二者的区别主要表现在接受和保持信号的方式、信息保持与传递的区域大小上。例如信号可以设置延时量，而变量则不能；变量只能作为局部的信息载体，而信号则可作为模块间的信息载体。变量的设置有时只是一种过渡，最后的信息传输和界面间的通信都靠信号来完成。这是因为变量的值通常是无法直接传递到 PROCESS 外部的。如果需要进行变量值的传递，则必须把这个值赋给一个信号，然后由信号将变量值传递到 PROCESS 外部。

（3）当信号用在顺序描述语句（如 PROCESS 内部）中时，它并不是立即更新的，信号值是在相应的进程、函数或过程完成后才进行更新的，更新有时间延迟。而变量赋值是立即更新的，没有时间延迟。

3.3.3　数据类型

数据类型指用标识符表示某个或某些指定类型数值的有限集合。在 VHDL 语言中，定义数据对象时，必须设定所定义的数据对象的数据类型（TYPES），并且要求此数据对象的赋值源也是相同的数据类型，只有相同数据类型（位长也必须相同）的量才能互相传递和作用。这是因为 VHDL 是一种强类型语言，它对运算关系与赋值关系中各量（操作数）的数据类型有严格要求。标准定义的数据类型都在 VHDL 标准程序包 STD 中定义，实际使用中，已自动包含进 VHDL 的源文件中，因而不需要用 USE 语句以显式调用。VHDL 常用的数据类型有三种：标准定义的数据类型、IEEE 预定义标准逻辑位与矢量及用户自定义的数据类型。

1. 标准定义的数据类型

1）布尔（BOOLEAN）型

布尔数据类型是一个二值枚举型数据，取值只有两种可能：真（TRUE）和假（FALSE）。一般用于 IF 等分支语句中作为分支转向的条件。

2）字符（CHARACTER）型和字符串（STRING）型

字符和字符串在记录时用 ASCII 码表示。VHDL 语言虽然对英文字母的大小写不敏感，但字符和字符串中大小写是有区别的，因其 ASCII 码不一样。字符及字符串一般用 0～9 的数字，A～Z 的大写字母及 a～z 的小写字母表示。字符在编程时用单引号括起来，而字符串则用双引号括起来，例如：

```
字符：    'A', 'b', 'x', 'y'
字符串：  "abcd", "GOOD"
```

3）整数（INTEGER）型

整数与数学中整数的定义相同，其数值范围为 $-(2^{31}-1) \sim (2^{31}-1)$，通常可用十进制、十六进制、八进制和二进制数表示。　例如：

```
十进制数  255, 10E4, 128
十六进制数   16#B8#，16#1C#E2
八进制数   8#5732#, 8#64#E4
二进制数   2#10110110#
```

4）自然数（NATRUAL）型

0 和 0 以上的正整数称为自然数，其表示方法与整数相同。

5）实数（REAL）型

VHDL 的实数类型也类似于数学上的实数，或称浮点数。实数的取值范围为-1.0E38～+1.0E38。通常情况下，实数类型仅能在 VHDL 仿真器中使用，VHDL 综合器不支持实数，因带小数点的实数在硬件电路上难以实现。。实数也可用十进制、十六进制、八进制数来表示。实数也可用十进制、十六进制、八进制数来表示，例如：

```
十进制实数    3.8e2, 2.5E-4
十六进制实数   16#5.A#E3, 16#C.8#E-2
八进制实数    8#32.5#E4, 8#16.7#E-3
```

6）位（BIT）和位矢量（BIT，BIT_VECTOR）型

位一般采用一位二进数表示，而位矢量则是用双引号括起来的一组位数据。位矢量可用二进制和十六进制表示。用二进制表示位矢量，书写时可省略字母 'B'。例如：

```
二进制数    B "01011011"
十六进制数   X "F58C"
```

双引号前的 B 表示二进制，可省略；X 表示十六进制。

一般用位矢量表示硬件电路信号总线的状态,VHDL 支持多种方式对信号总线进行赋值。例如：

```
a:  OUT BIT_ VECTOR (3 DOWNTO 0);
a<="1011";              —执行该赋值语句后，a(3)=1，a(2)=0，a(1)=1，a(0)=1
a(2)<='0';              —执行该赋值语句后，a(2)=0
a(0 TO 1)<="10";        —执行该赋值语句后，a(1)=0，a(0)=1
a(3 DOWNTO 0)<=X"A";    —执行该赋值语句后，a(3)=1，a(2)=0，a(1)=1，a(0)=0
```

7）时间（TIME）数据类型

VHDL 中惟一的预定义物理类型是时间。完整的时间类型包括整数和物理量单位两部分，整数和单位之间至少留一个空格，如：55 ms, 20 ns。

```
STD 程序包中对时间进行了定义，定义如下：
TYPE time IS RANGE 2147483647 TO 2147483647
  units
      fs ;                 —飞秒 VHDL 中的最小时间单位
      ps = 1000 fs ;       —皮秒
      ns = 1000 ps ;       —纳秒
      us = 1000 ns ;       —微秒
      ms = 1000 us ;       —毫秒
      sec = 1000 ms ;      —秒
      min = 60 sec ;       —分
      hr = 60 min ;        —时
  end units ;
```

8）错误等级（SEVERITY LEVEL）

错误等级数据类型表征 VHDL 语言在编译、综合、仿真过程的工作状态。共有 4 种可能的状态：NOTE（注意），WARNING（警告），ERROR（出错），FAILURE（失败）。一般 VHDL 语言在编译、综合、仿真过程中前两种错误是可以容忍的，可以继续执行。后两种错误是不可容忍的，编译、综合、仿真会暂停执行；设计人员必须按照提示修改 VHDL 语言中的错误，然后重新执行。

2. IEEE 预定义的标准逻辑数据类型

在 IEEE 库的程序包 STD_LOGIC_1164 中，定义了两个非常重要的数据类型，即标准逻辑位（STD_LOGIC）类型和标准逻辑矢量（STD_LOGIC_VECTOR）类型。

1）标准逻辑位 STD_LOGIC 数据类型

以下是定义在 IEEE 库程序包 STD_LOGIC_1164 中的数据类型。数据类型 STD_LOGIC 的定义如下所示。

```
TYPE STD_LOGICIS (
    'U' ,      —未初始化的
    'X' ,      —强未知的
    '0' ,      —强 0
    '1' ,      —强 1
    'Z' ,      —高阻态
    'W' ,      —弱未知的
    'L' ,      —弱 0
    'H ,       —弱 1
    '-' ,      —忽略
    ) ;
```

需要指出的是，这 9 种定义中，只有 '0'、'1'、'Z' 和 'X' 这 4 种取值具有实际物理意义，其他的是为了与模拟环境相容才保留的。

2）标准逻辑矢量（STD_LOGIC_VECTOR）数据类型

STD_LOGIC_VECTOR 类型定义如下。

```
TYPE STD_LOGIC_VECTOR IS ARRAY ( NATURAL RANGE <> ) OF STD_LOGIC;
```

显然，STD_LOGIC_VECTOR 是定义在 STD_LOGIC_1164 程序包中的标准一维数组，数组中的每一个元素的数据类型都是以上定义的标准逻辑位 STD_LOGIC。

在使用中，向标准逻辑矢量 STD_LOGIC_VECTOR 数据类型的数据对象赋值的方式与普通的一维数组 ARRAY 是一样的，即必须严格考虑位矢的宽度。同位宽、同数据类型的矢量间才能进行赋值。

3. 用户自定义的数据类型

除了上述一些标准的预定义数据类型外，VHDL 还允许用户自行定义新的数据类型。可由用户定义的数据类型主要有：枚举类型（Enumeration Types）、整数类型（Interger Types)、数组类型（Array Types）、记录类型（Record Types）、时间类型（Time Types)和实数类型（Real Types)等。下面对常用的几种用户定义的类型加以说明。

1）枚举类型（Enumeration Types）

枚举类型是用符号代替数字的一种特殊数据类型，使设计人员便于阅读。其格式如下：

```
TYPE 数据类型名 IS （枚举文字，枚举文字，…）
```

例1：定义某个状态机的数据类型：

```
TYPE states IS （st0, st1, st2, st3）;
```

例2：定义一个星期各天的数据类型：

```
TYPE week IS (sun, mon, tue, wed, thu, fri, sat);
```

2）整数和实数类型（INTEGER，REAL）

整数和实数数据类型在 VHDL 语言的程序包中已作定义，但其取值范围太大，生成的硬件电路太复杂，使逻辑综合无法进行。实际使用时必须对整数和实数数据类型的取值范围按实际需要进行重新定义，限定取值范围，提高芯片资源的利用率。

整数和实数类型的格式如下：

```
TYPE <数据类型名> IS <数据类型及范围（约束区间）>;
```

例1：定义整数 nat 取值范围为 0～255：

```
TYPE nat IS INTEGER RANGE 0 to 255;
```

例2：定义实数 digit 取值范围为-1.0～1.0：

```
TYPE digit IS REAL RANGE -1.0 to 1.0;
```

3）数组类型（ARRAY）

数组类型是由相同类型的数据集合在一起组成的一个新的数据类型，数组可以是一维或多维，即数组元素有 1 个或多个下标。数组的排序方向可以是升序，数组元素的下标范围之间用"TO"表示，降序则用"DOWNTO"。数组的定义格式如下：

```
TYPE <数组名> IS ARRAY <数组下标范围> OF <数据类型>;
```

例1：定义一个字：

```
TYPE word IS ARRAY (15 DOWNTO 0) OF Bit;
```

例2：定义 8 位数据总线 Dbus：

```
TYPE Dbus IS ARRAY (7 DOWNTO 0) OF Bit;
```

4）记录类型（RECORD）

数组是同一类型数据的集合，而记录则可以将不同类型数据和数据名组织在一起形成一个新的数据类型，其定义格式如下：

```
TYPE <数据类型名> IS RECORD
    <元素名>：<数据类型名>
    <元素名>：<数据类型名>
    …
END RECORD;
```

其中，每个元素都有不同的元素名，数据类型也可以各不相同。

例如：

```
TYPE Reg IS RECORD
    addr0: STD_LOGIC_VECTOR(7 DOWNTO 0);
    R0:    INTEGER RANGE 0 TO 255;
```

记录类型数据便于总线、通信的描述，适用于仿真描述。

4. 数据类型转换

VHDL 语言属强类型语言，每一个数据对象（常量、变量、信号）只能用一种数据类型，若数据类型不一致，则需要转换一致后才能进行相互操作。

3.3.4 运算操作符

VHDL 各种表达式中的基本元素是由不同类型的运算符相连而成的。基本元素也称为操作数（Operands），运算符又称为操作符（Operators）。VHDL 语言提供许多预定义的运算操作符，以构成各种运算表达式。

1. 运算操作符的分类

VHDL 的运算操作符主要有以下 6 类。

1）赋值运算符

赋值运算符用来给信号、变量和常数赋值。

- <=   用于对 SIGNAL 类型赋值；
- :=   用于对 VARIABLE，CONSTANT 和 GENERIC 赋值，也可用于赋初始值；
- =>   用于对矢量中的某些位赋值，或对某些位之外的其他位赋值（常用 OTHERS 表示）。

【例 3.14】 赋值运算符。

```
SIGNAL x: STD_LOGIC;
VARIABLE y: STD_LOGIC_VECTOR(3 DOWNTO 0);   —最左边的位是 MSB
SIGNAL w: STD_LOGIC_VECTOR(0 TO 7);         —最右边的位是 MSB
x <= '1';
y := "0000";
w <= "1000_0000";                           —LSB 位为 1，其余位为 0
w <= (0 => '1', OTHERS => '0');             —LSB 位是 1，其于位是 0
```

2）逻辑运算符

操作数必须是 BIT,STD_LOGIC 或 STD_ULOGIC 类型的数据，或者是这些数据类型的扩展，即 BIT_VECTOR, STD_LOGIC_VECTOR,STD_ULOGIC_VECTOR。

VHDL 的逻辑运算符有以下几种：（优先级递减）

- NOT——取反
- AND——与
- OR——或
- NAND——与非
- NOR——或非
- XOR——异或
- XNOR——异或非运算（VHDL93 版增加）

3）算术运算符

操作数可以是 INTEGER, SIGNED, UNSIGNED, 如果声明了 STD_LOGIC_SIGNED 或 STD_LOGIC_UNSIGNED，可对 STD_LOGIC_VECTOR 类型的数据进行加法或减法运算。

- + ——加/正
- − ——减/负
- *——乘
- /——除

- **——指数运算
- MOD——取模
- REM——取余
- ABS——取绝对值

加、减、乘是可以综合成逻辑电路的；除法运算只在除数为 2 的 n 次幂时才能综合，此时相当于对被除数右移 n 位；对于指数运算，只有当底数和指数都是静态数值（常量或GENERIC 参数）时才是可综合的；对于 MOD 运算，结果的符号同第二个参数的符号相同，对于 REM 运算，结果的符号同第一个参数符号相同。

4）关系运算符

关系运算符的作用是将相同数据类型的数据对象进行数值比较或关系排序判断，并将结果以布尔类型（BOOLEAN）的数据表示出来，即 TRUE 或 FALSE 两种。VHDL 提供了 6 种关系运算操作符：

- = ——等于
- /= ——不等于
- < ——小于
- > ——大于
- <= ——小于等于
- >= ——大于等于

关系运算符左右两边操作数的类型必须相同。

5）移位操作符

移位操作符的语句格式为：

   <左操作数> <移位操作符> <右操作数>

其中左操作数必须是 BIT_VECTOR 类型的，右操作数必须是 INTEGER 类型的（可以为正数或负数）。

VHDL 中移位操作符有以下几种：

- SLL——逻辑左移，数据左移，右端补 0；
- SRL——逻辑右移，数据右移，左端补 0；
- SLA——算术左移，数据左移，同时复制最右端的位，填充在右端空出的位置；
- SRA——算术右移，数据右移，同时复制最左端的位，填充在左端空出的位置；
- ROL——循环逻辑左移，数据左移，从左端移出的位填充到右端空出的位置上；
- ROR——循环逻辑右移，数据右移，从右端移出的位填充到左端空出的位置上。

【例 3.15】　若 x <= "01001"，则：

```
y <= x SLL 2；—逻辑左移 2 位，y<="00100"
y <= x SLA 2；—算术左移 2 位，y<="00111"
y <= x SRL 3；—逻辑右移 3 位，y<="00001"
y <= x SRA 3；—算术右移 3 位，y<="00001"
y <= x ROL 2；—循环左移 2 位，y<="00101"
y <= x SRL -2；—相当于逻辑左移 2 位
```

6）并置运算符

并置运算符"&"一般用于一维数组的拼接，利用并置运算符可将普通操作数或数组组合起来形成各种新的数组。

【例 3.16】 并置运算。

```
SIGNAL a, d :   STD_LOGIC_VECTOR (3 DOWNTO 0) ;
SIGNAL b, c, g : STD_LOGIC_VECTOR (1 DOWNTO 0) ;
SIGNAL e : STD_LOGIC_VECTOR (2 DOWNTO 0) ;
SIGNAL f, h, I :   STD_LOGIC;
...
a <= NOT b & NOT c ;              —数组与数组并置并置后的数组长度为 4
d <= NOT e & NOT f ;             —数组与元素并置并置后的数组长度为 4
g <= NOT h & i ;               —元素与元素并置 形成的数组长度为 2
a <= '1'&'0'&b(1)&e(2) ;         —元素与元素并置并置后的数组长度为 4
'0'&c <= e ;                —错误，不能在赋置号的左边置并置符
...
IF a & d = "10100011"THEN…—在 IF 条件句中可以使用并置符
```

2. 运算操作符的优先级

为使运算操作符方便运算及层次分明，VHDL 语言还规定了运算操作符的优先级，见表 3-1 所列。

表 3-1　VHDL 操作符优先级

运算符	优先级
NOT，ABS，**	最高优先级
*，/，MOD，REM	
+（正号），（负号）	
+，&	
SLL，SLA，SRL，SRA，ROL，ROR	
=，/=，<，<=，>，>=	
AND，OR，NAND，NOR，XOR，XNOR	最低优先级

3.3.5　属性

属性是指关于设计实体、结构体、类型、信号等项目的指定特征，利用属性可以使 VHDL 源代码更加简明扼要，易于理解。VHDL 提供 5 类属性：值类属性、函数类属性、信号类属性、数据类型类属性和数据范围类属性，下面主要介绍值类属性和信号类属性。

1. 数值类属性

数值类属性用来得到数组、块或一般数据的相关信息，例如可用来获取数组的长度和数值范围等，其书写格式如下：

　　　<对象> '<属性名>;

<对象>：指常用数据类型及其子类型的对象（常量、变量、信号等）名称。

VHDL 中预定义的可综合的数值类属性有以下几种。

- 'LOW　　　　　　　—返回数组索引的下限值
- 'HIGH　　　　　　—返回数组索引的上限值
- 'LEFT　　　　　　—返回数组索引的左边界值

- 'RIGHT　　　　　　—返回数组索引的右边界值
- 'LENGTH　　　　　—返回矢量的长度值
- 'RANGE　　　　　　—返回矢量的位宽范围
- 'REVERSE_RANGE —按相反的次序返回矢量的位宽范围

【例 3.17】　　若定义信号 SIGNAL d: STD_LOGIC_VECTOR(7 DOWNTO 0);
则有：

```
d'LOW = 0,
d'HIGH = 7,
d'LEFT = 7,
d'RIGHT = 0,
d'LENGTH = 8,
d'RANGE = (7 DOWNTO 0),
d'REVERSE_RANGE = (0 TO 7).
```

2. 信号类属性

常用的信号属性如下。

（1）'DELAYED（time）：time 为时间表达式。该属性将产生一个特别的延迟信号，该信号使主信号按括号内时间表达式确定的时间产生了附加延迟。该信号与主信号类型相同。

（2）'STABLE（time）：time 为时间表达式。在括号内时间表达式所确定的时间内，信号没有发生变化，该属性返回布尔值为"真"，否则布尔值为"假"，且定时时间重新开始计算。

（3）'QUIFT（time）：time 为时间表达式。在括号内时间表达式所确定的时间区间内，无处理事项处理（即信号无变化），该属性返回布尔值为"真"，否则完成事项处理后得到的布尔值为"假"，且定时时间重新开始计算。

（4）TRANSACTION：当信号发生变化时，根据该信号建立的相应 Bit 数据位取反，用于建立 Bit 类的标志位，此属性不带时间表达式。

（5）'EVENT：若在当前一个很短的时间间隔内，信号发生了变化，属性函数返回将得到一个为"真"的布尔量，否则返回值为"假"。

（6）'ACTIVE：若在当前一个很短的时间内，完成了一个局部事项的处理，属性函数返回将得到一个为"真"的布尔量，否则返回值为"假"。

（7）'LAST_EVENT：属性函数将返回一个时间值。即基准信号发生变化时，其他信号从最后一次变化开始到基准信号发生变化时所经过的时间。用以检测信号的建立、保持时间、脉冲宽度等。

（8）'LAST_VALUE：属性函数将返回一个信号值，即该信号值是本次信号改变时，上一次的信号值。

（9）'LAST_ACTIVE：属性函数返回一个时间值，即从局部信号变化产生一个处理事项开始，到完成事项处理的时间。

【例 3.18】clk 上升沿和下降沿的表示。

（1）clk 上升沿表示：

```
clk'EVENT AND clk = '1';          —一种表示方法
NOT clk'STABLE AND clk = '1';     —另一种表示方法
```

（2）clk 上升沿表示：

```
clk'EVENT AND clk = '0';
```

3.3.6　保留关键字

尽管 VHDL 的关键字在书写时一般用大写字母或黑体字表示，但是 EDA 工具对 VHDL 语言的大小写字母是不加区分的。VHDL 中常用的保留关键字有：

ABS，ACCESS，AFTER，ALIAS，ALL，AND，ARCHITECTURE，ARRAY，ASSERT，ATTRIBUTE，BEGIN，BLOCK，BODY，BUFFER，BUS，CASE，COMPONENT，CONFIGURATION，CONSTANT，DISCONNECT，DOWNTO，ELSE，ELSIF，END，ENTITY，EXIT，FILE，FOR，FUNCTION，GENERATE，GENERIC，GROUP，GUARDED，IF，IMPURE，IN，INERTIAL，INOUT，IS，LABEL，LIBRARY，LINKAGE，LITERAL，LOOP，MAP，MOD，NAND，NEW，NEXT，NOR，NOT，NULL，OF，ON，OPEN，OR，OTHERS，OUT，PACKAGE，PORT，POSTPONED，PROCEDURE，PROCESS，PURE，RANGE，RECORD，REGISTER，REJECT，REM，REPORT，RETURN，ROL，ROR，SELECT，SEVERITY，SIGNAL，SHARED，SLA，SLL，SRA，SRL，SUBTYPE，THEN，TO，TRANSPORT，TYPE，UNAFFECTED，UNITS，UNTIL，USE，V，ARIABLE，WAIT，WHEN，WHILE，WITH，XNOR，XOR

3.4　VHDL 的基本语句

在用 VHDL 语言描述系统硬件行为时，按语句执行顺序对其进行分类，可分为顺序语句（Sequential Statements）和并发语句（或称并发语句，Concurrent Statements）。顺序语句和并发语句是 VHDL 程序设计中两大基本描述语句系列。这些语句从多侧面完整地描述了数字系统的硬件结构和基本逻辑功能，其中包括通信的方式、信号的赋值、多层次的元件例化以及系统行为等。

3.4.1　顺序语句

顺序语句是相对于并发语句而言的，顺序语句的特点是，每条顺序语句的执行（指仿真执行）顺序是与它们的书写顺序基本一致，它们只能出现在进程和子程序（包括函数和过程）中。利用顺序语句可以描述逻辑系统中的组合逻辑、时序逻辑或它们的综合体。VHDL 有 6 类基本顺序语句：赋值语句、流程控制语句、等待语句、子程序调用语句、返回语句、空操作语句。

1. 赋值语句

1）赋值语句的功能

赋值语句的功能是将一个值或一个表达式的运算结果传递给某一个数据对象,如信号或变量,或由此组成的数组,VHDL 设计实体内的数据传递以及对端口界面外部数据的读写都必须通过赋值语句的运行来实现。

2）赋值语句的分类和组成

赋值语句分为信号赋值语句和变量斌值语句两种，每一种赋值语句都由 3 个基本部分组成，即赋值目标、赋值符号和赋值源。

（1）斌值目标：是所赋值的受体，其基本元素只能是信号或变量，但表现形式可以有多种，如文字、标识符、数组等。

（2）斌值符号：只有两种，信号赋值符号是"<="，变量赋值符号是":="。

（3）斌值源：是赋值的主体，它可以是一个数值，也可以是一个逻辑或运算表达式。

VHDL 规定：赋值目标与赋值源的数据类型必须严格一致。

2. 流程控制语句

流程控制语句通过条件控制开关决定是否执行一条或几条语句，或重复执行一条或几条语句，或跳过一条或几条语句。

1）IF 语句

作为一种条件语句，它根据语句中所设置的一种或多种条件，有选择地执行指定的顺序语句，其语句结构如下。

（1）IF 语句的单条件控制。

```
IF 条件句 Then
  顺序语句
END IF ;
```

（2）IF 语句的二选择控制。

```
IF 条件句 Then
  顺序语句
ELSE
  顺序语句
END IF ;
```

（3）IF 语句的嵌套。

```
IF 条件句 Then
  IF 条件句 Then
     …
  END IF ;
END IF ;
```

（4）IF 语句的多选择控制。

```
IF 条件句 Then
  顺序语句
ELSIF 条件句 Then
  顺序语句
     …
ELSIF 条件句 Then
  顺序语句
ELSE
  顺序语句
END IF ;
```

需要注意如下几点。

（1）IF 语句中至少应有一个条件句，条件句可以是一个 BOOLEAN 类型的标识符，如：IF al THEN…；或是一个判别表达式，如：IF a < b+1 THEN…，判别表达式输出的值，即判断结果的数据类型是 BOOLEAN。

（2）IF 语句根据条件句产生的判断结果是 true 或是 false，有条件地选择执行其后的顺序语句。

【例 3.19】 IF 语句描述的多路通道。

```
LIBRARY IEEE;
USE IEEE.STD_LOGIC_1164.ALL;

ENTITY control_stmts IS
    PORT (a, b, c: IN BOOLEAN;                —注意数据类型
            output: OUT BOOLEAN);
END control_stmts;

ARCHITECTURE example OF control_stmts IS
BEGIN
  PROCESS (a, b, c)
      VARIABLE n: BOOLEAN;
  BEGIN
      IF a THEN n := b;
      ELSE
        n := c;
      END IF;
      output <= n;
  END PROCESS;
END example;
```

例 3.11 对应的硬件电路如图 3-4 所示。这是一个多路通道，a 是通道控制信号。多路通道根据 a 给出的状态进行两种可能的操作，当 a=0 时，输入 c 把数据赋值给输出 output；当 a=1 时，则把输入 b 赋给输出 output。

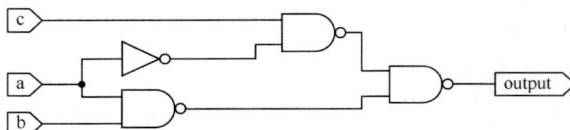

图 3-4　例 3.11 的硬件电路

【例 3.20】三态输出 D 锁存器行为的描述。

D 锁存器的真值表见表 3-2 所列。

表 3-2　D 锁存器真值表

输　　入		输　　出	
OCT	G	D	Q
L	H	H	H
L	H	L	L
L	L	X	Q_0
H	X	X	Z

其中，OCT——输出控制；G——锁存允许；D——输入数据；Q——锁存输出；Q_0——保持原来状态不变；Z——高阻态。

```
LIBRARY IEEE;
USE IEEE.STD_LOGIC_1164.ALL;

ENTITY dff IS
  PORT (D, G, OCT : IN STD_LOGIC;
                Q : OUT STD_LOGIC);
```

```
END dff;

ARCHITECTURE dff1 OF dff IS
  SIGNAL a : STD_LOGIC;
BEGIN
  PROCESS (G, OCT)
  BEGIN
    Q <= a;
   IF OCT= '1' THEN              —OCT=1
     a <= 'Z';
ELSE
     IF G= '1' THEN              —OCT=0, G=1
       a <= D;
     ELSE                        —OCT=0, G=0
       a <= a;
     END IF;
       END IF;
   END PROCESS;
END dff1;
```

例 3-12 四选一电路使用 IF 语句的多选择格式，选择四选一电路不同选通逻辑 EN 的状态作为条件，决定哪一路输入数据应该送给输出。

2）CASE 语句

CASE 语句根据满足的条件直接选择多项顺序语句中的一项执行，其可读性比 IF 语句强。CASE 语句的结构如下：

```
CASE <条件表达式> IS
WHEN <条件取值> =>顺序处理语句;
WHEN <条件取值> =>顺序处理语句;
WHEN <条件取值> =>顺序处理语句;
...
WHEN  OTHERS =>顺序处理语句;
END CASE;
```

当执行到 CASE 语句时，首先计算条件表达式的值，然后根据条件句中与之相同的条件取值执行对应的顺序语句，最后结束 CASE 语句。条件表达式可以是一个整数类型或枚举类型的值，也可以是由这些数据类型的值构成的数组。需要特别注意的是，条件句中的"=>"不是操作符，在这里它相当于 THEN 的作用。

CASE 语句中的条件表达式有以下 3 种不同的表示形式。

（1）单个普通数值，如 5

（2）数值选择范围，如（3 TO 5），表示取值为 3、4 或 5

（3）'或'关系的并列数值，如 7|8 表示取值为 7 或者 8

使用 CASE 语句需注意以下几点。

（1）条件句中的选择值必在表达式的取值范围内。

（2）除非所有条件句中的选择值能完整覆盖 CASE 语句中表达式的取值，否则最末一个条件句中的选择必须用"OTHERS"表示，它代表已给的所有条件句中未能列出的其他可能的取值。

（3）CASE 语句中每一条件句的选择值只能出现一次，不能有相同选择值的条件语句出现。

（4）CASE 语句执行中必须选中，且只能选中所列条件语句中的一条。这表明 CASE 语句中至少要包含一个条件语句。

【例 3.21】　用 CASE 语句描述的与非门电路。

```
Library IEEE;
USE IEEE.STD_LOGIC_1164.all;

ENTITY nor2 IS
  PORT(a,b: STD_LOGIC;
            y: OUT STD_LOGIC);
END nor2;

ARCHITECTURE Behavioral OF nor2 IS
BEGIN
PROCESS (a,b)
VARIABLE comb:STD_LOGIC_VECTOR(1 downto 0);      —定义变量
BEGIN
  Comb:=a&b;
  CASE Comb IS                                   —选择语句
    WHEN "00" => y <='1';
    WHEN "01" => y <='0';
    WHEN "10" => y <='0';
    WHEN "11" => y <='0';
    WHEN OTHERS => y <='X';                       —注意，这里的 X 必须大写！
  END CASE;
 END PROCESS;
END Behavioral;
```

其中，输出 y 是 STD_LOGIC 逻辑矢量，除了取值为'0'和'1'外，还可能取值'U'——初始态，'X'——不定态，'Z'——高阻态，'W'——弱不定态，'L'——弱'0'态，'H'——弱'1'态，'–'——未知态等。在例 3-13 的"WHEN OTHERS"项中，y 输出取不定态"X"，这在 VHDL 语言描述中是合法的，但不能综合成逻辑电路。

3）LOOP 语句

LOOP 语句与其他高级编程语言中的循环语句一样，可以使程序进行有规律的循环，循环的次数受迭代算法的控制，一个 LOOP 语句可包含要重复执行的一组顺序语句，它可以执行多次或是零次。在 VHDL 语言中常用来描述位片逻辑及迭代算法电路的行为。

LOOP 循环语句是无条件循环语句，它有两种书写格式。

（1）FOR 循环模式。

```
[LOOP 标号:] FOR 循环变量 IN 离散范围 LOOP
  <顺序处理语句> ;
END LOOP [LOOP 标号];
```

【例 3.22】　LOOP 语句描述的 8 位奇偶校验器。

```
LIBRARY IEEE;
```

```
USE IEEE.STD LOGIC1164.ALL;
ENTITY parity_check IS
  PORT (a: IN STD_LOGIC_VECTOR (7 DOWNTO 0);
        y: OUT STD LOGIC);
END parity_check ;

ARCHITECTURE rtl OF parity_check IS
BEGIN
  PROCESS (a)
  VARIABLE temp: STD_LOGIC;
  BEGIN
    temp:='0';
    FOR i IN 7 DOWNTO 0 LOOP          —i 为临时变量，无需事先定义
      temp:=temp XOR a(i);
    END LOOP;
    y<=temp;
  END PROCESS;
END rtl;
```

FOR 后的循环变量 i 是一个临时变量，属 LOOP 语句的局部变量，不必事先定义。这个变量只能作为赋值源，不能被赋值，它由 LOOP 语句自动定义。使用时应当注意，在 LOOP 语句范围内不要再使用其他与此循环变量同名的标识符。

（2）WHILE 模式。

```
[LOOP 标号:] WHILE <条件> LOOP
                  <顺序处理语句> ;
              END LOOP[LOOP 标号];
```

这种 LOOP 语句没有给出循环次数的范围，而是给出了循环执行顺序语句的条件。它没有自动递增循环变量的功能，应在顺序处理语句中增加一条循环次数约束语句，用于循环语句的控制。循环控制条件为布尔表达式，当条件为"真"时，则进行循环，如果条件为"假"，则结束循环。

【例 3.23】　8 位奇偶校验电路的 WHILE LOOP 设计形式。

```
ARCHITECTURE rtl OF parity_check IS
BEGIN
  PROCESS (a)
  VARIABLE temp: STD_LOGIC;
    VARIABLE i: INTEGER;              —循环变量，需要事先定义
    BEGIN
      temp:='0';
    i:=0;
    WHILE (i<8) LOOP
      temp:=temp XOR a(i);
      i:=i+1;
    END LOOP;
    y<=temp;
  END PROCESS;
END rtl;
```

4）NEXT 和 EXIT 语句

这两种语句都是用于跳出 LOOP 循环的，NEXT 语句是用来跳出本次循环的，而 EXIT 语句是用于跳出全部循环的。它们的书写格式为

```
NEXT 或 EXIT [<LOOP 标号>] [WHEN <条件>];
```

【例 3.24】 NEXT 语句应用举。

```
   ⋮
WHILE data >1 LOOP
  data := data+1;
NEXT WHEN data=3                    —条件成立而无标号，跳出循环
  data := data* data;
END LOOP;
```

【例 3.25】 EXIT 语句应用举例。

```
SIGNAL a, b : STD_LOGIC_VECTOR (1 DOWNTO 0);
SIGNAL a_less_then_b : Boolean;
…
a_less_then_b <= FALSE                —设初始值
FOR i IN 1 DOWNTO 0 LOOP
  IF (a(i)='1' AND b(i)='0') THEN
    a_less_then_b <= FALSE EXIT        —a > b
  ELSIF (a(i)='0' AND b(i)='1') THEN
    a_less_then_b <= TRUE EXIT;        —a < b
  ELSE NULL;                          —空操作语句
  END IF;
END LOOP;                            —当 i=1 时返回 LOOP 语句继续比较
```

3. WAIT 语句

在进程中，当执行到 WAIT 等待语句时，运行程序将被挂起，暂停执行，直到条件满足，再重新开始执行进程中的程序。

WAIT 语句有以下几种形式。

（1）WAIT。

这种形式的 WAIT 语句在关键字 WAIT 后面不带任何信息，是无限等待的情况。它主要用于程序的调试，一般情况很少使用。

（2）WAIT ON <信号表>。

这种形式的 WAIT 语句使进程暂停，直到敏感信号表中某个信号值发生变化，就将再次启动进程。

例如：

```
PROCESS
BEGIN
  y<=a AND b;
  WAIT ON a,b;
END PROCESS;
```

（3）WAIT UNTIL <条件表达式>。

这种形式的 WAIT 语句使进程暂停，直到预期的布尔条件为真，则进程脱离挂起状态，

恍续执行下面的语句。

【例 3.26】　WAIT UNTIL 语句实例。

```
ARCHITECTURE a OF reg12 IS
BEGIN
  PROCESS
 BEGIN
  WAIT UNTIL clk = '1';
    q <= d;
  END PROCESS;
END a;
```

（4）WAIT FOR <时间表达式>。

例如：

```
WAIT FOR 50 ns;
```

当进程执行到该语句时，将等待 50ns，经过 50ns 后，进程执行 WAIT FOR 的后继语句。

4. RETURN 语句

RETURN 语句用于一段子程序结束后，作用是结束当前的函数或是过程体的执行，它有两种书写格式，分别为

（1）RETURN；　　　　　　—只能用于进程返回

这种格式只能用于进程，它只是结束进程并不返回任何值。

（2）RETURN <表达式>；　—只能用于函数返回

这种格式只能用于函数，并且必须返回一个值。

返回语句只能用于子程序体中，执行返回语句将结束子程序的执行，并且无条件地转跳至子程序的结束处"END"。用于函数返回语句中的<表达式>提供函数返回值。

实际应用中，一般的 VHDL 综合工具要求函数中只能包含一个 RETURN，并规定这条RETURN 语句只能写在函数末尾，但一些 VHDL 综合工具允许函数中出现多个 RETURN 语句。

【例 3.27】　求 x，y 最大值函数。

```
FUNCTION max(x, y: Integer) RETURN Integer IS
BEGIN
  IF x > y THEN
    RETURN x:
  ELSE
    RETURN y;
  END IF;
END max;
```

5. NULL 空操作语句

NULL 语句执行时不进行任何操作，逻辑综合也不生成硬件电路。作用保持电路原来状态不变，并且可避免生成中间寄存器，同时使程序流程运行到下一个语句，请仔细体会例 3-17中的空操作语句。

6. 其他语句

1）ASSERT 断言语句

主要用于程序仿真、调试中的人机对话，它可以给出一个文字串作为警告和错误信息，

其基本书写格式为

```
ASSERT <条件>
[REPORT <输出信号> ]
[SEVERITY<错误级别>;        一注意，只有最后一行才有一个分号
```

ASSERT 语句的错误级别有四种：NOTE、WARNING、ERROR 和 FAILURE

断言语句可以中断模拟过程，如果程序在仿真或调试过程中出现问题，断方语句就会给出一个文字串作为提示信息，当程序执行到断言语句时，就会对 ASSERT 条件表达式进行判断，如果返回值为 TRUE 则断言语句不做任何操作，程序向下执行，如果返回值为 FALSE，则输出指定的提示信息和出错级别。

【例 3.28】　ASSERT 语句实例。

```
ASSERT (nmi='0' OR int0='0')
REPORT "NO INTERRUPT OCCURRED"
SEVERITY ERROR;
```

2）REPORT 报告语句

报告语句是 93 版 VHDL 标准提供的一种新的顺序语句，该语句没有增加任何功能，只是提供了某些形式的顺序断言语句的短格式，也算是 ASSERT 语句的一个精简，格式如下：

```
REPORT <输出信息>
[SEVERITY <出错级别> ];
如：
REPORT "entered timing check code"
SEVERITY NOTE;
```

3.4.2　并发语句

VHDL 要求常量、变量、信号都要指定数据类型，因此 VHDL 语言定义了多种数据类型，并且为方便设计人员使用，还可以由设计人员自定义数据类型，极大增强了 VHDL 语言描述的灵活性。

并发语句在结构体中的执行都是同时进行的，即它们的执行顺序与语句的书写无关，这种并行性是由硬件本身并发性决定的，即一旦电路接通电路，它的各部分就会按照事先设计好的方案同时工作，VHDL 主要有 6 种并发语句。

1. 并发信号赋值语句

信号赋值语句相当于一个进程（用于单个信号赋值）的简化形式，用在结构体中并发执行，信号赋值语句提供了 3 种赋值方式，用来代替进程可令程序代码大大简化。

（1）赋值方式一：简单信号赋值语句

```
书写格式为：
"目标信号<=表达式"
它等效于进程语句，表达式中的信号就是进程语句中的敏感激励信号。
```

（2）赋值方式二：条件信号赋值语句

```
书写格式为
目标信号 <=   表达式 1 WHEN 条件 1 ELSE
             表达式 2 WHEN 条件 2 ELSE
```

　　　　　　　...
　　　　　　表达式 *n*

每个表达式后面都跟有"WHEN"所指的条件，满足该条件时，将表达式的值赋给信号。最后一个表达式可以不跟条件，它表明上述条件都不满足时，将该表达式的值赋给信号。

【例 3.29】　利用条件信号赋值语句描述四选一多路选择器。

```
ENTITY mux4 IS
  PORT ( i0, i1, i2, i3, a, b: IN STD_LOGIC;
         q: OUT STD_LOGIC) ;
END mux4;

ARCHITECTURE rtl OF mux4 IS
  SIGNAL sel: STD_LOGIC_VECTOR ( 1 DOWNTO 0 );
BEGIN
sel < = b & a ;
q < = i0 WHEN sel = "00" ELSE
      i1 WHEN sel = "01" ELSE
      i2 WHEN sel = "10" ELSE
      i3 WHEN sel = "11" ELSE
      'X';
END rtl;
```

（3）赋值方式三：选择信号赋值语句。

书写格式为：

WITH 选择条件表达式　SELECT

　　目标信号<=信号表达式 1 WHEN 条件 1,
　　　信号表达式 2 WHEN 条件 2,
　　　　...
　　　信号表达式 n WHEN 条件 n,
　　　信号表达式 WHEN OTHERS

选择信号赋值语句是一种并发语句，不能在结构体中的进程内部使用。

【例 3.30】　利用选择信号赋值语句描述四选一多路选择器。

```
ARCHITECTURE rtl OF mux4 IS
  SIGNAL sel: STD_LOGIC_VECTOR ( 1 DOWNTO 0 );
BEGIN
  WITH sel SELECT
  q < = i0 WHEN "00",
      i1 WHEN "01",
      i2 WHEN "10",
      i3 WHEN "11",
      'X';
END rtl;
```

需要注意的是，信号赋值语句在顺序语句里面也有，顺序语句里可以给信号赋值也可以给变量赋值，而顺序语句里只能对变量说明，不能对信号说明；并发语句刚好相反。

2. 块语句

块语句所包含的语句也是并发语句。

3．进程语句

进程语句 PROCESS 是一种并发处理语句，在一个构造体中多个 PROCESS 语句可以同时并发运行。因此，PROCESS 语句是 VHDL 语言中描述硬件系统并发行为的最基本的语句。

4．子程序调用语句

子程序分为函数和过程，它们的定义属于说明语句，均可在顺序语句和并发语句里面使用，它们的调用方法不一样。

函数只有一个返回值，用于赋值，可以说在信号赋值的时候就是对函数的调用；

过程有很多个返回值，用于进行处理，准确的来说子程序调用语句就是过程调用语句。

5．参数传递语句

参数传递语句即在实体中定义的 GENERIC，可以描述不由材料和不同工艺构成的相同元件或模块的性能参数（如延时），在定义了 GENERIC 的实体叫参数化实体，由参数化实体形成的元件在例化时具有很大的适应性，在不同的环境下，只须用 GENERIC MAP 来修改参数就可以了，使用时，在对元件例化时加在里面就可，比如已经定义了一个 AND2 的实体，要在 EXAMPLE 里面使用 AND2，要先对 AND2 进行元件声明，再将 AND2 例化，如下所示：

```
u0:    AND2 GENERIC MAP（参数值 1，参数值 2）
       PORT MAP（参数表）
```

6．元件例化语句

一个实体就相当于元件，元件名就相当于实体名，元件要实现的功能在实体里面就已经描述好，例如，同一个文件夹下已经有一个名为 A.VHD 的文件，如果要在另一个文件 B.VHD 里面用到 A.VHD 里面定义的功能，那么可以在 B.VHD 文件里面通过元件声明和元件例化来调用 A 这个元件，总的来说调用元件的过程就是"建立元件——元件声明——元件例化"，元件调用时是不用 USE 语句的，这和调用程序或类据不同。

需要注意的是，元件声明语句属说明语句，不是同步语句，以下对元声的说明是为了更好地了解元件的调用，元件的实例化之前必须要有元件声明。

元件声明语句格为

```
COMPONENT 元件名              —元件名就是文件名，即是实体名
  [GENERIC <参数说明>;]        —这就是所产的元件参数
  PORT<端口说明>;
END COMPONENT;
```

元件例化格为

例化名：元件名 GENERIC MAP （参数表）
　　　　　　　PORT MAP（端口表）

7．生成语句

生成语句通常又称为 GENERATE 语句，它是一种可以建立重复结构或者是在多个模块的表示形式之间进行选择的语句。由于生成语句可以用来产生多个相同的结构，因此使用生成语句就可以避免多段相同结构的 VHDL 程序的重复书写（相当于"复制"）。

生成语句有两种模式：FOR 模式和 IF 模式。

FOR-GENERATE 模式的生成语句：

FOR-GENERATE 模式生成语句的书写格式为

```
[标号:] FOR 循环变量 IN 离散范围 GENERATE
       <并行处理语句>;
           END GENERATE [标号];
```

IF-GENERATE 模式生成语句：

IF-GENERATE 模式生成语句的书写格式为

```
[标号:] IF 条件 GENERATE
       <并行处理语句>;
           END GENERATE [标号];
```

8．并发断言语句

前面已经说过顺序断言语句，这里的断言语句是并发的，可以放在实体说明、结构体和块语句中使用，可以放在任何要观察和调试的点上，而顺序断言语句只能在进程、函数和过程中使用。其实断言语句的顺序使用格式和并发使用格式是一样的，因此断言语句是可以应用在任何场所的，格式参见顺序断言语句的说明。

3.5 VHDL 的描述举例

3.5.1 VHDL 描述风格

在对硬件系统进行描述时，VHDL 语言主要有 3 种描述风格：行为描述、数据流（RTL 寄存器传输）描述和结构描述。这 3 种描述方式从不同角度对硬件系统进行描述。一般情况下，行为描述用于模型仿真和功能仿真，而 RTL 描述和结构描述可以进行逻辑综合。

1. 结构体的行为描述方式

所谓结构体的行为描述（Behavioralioral Descriptions），即对设计实体按算法的路径来描述。当用顺序执行结构体的行为描述时，设计工程师可为实体定义一组状态时序机制，不需要互连表，无须关注实体的电路组织和门级实现，这些完全由 EDA 工具综合生成，设计工程师只需注意正确的实体行为、准确的函数模型和精确的输出结果。

行为描述是高层次描述方式，它只描述输入与输出之间的逻辑转换关系，而不涉及具体逻辑电路结构等信息。

行为描述主要用于系统数学模型的仿真或系统工作原理的仿真。因此其大量采用的算术运算、关系运算、惯性延时、传输延时等描述方式是难于或不能进行逻辑综合的。

赋值语句是行为描述最基本的语句。

【例 3.31】 用具有延时时间的赋值语句描述 2 输入与门。

```
LIBRARY IEEE;
USE IEEE.STD_LOGIC_1164.ALL;
ENTITY and2 IS
  PORT (a,b:IN BIT;
        c:OUT BIT);
```

```
END and2;
ARCHITECTURE Behavioral OF and2 IS
BEGIN
  c<=a AND b AFTER 5 ns;
END Behavioral;
```

此例采用的是行为描述方式，其中 b 是赋值语句的一个敏感量，也即表明只要 b 的值一旦有变化，那么该语句将被执行。此外，考虑到与门的固有延时，当输入端发生变化后，与门的输出端的新的输出总是要比输入端的变化延时若干时间，例如延时 5ns。与门的这种输出特性用具有延时时间的赋值语句来描述就比较合理了。

2. 结构体的数据流描述法（RTL 描述法）

行为描述的 VHDL 程序只适合用于行为级的仿真，一般不能进行逻辑综合。要进行逻辑综合，用行为描述的 VHDL 程序只有改写成数据流描述方式才可以进行逻辑综合。

数据流描述（Dataflow Description）是一种可进行逻辑综合的描述方式，它类似于寄存器传输级的方式描述数据的传输和变换，通过描述电路的行为，隐含地表示了电路的结构，因此，也称为寄存器传输（Register-Transfer Level，RTL）描述方式。数据流的建模方式就是通过对数据流在设计中的具体行为的描述来建模,其最基本的机制就是采用连续赋值语句。

例 3.24 是采用数据流描述方式描述的 2 输入与门电路。

【例 3.32】 采用数据流描述方式描述的 2 输入与门电路。

```
LIBRARY IEEE;
USE IEEE STD_LOGIC_1164.ALL;
ENTITY and2 IS
  PORT( a, b : IN STD_LOGIC;
            y : OUT STD_LOGIC);
END and2 ;
ARCHTECTURE dataflow OF and2 IS
BEGIN
  y <= '0' WHEN( a='0' and b='0') ELSE
       '0' WHEN( a='0' and b='1') ELSE
       '0' WHEN( a='1' and b='0') ELSE
       '1' WHEN( a='1' and b='1') ;
END dataflow;
```

虽然描述中采用的 STD_LOGIC 类型还有其他的数值，但条件信号赋值语句不需要将所有条件都列出。

CASE—WHEN：条件信号赋值语句。

WITH—SELECT—WHEN：选择信号赋值语句。

这两种语句是数据流描述法常用的语法，同样采用布尔方程，也可用数据流描述法，如例 3.25 所示。

【例 3.33】 一位全加器的数据流描述。一位全加器的真值表见表 3-3 所列。

表 3-3　一位全加器真值表

N	x	y	Cin	Sun	Cout
0	0	0	0	0	0
	0	0	1	1	0
1	0	1	0	1	0
	1	0	0	1	0
	0	1	1	0	1
2	1	0	1	0	1
	1	1	0	0	1
3	1	1	1	1	1

根据表 3-3 的真值表可得到一位全加器的逻辑表达式为

$Sum = xyCin + \overline{x}y\overline{Cin} + \overline{x} \cdot \overline{y}Cin + x\overline{y}\,\overline{Cin}$

$Cout = xy + \overline{x}yCin + x\overline{y}Cin$

经逻辑化简后，可得全加器的输出信号与输入信号之间的逻辑关系式：

$Sum = x \oplus y \oplus Cin$

$Cout = (x \oplus y) * Cin + x * y$

引入一个内部信号 S，把上式化简为

$S = x \oplus y$

$Sum = S \oplus Cin$

$Cout = S * Cin + x * y$

一位全加器结构体的逻辑描述如下：

```
LIBRARY IEEE;
USE IEEE.STD_LOGIC_1164.ALL;
ENTITY full_ adder IS
  PORT(x, y, Cin :  IN STD_LOGIC;
     Sum, Cout :   OUT STD_LOGIC);
END full_ adder;
ARCHITECTURE a_adder OF full_adder IS
SIGNAL S :  STD_LOGIC;
BEGIN S <= x XOR y;
  Sum <= S XOR Cin;
  Cout <= (S AND Cin) OR (x AND y);
END a_adder;
```

布尔方程的数据流描述法描述了信号的数据流的路径。数据流描述根据电子实体的逻辑关系式进行描述，简明易懂。但对复杂的逻辑电路找出每个门间的逻辑表达式是件十分烦琐的事。

数据流描述法采用并发信号赋值语句，而不是进程顺序语句。一个结构体可以有多重信号赋值语句，且语句可以并发执行。

3. 结构体的结构化描述法

结构化描述其实质是把一个复杂的电子实体按其不同硬件电路功能划分成若干部分，然后对各部件进行具体的描述。

并发处理语句是结构体描述的主要语句。并发处理语句表明，若一个结构体的描述用的是结构描述方式，则并发语句表达了结构体的内部元件之间的互连关系。这些语句是并发的，各个语句之间没有顺序关系，而模块内部视描述方式而定。

【例 3.34】 用并发语句描述的结构体。

```
LIBRARY IEEE;
USE IEEE.STD_LOGIC_1164.ALL;
ENTITY mux IS
PORT (do, dl:  IN BIT;
        sel:  IN BIT;
        G: OUT BIT);
END mux;
ARCHITECTURE dataflow OF mux IS
BEGIN
  G<=(d0 AND sel) OR (NOT sel AND d1);
END dataflow;
```

该程序的等效逻辑电路图如图 3-5 所示。mux 实体的真值表见表 3-4 所列。

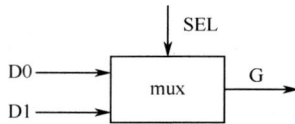

图 3-5　mux 实体的等效逻辑电路图

表 3-4　mux 实体的真值表

SEL	D0	D1	G
1	x	x	D0
0	x	x	D1

全加器由两个半加器（half_adder）和一个或门（or_gate）组成，图 3-6 是一位全加器的一种逻辑结构框图。

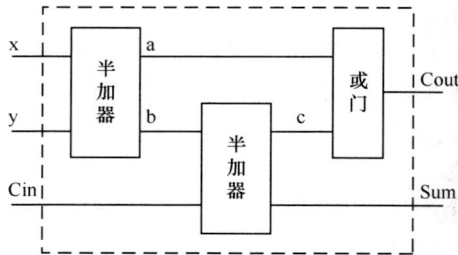

图 3-6　一位全加器的逻辑结构框图

一位全加器的结构描述代码如下：

```
LIBRARY IEEE;
USE IEEE.STD_LOGIC_1164.ALL;
ENTITY full_adder IS
  PORT(x, y, Cin :  IN STD_LOGIC;
     Sum, Cout :   OUT STD_LOGIC);
END full_adder;
ARCHITECTURE b_adder OF full_adder IS
  COMPONENT half_adder
```

```
         PORT (A, B :  IN STD_LOGIC;
              S, C :  OUT STD_LOGIC);              —元件半加器端口说明
      END COMPONENT;
      COMPONENT or_gate
      PORT (in1, in2 :   IN STD_LOGIC;
                 out1 : OUT STD_LOGIC);            —元件或门端口的说明
        END COMPONENT;
      SIGNAL a, b, c : STD_LOGIC;
      BEGIN
        U1: half_adder PORT MAP(x,y,a,b);         —U1 半加器的端口映射表
        U2: half_adder PORT MAP(b,Cin,c,Sum);     —U2 半加器的端口映射表
        U3: or_gate PORT MAP(a,c,Cout);           —U3 或门的端口映射表
      END b_adder;
```

结构描述主要由元件和例化元件组成。元件的端口说明描述元件端口的方向与数据类型，其端口名是通用的。当例化元件引用该元件时，通用元件端口表必须具体映射到电子实体中该元件的端口上。若例化元件端口映射表用隐含描述方法，其端口名必须与通用元件端口名排序一致；若例化元件的端口映射表用显式描述指定，则不要求例化元件的端口映射表与通用元件端口表排序一致，具体例子如下。

```
      LIBRARY IEEE;
      USE IEEE.STD_LOGIC_1164.ALL;
      ENTITY full_ adder IS
        PORT(x, y, Cin : IN STD_LOGIC;
            Sum, Cout :   OUT STD_LOGIC);
      END full_ adder;
      ARCHITECTURE c_adder OF full_adder IS
         COMPONENT half_adder
         PORT(A, B : STD_LOGIC;
             S,C:   OUT STD_LOGIC)
         END COMPONENT ;
         COMPONENT or_gate
         PORT (in1,in2 : STD_LOGIC;
             out :  OUT STD_LOGIC);                —元件或门端口的说明
         END COMPONENT ;
      SIGNAL a, b, c : STD_LOGIC;
      BEGIN
        U1: half_adder PORT MAP(A=>x, B=>y, S=>a, C=>b);
        U2: half_adder PORT MAP(A=>b, S=>c, B=>Cin, C=>Sum);
        U3: or_gate PORT MAP(in1=>a, in2=>c, out=>Cout);
      end c_adder;
```

以上两种结构描述方法是等效的。第二种描述中 U2 半加器端口映射表的 C、Cin 与第一种描述中的 Cin、C 次序颠倒，但由于第二种结构描述 U2 半加器的端口映射表采用显式描述指定：c 与 S，Cin 与 B 对应，不会造成混乱。

对于一个复杂的电子系统，可以分解成许多子系统，子系统再分解成模块。多层次设计可以使设计多人协作，并发同时进行。多层次设计的每个层次都可以作为一个元件，再构成一个模块或构成一个系统，每个元件可以分别仿真，然后再整体调试。

结构化描述不仅是一个设计方法，而且是一种设计思想，是大型电子系统设计高层主管

人员必须掌握的。

除了一个常规的门电路，其标准化后作为一个元件放在库中调用，用户自己定义的特殊功能的元件也可以放在库中，以方便调用。这个过程称为标准化，有的资料中称为例化。尤其需要声明的是，元件标准化不仅仅是常规门电路，这和标准化元件的含义不一样。即任何一个用户设计的实体，无论功能多么复杂，复杂到一个数字系统，如一个 CPU，还是多么简单，简单到一个门电路，如一个倒相器，都可以标准化成一个元件。现在在 EDA 工程中，工程师们把复杂的模块程序称为软核（Softcore 或 IP core），调试仿真通过的集成电路版图称为硬核，而把简单的通用模块称为元件。

3.5.2 组合逻辑电路描述举例

当使用进程（PROCESS）描述组合逻辑电路时，组合进程中所有的输入信号，包括赋值符号右边的所有信号和条件表达式中的所有信号，都必须包含于此进程的敏感信号表中。否则，当一个没有被包括在敏感信号表中的信号发生变化时，进程中的输出信号将不能按照组合逻辑的要求得到即时的新的信号，VHDL 综合器将会为对应的输出信号引入一个保存原值的锁存器，从而生成的将是一个时序电路。

【例 3.35】 三态门电路的 VHDL 描述。三态门，又名三态缓冲器（Tri-State Buffer），它一般用在总线传输上，能有效而又灵活地控制多组数据在总线上通行，起着交通信号灯的作用。其原理图如图 3-7 所示。它具有一个数据输入端 din，一个数据输出端 dout 和一个控制端 en。三态门的真值表见表 3-5 所列。`

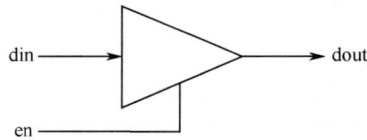

图 3-7 三态门电路图

表 3-5 三态门的真值表

数据输入	控制输入	数据输出
din	en	dout
X	0	Z
0	1	0
1	1	1

```
LIBRARY IEEE;
USE IEEE.STD_LOGIC_1164.ALL;
ENTITY tri_gate IS
PORT(din:IN STD_LOGIC;
    en: IN STD_LOGIC;
  dout: OUT STD_LOGIC);
END;
ARCHITECTURE Behavioral OF tri_gate IS
BEGIN
  PROCESS(din,en)
    BEGIN
```

```
    IF en='1' THEN
       dout<=DIN;
    ELSE
       dout<='Z'; —高阻态
    END IF;
  END PROCESS;
END Behavioral;
```

【例 3.36】 用 VHDL 描述带式能控制信号的 3 线-8 线译码器电路，电路如图 3-8 所示，Ain 为输入信号，Yout 为输出信号，En 为输入使能控制信号（高电平有效）。当 En= "1"，Ain= "000" 时，out1<0>= "0"；当 En= "1"，Ain= "111" 时，out1<7>= "0"；当 En= "0" 时，out1<7>= "1111111"。

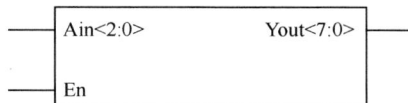

图 3-8　带使能控制信号的 3 线-8 线译码器电路

```
LIBRARY IEEE;
USE IEEE.STD_LOGIC_1164.ALL;
ENTITY decoder38 IS
  PORT(in1 : IN STD_LOGIC_VECTOR(2 DOWNTO 0);
       out1: OUT STD_LOGIC_VECTOR(7 DOWNTO 0));
END decoder38;
ARCHITECTURE Behavioral OF decoder38 IS
BEGIN
  PROCESS (Ain,En)
  BEGIN
    Yout<= "11111111";
    IF(En='1') THEN
      CASE Ain IS
        WHEN "000" => Yout<= "11111110";
        WHEN "001" => Yout<= "11111101";
        WHEN "010" => Yout<= "11111011";
        WHEN "011" => Yout<= "11110111";
        WHEN "100" => Yout<= "11101111";
        WHEN "101" => Yout<= "11011111";
        WHEN "110" => Yout<= "10111111";
        WHEN "111" => Yout<= "01111111";
        WHEN OTHERS =>null ;
      END CASE;
  END PROCESS;
END Behavioral;
```

【例 3.37】 用 VHDL 描述 8 线-3 线优先编码器电路，电路如图 3-9 所示，它有 8 个输入 input（7）～input（0）、3 位二进制输出 y（2）～y（0），当其中某一个输入有效时，就可以输出一个对应的 3 位二进制编码。另外，如果有几个输入同时有效，则输出优先级最高的那个输入所对应的二进制编码。

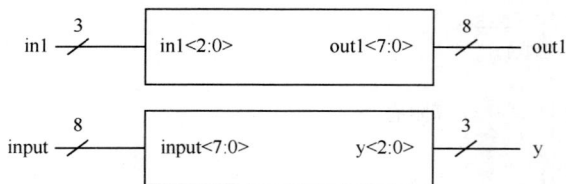

图 3-9　8 线-3 线优先编码器电路

```
LIBRARY IEEE;
USE IEEE.STD_LOGIC_1164.ALL;
ENTITY encoder83 IS
  PORT( input : IN STD_LOGIC_VECTOR(7 DOWNTO 0);
        y:  OUT STD_LOGIC_VECTOR(2 DOWNTO 0));
END encoder83;
ARCHITECTURE rtl OF encoder83 IS
BEGIN
  PROCESS (Ain)
    BEGIN
      y<= "111" when input(7) = '1' else
          "110" when input(6) = '1' else
          "101" when input(5) = '1' else
          "100" when input(4) = '1' else
          "011" when input(3) = '1' else
          "010" when input(2) = '1' else
          "001" when input(1) = '1' else
          "000" when input(0) = '1' ;
  END PROCESS;
END rtl;
```

【例 3.38】　用 VHDL 描述如图 3-10 所示的 8 位数据比较器。比较两个 8 位数据 A<7:0>和 B<7:0>，当两个数据相等时，输出信号 AEB=1；当 A 大于 B 时，输出信号 AGB=1；当 A 小于 B 时，输出信号 ALB=1。

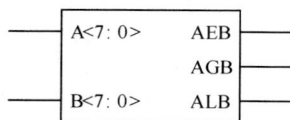

图 3-10　8 位数据比较器

```
LIBRARY IEEE;
USE IEEE.STD_LOGIC_1164.ALL;
ENTITY comparator IS
  PORT(a, b:    IN BIT_VECTOR( 7 DOWNTO 0 );
  AGB, ALB, AEB:  OUT BIT);
END comparator;

ARCHITECTURE comb OF comparator IS
BEGIN
  PROCESS (a, b)
  BEGIN
```

```
        AGB <='0';
        ALB <='0';
        AEB <='0';
        IF(a>b) THEN AGB <='1';
        ELSIF(a<b ) THEN ALB<='1';
        ELSE AEB <='1';
        END IF;
    END PROCESS;
END comb;
```

【例 3.39】 用 VHDL 描述简单的算术逻辑运算单元,如图 3-11 所示。输入数据为 A<7:0> 和 B<7:0>,输入控制信号为 sel<2:0>,输出运算结果信号为 F<7:0>。

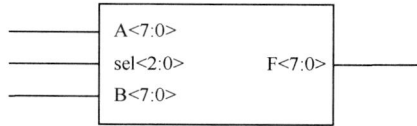

图 3-11　算术逻辑运算单元

```
LIBRARY IEEE;
USE IEEE.STD_LOGIC_1164.ALL;
USE IEEE.STD_LOGIC_ARITH.ALL;
USE IEEE.STD_LOGIC_UNSIGNED.ALL;
ENTITY alu IS
    PORT (sel: IN STD_LOGIC_VECTOR (2 DOWNTO 0);    —操作控制
      A, B: IN STD_LOGIC_VECTOR (7 DOWNTO 0);
       F: OUT STD_LOGIC_VECTOR (7 DOWNTO 0));
END alu;
ARCHITECTURE Behavioral OF alu IS
BEGIN
  PROCESS(sel,A,B)
   BEGIN
    CASE sel IS
      WHEN "000" => F <= A;           —A 数据输出
      WHEN "001" => F <= A AND B ;    —逻辑与操作
      WHEN "010" => F <= A OR B;      —逻辑或操作
      WHEN "011" => F <= NOT A;       —逻辑非操作
      WHEN "100" => F <= A + B;       —加法运算
      WHEN "101" => F<=A-B;           —减法运算
      WHEN "110" => F<=A+ 1;          —加 1
      WHEN OTHERS =>F <= A - 1;       —减 1
    END CASE;
  END PROCESS;
END Behavioral;
```

3.5.3　时序逻辑电路描述举例

【例 3.40】 用 VHDL 描述如图 3-12 所示的上边沿触发锁存器电路。该锁存器时钟信号 为 clk,数据输入信号为 d,输出信号为 q,其实质是一个上边沿触发的 D 触发器,固又称其 为 D 锁存器。D 锁存器的真值表见表 3-6 所列。由表可知, D 锁存器的输出端只有在上边沿

脉冲过后，输入信号才被传递到输出端。其 VHDL
程序如下。

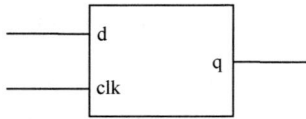

表 3-6　D 锁存器的真值表

数据输入	时钟输入	数据输出
d	clk	q^{n+1}
X	0	不变
X	1	不变
0	⏚	0
1	⏚	1

图 3-12　D 锁存器

```
LIBRARY IEEE;
USE IEEE.STD_LOGIC_1164.ALL;
ENTITY latch is
  PORT (d, clk: IN STD_LOGIC;
             q: OUT STD_LOGIC);
END latch;
ARCHITECTURE Behavioral OF latch IS
BEGIN
  PROCESS (clk)
  BEGIN
    IF (clk'EVENT AND clk='1') THEN
        q<=d;
    END IF;
  END PROCESS;
END Behavioral;
```

上述 IF…THEN 语句也可以用 WAIT UNTIL 语句代替：

```
WAIT UNTIL clk'EVENT AND clk='1';
q<=d;
```

此外，如果要描述下降沿触发的 D 锁存器，只需对触发条件作如下修改即可：

```
IF (clk'EVENT AND clk='0')
```

【例 3.41】　用 VHDL 描述一个如图 3-13 所示的异步复位、异步置位和上升沿触发的 D
触发器。它除了上述 clk、d 和 q 信号端，还有 set 置位端和 reset 复位端。当 set='0'时置位，
q='1'；当 reset='0'时复位，q='0'。

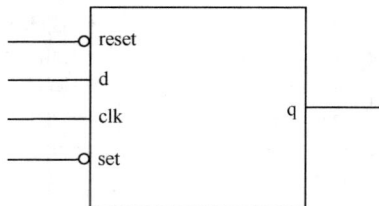

图 3-13　异步复位、异步置位的 D 触发器

```
LIBRARY IEEE;
USE IEEE.STD_LOGIC_1164.ALL;
ENTITY dff is
  PORT (d, clk, reset, set: IN STD_LOGIC;
                        q: OUT STD_LOGIC);
END dff;
```

74

```
ARCHITECTURE rtl OF dff IS
BEGIN
  PROCESS (clk, reset, set)
  BEGIN
    IF (reset='0') THEN              —复位，低电平有效
       q <='0';
    ELSIF (set='0') THEN             —复位，低电平有效
       q <='1';
   ELSIF (clk'EVENT AND clk='1') THEN
       q <=d;
   END IF;
END PROCESS;
END rtl;
```

【例 3.42】 用 VHDL 描述一个如图 3-14 所示的异步复位、异步置位和上升沿触发的 JK 触发器。

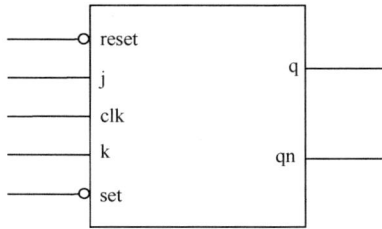

图 3-14 异步复位、异步置位的 JK 触发器

```
LIBRARY IEEE;
USE IEEE.STD_LOGIC_1164.ALL;
ENTITY jk_ff is
  PORT (set, reset, j, k, clk: IN STD_LOGIC;
        q, qn: OUT STD_LOGIC);
END jk_ff;
ARCHITECTURE rtl OF jk_ff IS
  SIGNAL q_s, qn_s: STD_LOGIC;
BEGIN
  PROCESS (set, reset, j, k, clk)
    BEGIN
      IF (set='0') AND (reset='1') THEN
        q_s<='1';
        qn_s<='0';
      ELSIF (set='1') AND (reset='0') THEN
        q_s<='0';
        qn_s<='1';
      ELSIF (clk'EVENT AND clk='1') THEN
      IF (j='0') AND (k='1') THEN
        q_s<= '0';
        qn_s<= '1';
      ELSIF (j='1') AND (k='0') THEN
          q_s<='1';
          qn_s<='0';
      ELSIF (j='1') AND (k='1') THEN
          q_s<=NOT q_s;
```

```
                        qn_s<= NOT qn_s;
                END IF;
             END IF;
          q<=q_s;
          qn<=not q_s;
       END PROCESS;
    END rtl;
```

【例 3.43】 用 VHDL 描述如图 3-15 所示的十六进制可逆计数器。该计数器具有同步清零（reset）、加/减计数和保持功能。

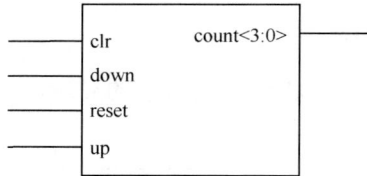

图 3-15 十六进制可逆计数器

```
LIBRARY IEEE;
USE IEEE.STD_LOGIC_1164.ALL;
USE IEEE.STD_LOGIC_ARITH.ALL;
USE IEEE.STD_LOGIC_UNSIGNED.ALL;

ENTITY count16_up_down IS
  PORT(clk, reset,up,down: IN STD_LOGIC;
               count:  BUFFER UNSIGNED (3 DOWNTO 0));
END count16_up_down;
ARCHITECTURE rtl OF count16_up_down IS
BEGIN
  PROCESS(clk,up,down)
  VARIABLE updown : UNSIGNED(1 DOWNTO 0);
    BEGIN
    updown:=up&down;
    IF CLK'EVENT AND CLK='1' THEN
      IF(reset='1') THEN
        count<="0000";
      ELSE
        CASE updown IS
          WHEN "00"=> count<=count;
          WHEN "10"=> count<=count+1;
          WHEN "01"=> count<=count-1;
          WHEN OTHERS=> count<=count;
        END CASE;
      END IF;
    END IF;
  END PROCESS;
END rtl;
```

【例 3.44】 用 VHDL 描述 4 位基本寄存器。clk（上升沿有效）为时钟信号，reset（高电平有效）为同步复位信号，din 为 4 位输入信号，q 为 4 位输出信号。

```
LIBRARY IEEE;
USE IEEE.STD_LOGIC_1164.ALL;
ENTITY register4 is
  PORT (clk, reset : IN STD_LOGIC;
            din :     IN STD_LOGIC_VECTOR(3 DOWNTO 0);
              q: OUT STD_LOGIC_VECTOR(3 DOWNTO 0) );
END register4;
ARCHITECTURE rtl OF register4 IS
BEGIN
  PROCESS (clk)
    BEGIN
      IF (clk'EVENT AND clk='1') THEN
        IF reset='1' THEN
          q<="0000";
        ELSE
          q<= din;
        END IF;
      END IF;
  END PROCESS;
END rtl;
```

【例 3.45】 用 VHDL 描述一个如图 3-16 所示的容量为 16×8 位随机存储器。其中，外部端口 wr 为写读控制，cs 为片选，data 为 8 位数据端口，adr 为 4 位地址端口。

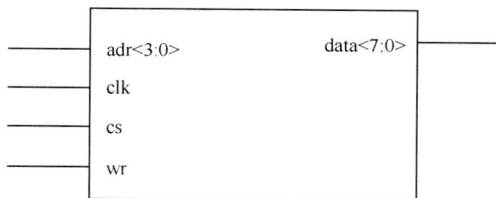

图 3-16　十六进制可逆计数器

```
LIBRARY IEEE;
USE IEEE.STD_LOGIC_1164.ALL;
USE IEEE.STD_LOGIC_UNSIGNED.ALL;

ENTITY ram16x8 IS
PORT ( clk, wr, cs: IN STD_LOGIC;
      data: INOUT STD_LOGIC_VECTOR (7 DOWNTO 0);
      adr: IN STD_LOGIC_VECTOR (3 DOWNTO 0));
END ram16x8;
ARCHITECTURE rtl OF ram16x8 IS
SUBTYPE word IS STD_LOGIC_VECTOR (7 DOWNTO 0);
TYPE memory IS ARRAY (0 TO 15) OF word;
SIGNAL adr_in: INTEGER RANGE 0 TO 15;
SIGNAL sram: memory;
BEGIN
  adr_in<=CONV_INTEGER (adr);
  PROCESS (clk)
    BEGIN
      IF(clk'EVENT AND clk='1') THEN
```

```
        IF (cs='1'AND wr='1') THEN
          SRAM (adr_IN)<=data;
        END IF;
        IF (cs='1'AND wr='0' ) THEN
          data<=SRAM (adr_IN);
        END IF;
    END IF;
  END PROCESS;
END rtl;
```

本例在描述时将每个 8 位数组作为一个字（Word），总共存储 16 个字，将 ram 作为由 16 个字构成的数组，以地址为下标，通过读写控制模式实现对特定地址上字的读出或写入。

第4章

Verilog HDL 语言

4.1 Verilog HDL 语言概述

Verilog HDL 是一种硬件描述语言，用于从算法级、门级到开关级的多种抽象设计层次的数字系统建模。被建模的数字系统对象的复杂性可以介于简单的门和完整的电子数字系统之间。数字系统能够按层次描述，并可在相同描述中显式地进行时序建模。

Verilog HDL 语言不仅定义了语法，而且对每个语法结构都定义了清晰的模拟、仿真语义。因此，用这种语言编写的模型能够使用 Verilog 仿真器进行验证。Verilog HDL 语言从 C 编程语言中继承了多种操作符和结构。Verilog HDL 提供了扩展的建模能力，其中许多扩展最初很难理解。但是，Verilog HDL 语言的核心子集非常易于学习和使用，这对大多数建模应用来说已经足够。当然，完整的硬件描述语言足以对从最复杂的芯片到完整的电子系统进行描述。

4.1.1 Verilog HDL 的发展历史

（1）1983 年，由 GDA（GateWay Design Automation）公司的 Phil Moorby 首创；

（2）1989 年，Cadence 公司收购了 GDA 公司；

（3）1990 年，Cadence 公司公开发表 Verilog HDL；

（4）1995 年，IEEE 制定并公开发表 Verilog HDL1364-1995 标准；

（5）1999 年，模拟和数字电路都适用的 Verilog 标准公开发表。

4.1.2 Verilog HDL 和 VHDL 的比较

Verilog HDL 和 VHDL 都是用于逻辑设计的硬件描述语言，并且都已成为 IEEE 标准。VHDL 是在 1987 年成为 IEEE 标准，Verilog HDL 则在 1995 年才正式成为 IEEE 标准。之所以 VHDL 比 Verilog HDL 早成为 IEEE 标准，这是因为 VHDL 是美国军方组织开发的，而 Verilog HDL 则是从一个普通的民间公司的私有财产转化而来，基于 Verilog HDL 的优越性，才成为的 IEEE 标准，因而有更强的生命力。

Verilog HDL 和 VHDL 作为描述硬件电路设计的语言，其共同的特点在于：能形式化地抽象表示电路的结构和行为、支持逻辑设计中层次与领域的描述、可借用高级语言的精巧结构来简化电路的描述、具有电路仿真与验证机制以保证设计的正确性、支持电路描述由高层到低层的综合转换、硬件描述与实现工艺无关（有关工艺参数可通过语言提供的属性包括进去）、便于文档管理、易于理解和设计重用。

但是 Verilog HDL 和 VHDL 又各有其自己的特点。由于 Verilog HDL 早在 1983 年就已推出，至今已有十三年的应用历史，因而 Verilog HDL 拥有更广泛的设计群体，成熟的资源也远比 VHDL 丰富。与 VHDL 相比 Verilog HDL 的最大优点为，它是一种非常容易掌握的硬件描述语言，只要有 C 语言的编程基础，通过几十学时的学习，再加上一些实践操作，很容易掌握这种设计技术，而掌握 VHDL 设计技术就比较困难。这是因为 VHDL 不很直观，一般至少需要半年以上的专业培训，才能掌握 VHDL 的基本设计技术。目前版本的 Verilog HDL 和 VHDL 在行为级抽象建模的覆盖范围方面也有所不同。一般认为 Verilog HDL 在系统级抽象方面比 VHDL 略差一些，而在门级开关电路描述方面比 VHDL 强得多。

但这两种语言也是在不断的完善过程中，因此 Verilog HDL 作为学习 HDL 设计方法的入门和基础是比较合适的。学习掌握 Verilog HDL 建模、仿真和综合技术不仅可以对数字电路设计技术有更进一步的了解，而且可以为以后学习高级的系统综合打下坚实的基础。

Verilog HDL 较为适合系统级（System）、算法级（Alogrithem）、寄存器传输级（RTL）、逻辑级（Logic）、门级（Gate）、电路开关级（Switch）设计，而对于特大型（几百万门级以上）的系统级（System）设计，则 VHDL 更为适合，由于这两种 HDL 语言还在不断地发展过程中，它们都会逐步地完善自己。

4.2　Verilog HDL 程序基本结构

Verilog HDL 是一种用于数字逻辑电路设计的语言，一个复杂电路系统的完整 Verilog HDL 程序模型是由若干个 Verilog HDL 模块构成的，每一个模块又可以由若干个子模块构成。

4.2.1　Verilog HDL 程序基本结构

Verilog HDL 程序是以模块作为基本描述单位，下面通过几个简单的 Verilog HDL 程序，从中分析 Verilog HDL 程序的基本结构和特性。

【例 4.1】　用 Verilog HDL 描述了一个名为 adder 的三位加法器。

```
module  adder( cout,sum,a,b,cin );
input [2:0] a,b;
input   cin;
output  cout;
output [2:0] sum;
assign {cout,sum} = a + b + cin;
endmodule
```

这个例子根据三个数 a、b 和进位（cin）计算出和（sum）和进位（count），可以看出整个 Verilog HDL 程序是嵌套在 module 和 endmodule 声明语句 assign 里的。

【例 4.2】　用 Verilog HDL 描述一个名为 compare 的比较器。

```
module compare( equal,a,b );
output  equal;    //声明输出信号 equal
input [1:0] a,b;  //声明输入信号 a,b
```

```
assign  equal=（a==b)？1：0;
/*如果 a、b 两个输入信号相等,输出为 1。否则为 0*/
endmodule
```

这个程序对两比特数 a、b 进行比较, 如 a 与 b 相等, 则输出 equal 为高电平, 否则为低电平。在这个程序中,/*……*/和//……表示注释部分, 注释只是为了方便程序员理解程序, 对编译是不起作用的。

【例 4.3】　用 Verilog HDL 描述一个名为 trist1 的三态驱动器。

```
module  trist1(out,in,enable);
output  out;input
in, enable;
bufif1  mybuf(out,in,enable);
endmodule
```

这个程序通过调用一个在 Verilog 语言库中现有的三态驱动器门元件例化单元 bufif1 来实现三态驱动器的功能。

【例 4.4】　用 Verilog HDL 描述一个名为 trist2 的三态驱动器。

```
module trist2(out,in,enable);
output  out;
input  in, enable;
mytri  tri_inst(out,in,enable);
    //调用由 mytri 模块定义的门元件例化单元 tri_inst
endmodule

module  mytri(out,in,enable);
output  out;
input  in, enable;
assign  out = enable? in : 'bz;
endmodule
```

这个程序用另一种方法描述了一个三态门。在这个例子中共有两个模块, 模块 trist1 调用由模块 mytri 定义的门元件例化单元 tri_inst。模块 trist1 是顶层模块。模块 mytri 则被称为子模块。

通过上面的例子可以得出以下几点。

（1）Verilog HDL 程序是由模块构成的, 每个模块的内容都是嵌在 module 和 endmodule 两个语句之间, 每个模块实现特定的功能, 模块是可以进行层次嵌套的。正因为如此, 才可以将大型的数字电路设计分割成不同的小模块来实现特定的功能, 最后通过顶层模块调用子模块来实现整体功能。

（2）每个模块要进行端口定义, 并说明输入输出口, 然后对模块的功能进行行为逻辑描述。

（3）Verilog HDL 程序的书写格式自由, 一行可以写几个语句, 一个语句也可以分写多行。

（4）除了 endmodule 语句外, 每个语句和数据定义的最后必须有分号。

（5）可以用/*……*/和//……对 Verilog HDL 程序的任何部分作注释。一个好的, 有使用价值的源程序都应当加上必要的注释, 以增强程序的可读性和可维护性。

4.2.2 模块的结构

Verilog HDL 程序的基本结构是模块。一个模块由两大部分组成的，一部分模块端口定义，另一部分描述逻辑功能，即定义输入是如何影响输出的。

【例 4.1】 对应的电路符号如图 4-1 所示，一般情况下，程序模块和电路图符号是一致的，这是因为电路图符号的引脚也就是程序模块的接口。而程序模块描述了电路图符号所实现的逻辑功能。在【例 4.1】中，模块中的第 2、3、4、5 行说明接口的信号流向，第 6 行描述了模块的逻辑功能。

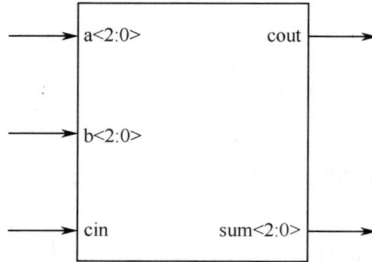

图 4-1　adder 电路图符号

从【例 4.1】可以看出，Verilog HDL 程序完全嵌在 module 和 endmodule 语句之间，每个 Verilog HDL 程序包括 4 个主要部分：模块端口定义、I/O 说明、信号类型说明、功能描述。模块的结构如图 4-2 所示。

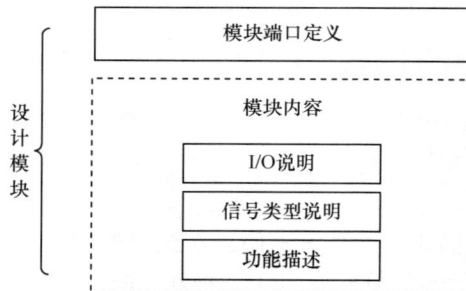

图 4-2　模块的结构

1. 模块端口定义

模块的端口声明了模块的输入输出口。其格式如下：

```
module    模块名(端口 1，端口 2，端口 3，……)；
```

如：

```
module  adder( cout,sum,a,b,cin )；
```

2. I/O 说明

模块的 I/O 说明的格式如下：

```
输入口：input  端口 1，端口 2，端口 3，……；
输出口：output 端口 1，端口 2，端口 3，……；
```

如：

```
input [2:0] a,b;
input cin;
output cout;
output [2:0] sum;
```

3. 信号类型说明

在模块内用到的变量可用 wire 和 reg 语句定义。

如：

```
wire a;           //定义一个 1 位的 wire 型变量
wire [3:0] b;     //定义了一个 4 位的 wire 型数据
reg x;            //定义了一个 1 位的 reg 型变量 x
reg [3:0] y;      //定义了一个 4 位的 reg 型变量 y
```

4. 功能描述

模块中最重要的部分是逻辑功能描述部分，Verilog HDL 程序的模块中有 3 种方法实现逻辑功能的描述。

1）用 assign 语句

如：

```
assign {cout,sum} = a + b + cin;
```

这种方法的句法很简单，只需用 assign 语句，后面再加一个表达式即可。上述表达式描述了一个三位加法器。

2）用例化元件

如：

```
and and_inst( q, a, b );
```

用例化元件的方法就像在电路图输入方式下调入库元件一样。只需输入元件的名字和相连的引脚即可。上面语句表示在设计中，用到一个跟 and 一样的名为 and_inst 的与门，其输入端为 a，b，输出为 q。要求每个例化元件的名字必须是唯一的，以避免与其他调用与门 and 的例化元件语句混淆。Verilog HDL 中内置了多输入门：

```
and, nand, nor, or, xor, xnor
```

这些逻辑门只有单个输出，1 个或多个输入，多输入门例化元件语句的语法如下：

```
gate_type [instance_name] (OutputA,Input1,Input2,…,InputN);
```

第一个端口是输出，其他端口是输入，如：

```
nand A1(Out1, In1, In2);        //与非门 A1，输入端 In1、In2，输出端 Out1
```

3）用 always 块语句

如：

```
always @(posedge clk or posedge clr)
begin
  if(clr)  q <= 0;
  else  if(en) q <= d;
end
```

采用 assign 语句是描述组合逻辑最常用的方法之一。而 always 块语句既可用于描述组合逻辑，也可于描述时序逻辑。上述例子用 always 块语句生成了一个带有异步清零端的 D 触发器。always 块语句可用很多种描述手段来表达逻辑，例如上述代码中就用了 if...else 语句来表达逻辑关系。如按一定的风格来编写"always"块，可以通过综合工具把源代码自动综合成用门级结构表示的组合或时序逻辑电路。

如果用 Verilog HDL 模块实现一定的功能，首先应该清楚哪些是并行发生的，哪些是顺序发生的。上面描述逻辑功能的三种方法分别采用了 assign 语句、例化元件语句和 always 块语句。这三个方法描述的逻辑功能是同时执行的，也就是说，如果把这三种方法写到一个 Verilog HDL 模块中的话，它们的顺序不会影响逻辑功能的实现，这三种方法是同时执行的，也就是并行发生的（并发）。

然而，在 always 块语句模块内，逻辑是按照指定的顺序执行的。always 块语句中的语句也称为顺序语句，因为它们是顺序执行的。注意，两个或更多的 always 块语句模块也是同时执行的，但是 always 块语句模块内部的语句是顺序执行的。

Verilog HDL 模块的编程模板如下：

```
module  <顶层模块名>  (<输入输出端口列表>);
output   输出端口列表;              //输出端口声明
input    输入端口列表;              //输入端口声明
/*定义数据，信号的类型，函数声明*/
reg  信号名;
                                  //逻辑功能定义
assign <结果信号名>=<表达式>;   //使用 assign 语句定义逻辑功能
                                  //用 always 块描述逻辑功能
always @ (<敏感信号表达式>)
begin
                                  //过程赋值
                                  //if-else, case 语句
                                  //while, repeat, for 循环语句
                                  //task, function 调用
end
                                  //调用其他模块
 <调用模块名 module_name > <例化模块名> (<端口列表 port_list >);
                                  //门例化元件
门元件关键字 <门例化元件名> (<端口列表 port_list>);
endmodule
```

4.3 Verilog HDL 语言要素

Verilog HDL 语言要素是编程语句的基本单元，包括标识符、常量、变量和数据类型、语句、任务和函数等。

4.3.1 标识符

Verilog HDL 中的标识符（Identifier）可以是任意一组字母、数字、$符号和_（下划线）符号的组合，但标识符的第一个字符必须是字母或者下划线。另外，标识符是区分大小写的。以下是标识符的例子：

```
Count
```

```
COUNT                  //与 Count 不同
_R1_D2
R56_68
FIVE$
```

Verilog HDL 定义了一系列保留字，叫做关键词，注意只有小写的关键词才是保留字。例如，标识符 always（关键词）与标识符 ALWAYS（非关键词）是不同的。·

4.3.2　常量、变量和数据类型

Verilog HDL 数据对象是指用来存放各种类型数据的容器，包括常量和变量。Verilog HDL 中数据类型是用来表示数字电路硬件中的物理连线、数据存储和传输单元等物理量的，Verilog HDL 中总共有 19 种数据类型，常量和变量均属于这些类型。

1. 常量

Verilog HDL 中，常量是一个恒定不变的值数，一般在程序前部定义，在程序运行过程中，其值不能被改变。下面首先对在 Verilog HDL 语言中使用的数字及其表示方式进行介绍。

1）整数

在 Verilog HDL 中，整型常量即整常数有以下 4 种进制表示形式。

（1）二进制整数（b 或 B）

（2）十进制整数（d 或 D）

（3）十六进制整数（h 或 H）

（4）八进制整数（o 或 O）

数字表达方式有以下 3 种。

（1）<位宽><进制><数字>这是一种全面的描述方式；

（2）<进制><数字>在这种描述方式中，数字的位宽采用缺省位宽（这由具体的机器系统决定，但至少 32 位）；

（3）<数字>在这种描述方式中，采用缺省进制十进制。

在表达式中，位宽指明了数字的精确位数。例如：一个 4 位二进制数的数字的位宽为 4，一个 4 位十六进制数的数字的位宽为 16（因为每单个十六进制数就要用 4 位二进制数来表示），如：

```
8'b10101100   //位宽为 8 的数的二进制表示，'b 表示二进制
8'ha2         //位宽为 8 的数的十六进制，'h 表示十六进制。
```

2）x 和 z 值

在数字电路中，x 代表不定值，z 代表高阻值。一个 x 可以用来定义十六进制数的四位二进制数的状态，八进制数的三位，二进制数的一位。z 的表示方式同 x 类似。z 还有一种表达方式是可以写作?。在使用 case 表达式时建议使用这种写法，以提高程序的可读性，如：

```
4'b10x0     //位宽为 4 的二进制数从低位数起第二位为不定值
4'b101z     //位宽为 4 的二进制数从低位数起第一位为高阻值
12'dz       //位宽为 12 的十进制数其值为高阻值（第一种表达方式）
12'd?       //位宽为 12 的十进制数其值为高阻值（第二种表达方式）
8'h4x       //位宽为 8 的十六进制数其低四位值为不定值
```

3）负数

一个数字可以被定义为负数，只需在位宽表达式前加一个减号，减号必须写在数字定义表达式的最前面。注意减号不可以放在位宽和进制之间也不可以放在进制和具体的数之间，如：

```
-8'd5          //这个表达式代表 5 的补数（用八位二进制数表示）
8'd-5          //非法格式
```

4）下划线

下划线可以用来分隔开数的表达以提高程序可读性。但不可以用在位宽和进制处，只能用在具体的数字之间，如：

```
16'b1010_1011_1111_1010            //合法格式
8'b_0011_1010                      //非法格式
```

5）参数（Parameter）

在 Verilog HDL 中用 parameter 来定义常量，即用 parameter 来定义一个标识符代表一个常量，称为符号常量，即标识符形式的常量，采用标识符代表一个常量可提高程序的可读性和可维护性。parameter 型数据是一种常数型的数据，其说明格式如下：

parameter 参数名 1＝表达式，参数名 2＝表达式，…，参数名 n＝表达式；

parameter 是参数型数据的确认符，确认符后跟着一个用逗号分隔开的赋值语句表。在每一个赋值语句的右边必须是一个常数表达式。也就是说，该表达式只能包含数字或先前已定义过的参数。见下列：

```
parameter  msb=7;                              //定义参数 msb 为常量 7
parameter  e=25, f=29;                         //定义二个常数参数
parameter  r=5.7;                              //声明 r 为一个实型参数
parameter  byte_size=8, byte_msb=byte_size-1;  //用常数表达式赋值
parameter  average_delay = (r+f)/2;            //用常数表达式赋值
```

参数型常数经常用于定义延迟时间和变量宽度。在引用模块或例化元件时，可通过参数传递改变在被引用模块或例化元件中已定义的参数。下面的例子说明在层次调用的电路中改变参数常用的一些用法。

在引用 Decode 模块时，D1，D2 的 Width 将采用不同的值 4 和 5，且 D1 的 Polarity 将为 0。可用例子中所用的方法来改变参数，即用 #(4,0)向 D1 中传递 Width=4,Polarity=0; 用#(5)向 D2 中传递 Width=5,Polarity 仍为 1。

```
module Decode(A,F);
parameter  Width=1, Polarity=1;
……

Endmodule

module  Top;
wire[3:0] A4;
wire[4:0] A5;
```

```
wire[15:0]  F16;
wire[31:0]  F32;
Decode  #(4,0)  D1(A4,F16);
Decode  #(5)    D2(A5,F32);
Endmodule
```

2. 变量

变量是在程序运行时其值可以改变的量,在 Verilog HDL 中,变量分为网络型(nets type)和寄存器型(register type)两类。

(1)nets 型变量。

nets 型变量是输出值始终根据输入变化而更新的变量,它一般用来定义硬件电路中的各种物理连线。Verilog HDL 中,nets 型变量如下:

wire、tri	连线类型(两者功能完全相同)
wor、trior	具有线或特性的连线(两者功能一致)
wand、triand	具有线与特性的连线(两者功能一致)
tri1、tri0	分别为上拉电阻和下拉电阻
supply1、supply0	分别为电源(逻辑 1)和地(逻辑 0)

(2)register 型变量。

register 型变量是一种数值容器,不仅可以容纳当前值,也可以保持历史值,这一属性与触发器或寄存器的记忆功能有很好的对应关系。register 型变量也是一种连接线,可以作为设计模块中各器件间的信息传送通道。register 型变量与 wire 型变量的根本区别:register 型变量需要被明确地赋值,并且在被重新赋值前一直保持原值。register 型变量是在 always、initial 等语句中定义、赋值。常见 register 型变量如下:

reg	常用的寄存器型变量
integer	32 位带符号整数型变量
real	64 位带符号实数型变量
time	无符号时间型变量

在 Verilog HDL 中,变量的数据类型有很多种,这里只对常用的几种进行介绍。

1)wire 型

网络数据类型表示结构实体(例如门)之间的物理连接。网络类型的变量不能储存值,而且它必需受到驱动器(例如门或连续赋值语句,assign 的驱动。如果没有驱动器连接到网络类型的变量上,则该变量就是高阻的,即其值为 z。常用的网络数据类型包括 wire 型和 tri 型。这两种变量都是用于连接器件单元,它们具有相同的语法格式和功能。之所以提供这两种名字来表达相同的概念是为了与模型中所使用的变量的实际情况相一致。wire 型变量通常是用来表示单个门驱动或连续赋值语句驱动的网络型数据,tri 型变量则用来表示多驱动器驱动的网络型数据。

wire 型数据常用来表示用于以 assign 关键字指定的组合逻辑信号。Verilog HDL 程序模块中输入输出信号类型缺省时自动定义为 wire 型。wire 型变量可以用作任何表达式的输入,也可以用作 assign 语句或例化元件的输出。

wire 型变量的定义格式如下:

```
wire [n:1] 变量 1, 变量 2, …变量 i;
```

wire 是 wire 型变量的定义符，[n:1]代表该变量数据的位宽，即该数据有几位。最后跟着的是变量的名字。如果一次定义多个变量，变量名之间用逗号隔开。定义语句的最后要用分号表示语句结束，如：

```
wire  a;              //定义了一个一位的 wire 型数据
wire [7:0] b;         //定义了一个八位的 wire 型数据
wire [4:1] c, d;      //定义了二个四位的 wire 型数据
```

2）reg 型

寄存器是数据储存单元的抽象。寄存器数据类型的关键字是 reg.通过赋值语句可以改变寄存器储存的值，其作用与改变触发器储存的值相当。Verilog HDL 语言提供了功能强大的结构语句使设计者能有效地控制是否执行这些赋值语句。这些控制结构用来描述硬件触发条件，例如时钟的上升沿和多路选择器的选通信号。reg 类型数据的缺省初始值为不定值 x。

reg 型数据常用来表示用于 always 块语句内指定信号，常代表触发器。通常，在设计中要由 always 块语句通过使用行为描述语句来表达逻辑关系。always 块语句内被赋值的每一个信号都必须定义成 reg 型。

reg 型变量的定义格式如下：
reg [n:1] 变量 1，变量 2,…变量 i;

reg 是 reg 型变量的定义符，[n:1]代表该数据的位宽，即该数据有几位。最后跟着的是 reg 型变量的名字。如果一次定义多个变量，变量名之间用逗号隔开。定义语句的最后要用分号表示语句结束，如：

```
reg  rega;               //定义了一个一位的名为 rega 的 reg 型数据
reg [3:0] regb;          //定义了一个四位的名为 regb 的 reg 型数据
reg [4:1] regc, regd;    //定义了两个四位的名为 regc 和 regd 的 reg 型数据
```

对于 reg 型变量，其赋值语句的作用就象改变一组触发器的存储单元的值。在 Verilog HDL 中有许多构造用来控制何时执行这些赋值语句，这些控制构造可用来描述硬件触发器的各种具体情况，如触发条件用时钟的上升沿，或用来描述具体判断逻辑的细节，如各种多路选择器。reg 型变量的缺省初始值是不定值。reg 型变量可以赋正值，也可以赋负值。但当一个 reg 型变量是一个表达式中的操作数时，它的值被当作是无符号值，即正值。例如：当一个四位的寄存器用作表达式中的操作数时，如果开始寄存器被赋以值-1，则在表达式中进行运算时，其值被认为是+15。

注意：reg 型只表示被定义的变量信号将用在"always"块内，理解这一点很重要，并不是说 reg 型信号一定是寄存器或触发器的输出，虽然 reg 型信号常常是寄存器或触发器的输出，但并不一定总是这样。

3）memory 型

Verilog HDL 通过对 reg 型变量建立数组来对存储器建模，可以描述 RAM 型存储器、ROM 存储器和 reg 文件。数组中的每一个单元通过一个数组索引进行寻址。在 Verilog 语言中没有多维数组存在，memory 型数据是通过扩展 reg 型数据的地址范围来生成的。其格式如下：

```
reg [n-1:0] 存储器名[m-1:0];
或   reg [n-1:0] 存储器名[m:1];
```

在这里，reg[n-1:0]定义了存储器中每一个存储单元的大小，即该存储单元是一个 *n* 位的寄存器。存储器名后的[m-1:0]或[m:1]则定义了该存储器中有多少个这样的寄存器。最后用分号结束定义语句，如：

```
reg [7:0]  mema[255: 0];
```

这个例子定义了一个名为 **mema** 的存储器，该存储器有 256 个 8 位的存储器，该存储器的地址范围是 0 到 255。

注意：对存储器进行地址索引的表达式必须是常数表达式。另外，在同一个数据类型声明语句里，可以同时定义存储器型数据和 reg 型变量，如：

```
parameter wordsize=16,    //定义两个参数。
memsize=256;
reg [wordsize-1:0] mem[memsize-1:0],writereg, readreg;
```

尽管 memory 型数据和 reg 型数据的定义格式很相似，但要注意其不同之处。如一个由 n 个 1 位寄存器构成的存储器组是不同于一个 n 位的寄存器的。见下例：

```
reg [n-1:0] rega;      //一个 n 位的寄存器
reg mema [n-1:0];      //一个由 n 个 1 位寄存器构成的存储器组
```

一个 n 位的寄存器可以在一条赋值语句里进行赋值，而一个完整的存储器则不行，如下：

```
rega =0;              //合法赋值语句
mema =0;              //非法赋值语句
```

如果想对 memory 中的存储单元进行读写操作，必须指定该单元在存储器中的地址。下面的写法是正确的。

```
mema[3]=0;  //给 memory 中的第 3 个存储单元赋值为 0。
```

进行寻址的地址索引可以是表达式，这样就可以对存储器中的不同单元进行操作。表达式的值可以取决于电路中其他的寄存器的值，例如可以用一个加法计数器来做 RAM 的地址索引。

4.3.3 运算符及表达式

Verilog HDL 语言的运算符按其功能可分为以下几类。
（1）算术运算符（+,−,×，/,%）
（2）赋值运算符（=,<=）
（3）关系运算符（>,<,>=,<=）
（4）逻辑运算符（&&,||,!）
（5）条件运算符（?:）
（6）位运算符（∼,|,^,&,^∼）
（7）移位运算符（<<,>>）
（8）拼接运算符（{ }）
（9）其他

在 Verilog HDL 语言中运算符所带的操作数是不同的，按其所带操作数的个数运算符可分为 3 种。

（1）单目运算符（Unary Operator）：可以带一个操作数，操作数放在运算符的右边。

（2）二目运算符（Binary Operator）：可以带二个操作数，操作数放在运算符的两边。

（3）三目运算符（Ternary Operator）：可以带三个操作，这三个操作数用三目运算符分隔开。如：

```
clock = ~clock;        // ~是一个单目取反运算符，clock 是操作数。
c = a | b;             // 是一个二目按位或运算符，a 和 b 是操作数。
r = s ? t : u;         // ?：是一个三目条件运算符，s，t，u 是操作数。
```

1. 算术运算符

在 Verilog HDL 语言中，算术运算符又称为二进制运算符，有以下几种。

（1）+（加法运算符，或正值运算符，如 rega＋regb，＋3）

（2）-（减法运算符，或负值运算符，如 rega-3，-3）

（3）×（乘法运算符，如 rega*3）

（4）/（除法运算符，如 5/3）

（5）%（模运算符，或称为求余运算符，要求％两侧均为整型数据，如 7％3 的值为 1

在进行整数除法运算时，结果值要略去小数部分，只取整数部分。而进行取模运算时，结果值的符号位采用模运算式里第一个操作数的符号位，如下所示。

模运算表达式	结果	说明
10%3	1	余数为 1
11%3	2	余数为 2
12%3	0	余数为 0 即无余数
-10%3	-1	结果取第一个操作数的符号位，所以余数为-1
11%3	2	结果取第一个操作数的符号位，所以余数为 2.

注意：在进行算术运算操作时，如果某一个操作数有不确定的值 x，则整个结果也为不定值 x。

2. 位运算符

Verilog HDL 作为一种硬件描述语言，是针对硬件电路而言的，在硬件电路中信号有 5 种状态值 1，0，x，z.在电路中信号进行与或非时，反映在 Verilog HDL 中则是相应的操作数的位运算，Verilog HDL 提供了 5 种位运算符。

（1）位非运算符～

（2）位与运算符&

（3）位或运算符|

（4）位异或运算符^

（5）异或非运算符^～

注意：位运算符中除了～是单目运算符以外，均为二目运算符，即要求运算符两侧各有一个操作数。位运算符中的二目运算符要求对两个操作数的相应位进行运算操作。

1）位非运算符～

位非运算符～是一个单目运算符，用来对一个操作数进行按位取反运算，其运算规则如图 4-3 所示。

~非	0	1	x	z
	1	0	x	x

图 4-3　位非运算规则

举例说明：

```
rega='b1010;          //rega 的初值为'b1010
rega=～rega;           //rega 的值进行取反运算后变为'b0101
```

2）位与运算符&

位与运算符&就是将两个操作数的相应位进行与运算，其运算规则如图 4-4 所示。

&与	0	1	x	z
0	0	0	0	0
1	0	1	x	x
x	0	x	x	x
z	0	x	x	x

图 4-4　位与运算运算规则

3）位或运算符|

位或运算符 | 就是将两个操作数的相应位进行或运算，其运算规则如图 4-5 所示。

|或	0	1	x	z
0	0	1	x	x
1	1	1	1	1
x	x	1	x	x
z	x	1	x	x

图 4-5　位或运算运算规则

4）位异或运算符^

位异或运算符^就是将两个操作数的相应位进行异或运算，其运算规则如图 4-6 所示。

^异或	0	1	x	z
0	0	1	x	x
1	1	0	x	x
x	x	x	x	x
z	x	x	x	x

图 4-6　位异或运算运算规则

5）异或非运算符^～

位异或非（同或）运算符^～就是将两个操作数的相应位先进行异或运算再进行非运算，其运算规则如图4-7所示。

^~异或非	0	1	x	z
0	1	0	x	x
1	0	1	x	x
x	x	x	x	x
z	x	x	x	x

图4-7 位异或非运算运算规则

6）不同长度数据位运算

两个长度不同的数据进行位运算时，系统会自动的将两者按右端对齐，位数少的操作数会在相应的高位用0填满，以使两个操作数按位进行操作。

3. **逻辑运算符**

在 Verilog HDL 语言中有 3 种逻辑运算符：

（1）&& 逻辑与

（2）|| 逻辑或

（3）! 逻辑非

"&&"和"||"是二目运算符，它要求有两个操作数，如（a>b）&&（b>c），（a<b）||（b<c）。"!"是单目运算符，只要求一个操作数，如!（a>b）。

对于向量操作，非 0 向量作为 1 处理。例如，假设：

A_Bus ='b0110;

B_Bus ='b0100;

A_Bus||B_Bus 结果为 1

A_Bus&&B_Bus 结果为 1

!B_Bus 与!B_Bus 的结果相同，结果为 0。如果任意一个操作数包含 x，结果也为 x。

4. **关系运算符**

在 Verilog HDL 语言中有 4 种关系运算符：

（1）a < b   a 小于 b

（2）a > b   a 大于 b

（3）a <= b   a 小于或等于 b

（4）a >= b   a 大于或等于 b

在进行关系运算时，如果声明的关系是假的（flase），则返回值是 0，如果声明的关系是真的（true），则返回值是 1，如果某个操作数的值不定，则关系是模糊的，返回值是不定值。

5. **等式运算符**

在 Verilog HDL 语言中存在 4 种等式运算符：

（1）== （等于）

（2）!=　（不等于）

（3）===　（全等）

（4）!==　（非全等）

如果比较结果为假，则结果为 0；否则结果为 1。在全等比较中，值 x 和 z 严格按位比较，结果一定可知。而在逻辑比较中，如果两个操作数之一包含 x 或 z，结果为未知的值 x，如下所示。

```
Data='b11x0;
Addr='b11x0;
```

逻辑比较：

```
Data==Addr
```

不定，也就是说值为 x。

全等比较：

```
Data===Addr
```

为真，也就是说值为 1。

如果操作数的长度不相等，长度较小的操作数在左侧添 0 补位，如下所示。

```
2'b10==4'b0010
```

与下面的表达式相同：

```
4'b0010==4'b0010
```

结果为真 1。

6. 移位运算符

在 Verilog HDL 中有两种移位运算符：

（1）<<　　左移位运算符

（2）>>　　右移位运算符

使用方法如下：

```
 a>>n
a<<n
```

a 代表要进行移位的操作数，n 代表要移几位。这两种移位运算都用 0 来填补移出的空位。

【例 4.5】　移位运算举例

```
module  shift;
reg [3:0]  start, result;
initial
begin
    start = 1;              //start 在初始时刻设为值 0001
    result = start<<2;     //移位后，start 的值 0100，然后赋给 result。
end
endmodule
```

7. 位拼接运算符

在 Verilog HDL 语言中，位拼接运算符{}可以把两个或多个信号的某些位拼接起来进行运算操作，其使用方法如下：

{信号 1 的某几位，信号 2 的某几位，…信号 n 的某几位}

即把某些信号的某些位详细地列出来，中间用逗号分开，最后用大括号括起来表示一个整体信号，具体应用见【例 4.1】。

例如：

```
{a,b[3:0],w,3'b101}
```

也可以写为

```
{a,b[3],b[2],b[1],b[0],w,1'b1,1'b0,1'b1}
```

在位拼接表达式中不允许存在没有指明位数的信号，这是因为在计算拼接信号的位宽的大小时必需知道其中每个信号的位宽。

位拼接还可以用重复法来简化表达式，如下所示。

```
{4{w}}              //等同于{w,w,w,w}
```

位拼接还可以用嵌套的方式来表达，如：

```
{b,{3{a,b}}}        //等同于{b,a,b,a,b,a,b}
```

8. 缩减运算符

缩减运算符是单目运算符，也有与或非运算。其与或非运算规则类似于位运算符的与或非运算规则，但其运算过程不同。位运算是对操作数的相应位进行与或非运算，操作数是几位数则运算结果也是几位数。而缩减运算则不同，缩减运算是对单个操作数进行或与非递推运算，最后的运算结果是一位的二进制数。缩减运算的具体运算过程是这样的：第一步先将操作数的第一位与第二位进行或与非运算，第二步将运算结果与第三位进行或与非运算，依次类推，直至最后一位，如下所示。

```
reg [3:0] B;
reg C;
C = &B;
```

相当于：

```
C =((B[0]&B[1])&B[2])&B[3];
```

由于缩减运算的与、或、非运算规则类似于位运算符与、或、非运算规则，这里不再详细赘述，请参照位运算符的运算规则介绍。

9. 条件运算符

条件运算符格式为

操作数=条件？表达式 1：表达式 2；

即当条件为真（条件结果值为 1）时，操作数= 表达式 1；为假（条件结果值为 0）时，操作数=表达式 2。

10. 优先级别

Verilog HDL 中，各种运算符的优先级别如图 4-8 所示。

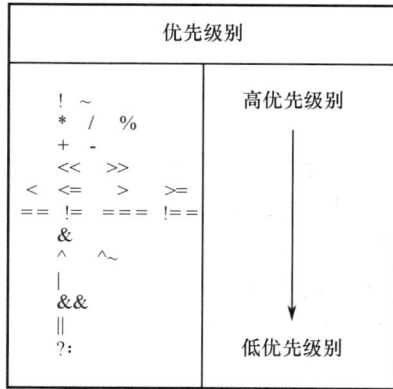

图 4-8　运算符优先级别

11. 关键词

在 Verilog HDL 中，所有的关键词是事先定义好的确认符，用来组织语言结构。关键词是用小写字母定义的，因此在编写原程序时要注意关键词的书写，以避免出错。下面是 Verilog HDL 中使用的关键词。

always，and，assign，begin，buf，bufif0，bufif1，case，casex，casez，cmos，deassign，efault，defparam，disable，edge，else，end，endcase，endmodule，endfunction，endprimitive，ndspecify，endtable，endtask，event，for，force，forever，fork，function，highz0，highz1，if，nitial，inout，input，integer，join,large，macromodule，medium，module，nand，negedge，nmos，or，not，notif0，notifl，or，output，parameter，pmos，posedge，primitive，pull0，pull1，pullup，ulldown，rcmos，reg，releses，repeat，mmos，rpmos，rtran，rtranif0，rtranif1，scalared,small，pecify，specparam，strength，strong0，strong1，supply0，supply1，table，task，time，tran，tranif0，anif1，tri，tri0，tri1，triand，trior，trireg，vectored，wait，wand，weak0，weak1，while，wire，or，xnor，xor

12. 表达式

在 Verilog HDL 中，表达式由操作数和运算符组成。表达式可以在出现数值的任何地方使用，一般可用表达式描述逻辑关系。

常量表达式是在编译时就计算出常数值的表达式，通常，常量表达式可由下列要素构成：

（1）常量文字，如：'b10

（2）参数名，如：parameter RED = 4'b1110；

标量表达式是计算结果为 1 位的表达式。如果希望产生标量结果，但是表达式产生的结果为向量，则最终结果为向量最右侧的位值。

4.4　Verilog HDL 基本语句

语句是构成 Verilog HDL 程序不可缺少的部分。Verilog HDL 的语句包括赋值语句、条件句、循环语句、结构说明语句和编译预处理语句等类型，每一类语句又包括几种不同的语句。在这些语句中，有些语句属于顺序执行语句，有些语句属于并行执行语句。

4.4.1 赋值语句

1. 门单元赋值语句

门单元赋值语句格式为

基本逻辑门关键字（门输出，门输入 1，门输入 2，…，门输入 n）；

基本逻辑门关键字是 Verilog HDL 预定义的逻辑门，内置门元件例化单元包括 and、or、not、xor、nand、nor 等，见表 4-1 所列。

表 4-1　Verilog HDL 的内置门元件例化单元

类　别	关键字	符号示意图	门名称
多输入门	and		与门
	nand		与非门
	or		或门
	nor		或非门
	xor		异或门
	xnor		异或非门
多输出门	buf		缓冲器
	not		非门
三态门	bufif1		高电平使能三态缓冲器
	buif0		低电平使能三态缓冲器
	notif1		高电平使能三态非门
	notif0		低电平使能三态非门

例如，具有 a、b、c、d 4 个输入和 y 为输出与非门的门基元赋值语句为

```
nand (y, a, b, c, d);
```

该语句与 y = ～（a＆b＆c＆d）等效

2. 连续赋值语句

连续赋值语句格式为

```
assign 赋值变量= 表达式;
```

例如：

```
assign y = ～ (a & b & c & d);
```

连续赋值语句的"="号两边的变量都应该是 wire 型变量。在执行中，输出 y 的变化跟随输入 a、b、c、d 的变化而变化，反映了信息传送的连续性。

【例 4.6】　4 输入端与非门的 Verilog HDL 源程序。

```
module Nand4(y,a,b,c,d);
```

```
output y;
input a,b,c,d;
assign #1 y = ~(a&b&c&d);
//#1 表示该门的输出与输入信号之间具有 1 个单位的时间延迟。
endmodule
```

3. 阻塞赋值语句

阻塞赋值语句（也称过程赋值语句）出现在 initial 和 always 块语句中，如果一个块语句中包含若干条阻塞赋值语句，那么这些阻塞赋值语句是按照语句编写的顺序由上至下一条一条地执行，前面的语句没有完成，后面的语句就不能执行，就象被阻塞了一样，赋值符号是"="，格式为：

赋值变量= 表达式；

在阻塞赋值语句中，赋值号"="左边的赋值变量必须是 reg（寄存器）型变量，其值在该语句结束即可得到。

4. 非阻塞赋值语句

非阻塞赋值语句也是出现在 initial 和 always 块语句中，赋值符号是"<="，格式为

赋值变量<= 表达式；

在非阻塞赋值语句中，赋值号"<="左边的赋值变量也必须是 reg 型变量，其值是在块语句结束后才可得到。

【例 4.7】 用 Verilog HDL 描述一个上升沿触发的 D 触发器。

```
module D_FF(q,d,clock);
input d,clock;
output q;
reg q;
always @(posedge clock)
    q <= d;
endmodule
```

块语句中的"@（posedge clock）"是定时控制敏感函数，表示时钟信号 clock 的上升沿到来的敏感时刻。q 是触发器的输出，属于 reg 型变量；d 和 clock 是输入，属于 wire 型变量（由默认规则定义）。

5. 阻塞和非阻塞赋值语句的区别

阻塞赋值和非阻塞赋值方式的区别首先是赋值符号的不同，但最主要的区别是赋值变量获得值的时刻不同。阻塞赋值语句在赋值语句执行完后，赋值变量即可获得值；而非阻塞赋值语句赋值变量的值不是立刻就改变，而是要等到 always 语句块结束后才能完成赋值操作。

【例 4.8】 阻塞赋值方式例程。

```
module test1(a,b,c,clk);
output b,c;
input clk,a;
reg b,c;
always@(posedge clk)
begin
  b=a;
```

```
        c=b;
     end
  endmodule
```

由于阻塞赋值在执行该语句后，马上完成赋值操作，因此执行 b=a 语句后，b 等于 a，在执行 c=b 后，c 的值和 b 的值相等，该程序描述的电路如图 4-9 所示。

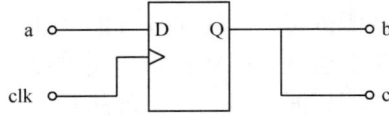

图 4-9　逻辑电路图

【例 4.9】　非阻塞赋值方式例程。

```
module test1(a, b, c, clk);
output b, c;
input clk, a;
reg b,c;
always@(posedge clk)
begin
        b<=a;
        c<=b;
end
endmodule
```

非阻塞赋值在块结束时才能完成赋值操作，即执行 b<=a 语句后，b 并不等于 a。所以在"always"块结束时，c 的值为时钟上升沿到来的前一时刻 b 的值，该程序描述的电路如图 4-10 所示。

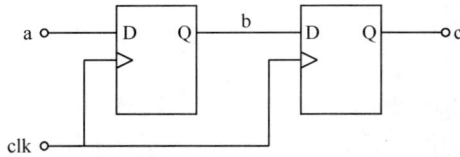

图 4-10　逻辑电路图

4.4.2　块语句

Verilog HDL 的块语句通常用来将两条或多条语句组合在一起,使其在格式上看更象一条语句。块语句有两种，一种是 begin_end 语句，另一种是 fork_join 语句。

1. 顺序块

begin_end 语句通常用来标识顺序执行的语句,用它来标识的块称为顺序块顺序块,其有以下几个特点。

（1）块内的语句是按顺序执行的，即只有上面一条语句执行完后下面的语句才能执行。

（2）每条语句的延迟时间是相对于前一条语句的仿真时间而言的。

（3）直到最后一条语句执行完，程序流程控制才跳出该语句块。

顺序块的语句格式如下：

```
        begin
            语句 1;
            语句 2;
            ……
            语句 n;
        end
```
或：
```
        begin:块名
        块内声明语句;
            语句 1;
            语句 2;
            ……
            语句 n;
        end
```
其中：

（1）块名即该块的名字，一个标识名。

（2）块内声明语句可以是参数声明语句、reg 型变量声明语句、integer 型变量声明语句、real 型变量声明语句。

例如：
```
        begin
            areg = breg;
            creg = areg;            //creg 的值为 breg 的值。
        end
```

从该例可以看出，第一条赋值语句先执行，areg 的值更新为 breg 的值，然后程序流程控制转到第二条赋值语句，creg 的值更新为 areg 的值。因为这两条赋值语句之间没有任何延迟时间，creg 的值实为 breg 的值。当然可以在顺序块里延迟控制时间来分开两个赋值语句的执行时间，例如：
```
        begin
            areg = breg;
            #10 creg = areg;        //在两条赋值语句间延迟 10 个时间单位
        end
```

2. 并行块

fork_join 语句通常用来标识并行执行的语句，用它来标识的块称为并行块，并行块有以下几个特点。

（1）块内语句是同时执行的，即程序流程控制一进入到该并行块，块内语句则开始同时并行地执行。

（2）块内每条语句的延迟时间是相对于程序流程控制进入到块内时的仿真时间的。

（3）延迟时间是用来给赋值语句提供执行时序的。

（4）当按时间时序排序在最后的语句执行完后或一个 disable 语句执行时，程序流程控制跳出该程序块。

并行块的语句格式如下。
```
        fork
```

```
        语句 1；
        语句 2；
        ……
        语句 n；
    join
```
或：
```
    fork:块名
        块内声明语句
        语句 1；
        语句 2；
        ……
        语句 n；
    join
```
其中：

（1）块名即标识该块的一个名字，相当于一个标识符。

（2）块内说明语句可以是参数说明语句、reg 型变量声明语句、integer 型变量声明语句、real 型变量声明语句、time 型变量声明语句、事件（event）说明语句。

例如：
```
    fork
        #50  r = 'h35；
        #100 r = 'hE2；
        #150 r = 'h00；
        #200 r = 'hF7；
        #250 -> end_wave；       //触发事件 end_wave.
    join
```

3. 块名

在 VerilgHDL 语言中，可以给每个块取一个名字，只需将名字加在关键词 begin 或 fork 后面即可，这样做的原因有以下几点。

（1）这样可以在块内定义局部变量，即只在块内使用的变量。

（2）这样可以允许块被其他语句调用，如被 disable 语句。

（3）在 Verilog 语言里，所有的变量都是静态的，即所有的变量都只有一个唯一的存储地址，因此，进入或跳出块并不影响存储在变量内的值。

基于以上原因，块名就提供了一个在任何仿真时刻确认变量值的方法。

4. 起始时间和结束时间

在并行块和顺序块中都有一个起始时间和结束时间的概念。对于顺序块，起始时间就是第一条语句开始被执行的时间，结束时间就是最后一条语句执行完的时间。而对于并行块来说，起始时间对于块内所有的语句是相同的，即程序流程控制进入该块的时间，其结束时间是按时间排序在最后的语句执行完的时间。

当一个块嵌入另一个块时，块的起始时间和结束时间是很重要的。至于跟在块后面的语句只有在该块的结束时间到了才能开始执行，也就是说，只有该块完全执行完后，后面的语句才可以执行。

在 fork_join 块内，各条语句不必按顺序给出，因此在并行块里，各条语句在前还是在后是无关紧要的。例如：

100

```
fork
    #250 -> end_wave;
    #200  r = 'hF7;
    #150  r = 'h00;
    #100  r = 'hE2;
    #50   r = 'h35;
join
```

在这个例子中，各条语句并不是按被执行的先后顺序给出的，但同样可以生成前面例子中的波形。

4.4.3 条件语句

1. if_else 语句

if 语句是用来判定所给定的条件是否满足，根据判定的结果（真或假）决定执行给出的两种操作之一。Verilog HDL 语言有 3 种形式的 if 语句。

1）if（表达式）语句;

例如：

```
if（a>b) out1<=int1;
```

2）if（表达式）语句 1;

```
else语句 2;
```

例如：

```
if(a>b) out1<=int1;
else out1<=int2;
```

3）if（表达式 1）语句 1;

```
else  if(表达式 2) 语句 2;
……
else  if(表达式 m) 语句 m;
else  语句 n;
```

例如：

```
If (a>b) out1<=int1;
else if(a==b) out1<=int2;
else  out1<=int3;
```

几点说明如下。

（1）3 种形式的 if 语句中在 if 后面都有"表达式"，一般为逻辑表达式或关系表达式。系统对表达式的值进行判断，若为 0，x，z，按"假"处理，若为 1，按"真"处理，执行指定的语句。

（2）第二、第三种形式的 if 语句中，在每个 else 前面有一分号，整个语句结束处有一分号。

例如：

101

```
If (a>b)
    out1 <=int1;
else
    out1 <=int2;
```

这是由于分号是 Verilog HDL 语句中不可缺少的部分，这个分号是 if 语句中的内嵌套语句所要求的。如果无此分号，则出现语法错误。但应注意，不要误认为上面是两个语句（if 语句和 else 语句）。它们都属于同一个 if 语句。else 子句不能作为语句单独使用，它必须是 if 语句的一部分，与 if 配对使用。

（3）在 if 和 else 后面可以包含一个内嵌的操作语句，也可以有多个操作语句，此时用 begin 和 end 这两个关键词将几个语句包含起来成为一个复合块语句。如：

```
if(a>b)
  begin
        out1<=int1;
        out2<=int2;
  end
else
  begin
    out1<=int2;
    out2<=int1;
  end
```

注意在 end 后不需要再加分号。因为 begin_end 内是一个完整的复合语句，不需再附加分号。

（4）允许一定形式的表达式简写方式。如下面的例子：

if（表达式）等同与　if（表达式==1）

if（！表达式）等同与　if（表达式!=1）

（5）在 if 语句中又包含一个或多个 if 语句称为 if 语句的嵌套，一般形式如下。

if（表达式 1）

if（表达式 2）语句 1　（内嵌 if）

else　语句 2

else

if（表达式 3）　语句 3（内嵌 if）

else　　语句 4

应当注意 if 与 else 的配对关系，else 总是与它上面的最近的 if 配对。如果 if 与 else 的数目不一样，为了实现程序设计者的企图，可以用 begin_end 块语句来确定配对关系。

【例 4.10】　用 Verilog-HDL 描述一个如图 4-11 所示的 8 位移位寄存器。时钟输入信号为 clk（上升沿有效）、数据输入信号为 din、清零输入信号为 clr（高电平有效）、8 位数据输出信号为 dout。

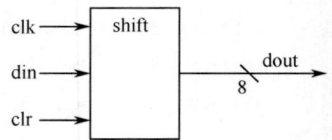

图 4-11　8 位移位寄存器

程序如下：

```
module shifter (din, clk, clr, dout);
```

```
input din, clk, clr;
output [7:0] dout;
reg [7:0] dout;
always @(posedge clk)                       //时钟信号 clk 的上升沿有效
begin
    if (clr)                                //清零信号有效时
        dout = 8 'b0;                       // 输出为全零
    else
        begin
            dout = dout << 1;               // 左移一位
            dout[0] = din;                  // 将新数据加到最低位
        end                                 // 在 end 后不要加分号
    end
endmodule
```

2. case 语句

case 语句是一种多分支选择语句，if 语句只有两个分支可供选择，而实际问题中常需要用到多分支选择，Verilog HDL 提供的 case 语句可直接处理多分支选择。case 语句有 3 种形式。

（1）case（表达式）   <case 分支项>   endcase
（2）casez（表达式）   <case 分支项>   endcase
（3）casex（表达式）   <case 分支项>   endcase

casez 语句用来处理不考虑高阻值 z 的比较过程，casex 语句则将高阻值 z 和不定值都视为不必关心的情况。casez 、casex 语句与 case 语句的不同之处在于对条件表达式的处理不一样，如果在条件表达式中出现了符号 z、x，则不比较对应的那一位。

完整的 case 语句的格式为

```
case（表达式）
    选择值 1 : 语句 1;
    选择值 2 : 语句 2;
        ...
    选择值 n : 语句 n;
    default : 语句 n+1;
endcase
```

几点说明如下。

（1）case 括弧内的表达式称为控制表达式，case 分支项中的表达式称为分支表达式。控制表达式通常表示为控制信号的某些位，分支表达式则用这些控制信号的具体状态值来表示，因此分支表达式又可以称为常量表达式。

（2）当控制表达式的值与分支表达式的值相等时，就执行分支表达式后面的语句。如果所有的分支表达式的值都没有与控制表达式的值相匹配的，就执行 default 后面的语句。

（3）default 项可有可无，一个 case 语句里只准有一个 default 项。下面是一个简单的使用 case 语句的例子。该例子中对寄存器 rega 译码以确定 result 的值。

（4）每一个 case 分项的分支表达式的值必须互不相同，否则就会出现矛盾现象（对表达式的同一个值，有多种执行方案）。

（5）执行完 case 分项后的语句，则跳出该 case 语句结构，终止 case 语句的执行。

（6）在用 case 语句表达式进行比较的过程中，只有当信号的对应位的值能明确进行比较时，比较才能成功。因此要注意详细说明 case 分项的分支表达式的值。

（7）case 语句的所有表达式的值的位宽必须相等，只有这样控制表达式和分支表达式才能进行对应位的比较。一个经常犯的错误是用'bx，'bz 来替代 n'bx，n'bz，这样写是不对的，因为信号 x，z 的缺省宽度是机器的字节宽度，通常是 32 位（此处 n 是 case 控制表达式的位宽）。

【例 4.11】 用 case 语句描述如图 4-12 所示的 4 选 1 数据选择器。

```
module example_7(z,a,b,c,d,s1,s2);
input s1,s2;
input a,b,c,d;
output z;
reg z;
always @(s1,s2)
begin
    case ({s1,s2})
        2'b00: z=a;
        2'b01: z=b;
        2'b10: z=c;
        2'b11: z=d;
    endcase
end
endmodule
```

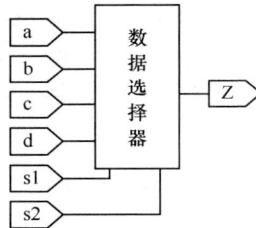

图 4-12　4 选 1 数据选择器

3. 避免偶然生成锁存器

Verilog HDL 设计中容易犯的一个通病是由于不正确使用语言，生成了并不想要的锁存器。下面给出了一个在"always"块中不正确使用 if 语句，造成这种错误的例子。

上面左边代码 always 块中，if 语句保证了只有当 al=1 时，q 才取 d 的值。这段程序没有写出 al=0 时的结果，那么当 al=0 时会怎么样呢？在 always 块内，如果在给定的条件下变量没有赋值，这个变量将保持原值，也就是说会生成一个锁存器。

```
always @(al or d)
  begin
    if(al)q<=d;
  end


       有锁存器
```

```
always @(al or d)
  begin
    if(al) q<=d;
    else  q<=0
  end


       无锁存器
```

如果设计人员希望当 al= 0 时 q 的值为 0，else 项就必不可少了，见上面右边代码 always 块，整个 Verilog 程序模块综合出来后，always 块对应的部分就不会生成锁存器。

怎样避免偶然生成锁存器的错误呢？如果用到 if 语句，最好写上 else 项。如果用 case 语句，最好写上 default 项。遵循上面两条原则，就可以避免发生这种错误，使设计者更加明确设计目标，同时也增强了 Verilog 程序的可读性。

4.4.4 循环语句

在 Verilog HDL 中有 4 种类型的循环语句，即 forever 语句、repeat 语句、while 语句和 for 语句，主要用来控制语句的执行次数。

1. forever 语句

forever 循环语句是连续的执行语句，常用于产生周期性的波形，用来作为仿真测试信号。它与 always 语句不同处在于不能独立写在程序中，而必须写在 initial 块中。一般情况下是不可综合的，常用在测试文件中，forever 语句的格式如下。

```
forever 语句;
```

或：

```
forever
begin
    多条语句;
end
```

例如，描述一个周期性的时钟输入波形的语句如下：

```
Forever # 10 clk=~clk; //每 10 个时间单位，时钟信号 clk 的状态改变一次
```

2. repeat 语句

repeat 语句可连续执行一条语句 n 次，其表达式通常为常量表达式，repeat 语句的格式如下。

```
repeat（表达式）语句;
```

或：

```
repeat（表达式）
begin
    多条语句;
end
```

例如：

```
parameter sizie=8;
repeat（size）count=count+1;
连续执行语句 count=count+1  8 次。
```

3. while 语句

while 语句可执行语句直到某个条件不满足，如果一开始条件即不满足（为假)，则语句一次也不能被执行。while 语句的格式如下。

```
While（表达式）语句;
```

或：

```
while（表达式）
begin
```

　　　　多条语句;
　　　　end
【例 4.12】　用 while 语句对一个 8 位二进制数中值为 1 的位进行计数。

```
module count1(count,rega,clk);
output[3:0] count;
input [7:0] rega;
input clk;
reg[3:0] count;
always @(posedge clk)
begin
    reg[7:0] tempreg;
    count = 0;                    // count 初值为 0
    tempreg = rega;               // tempreg 初值为 rega
    while(tempreg)                // 若 tempreg 非 0，则执行以下语句
      begin
        if(tempreg[0]) count = count+1;
        tempreg = tempreg >>1;    //右移 1 位
      end
end
endmodule
```

4. for 语句

for 语句的一般形式为

for（表达式 1;表达式 2;表达式 3）　语句;

它的执行过程如下。

（1）先求解表达式 1；

（2）求解表达式 2，若其值为真（非 0），则执行 for 语句中指定的内嵌语句，然后执行下面的第 3 步。若为假（0），则结束循环，转到第 5 步。

（3）若表达式为真，在执行指定的语句后，求解表达式 3。

（4）转回上面的第 2 步骤继续执行。

（5）执行 for 语句下面的语句。

【例 4.13】　用 for 语句描述 8 位奇偶校验器。

```
module example8(a,out);
input[7:0] a;
output out;
reg out;
integer n;
always @(a)
begin
    out = 0;
    for (n = 0; n < 8; n = n + 1) out =out^a[n];
end
endmodule
```

4.4.5　结构说明语句

　　Verilog HDL 的任何过程模块都是放在结构说明语句中，结构说明语句包括 always、

initial、task 和 function 等 4 种结构。

1. initial 语句

initial 语句可在仿真开始时对各变量进行初始化，还可用来生成激励波形作为电路的测试仿真信号等仿真环境。initial 语句的格式如下。

```
initial
begin
    语句1;
    语句2;
    ......
    语句n;
end
```

例如：

```
initial
begin
    areg=0;  //初始化寄存器 areg
    for(index=0;index<size;index=index+1)
    memory[index]=0;//初始化一个 memory
end
```

再如：

```
initial
begin
    inputs = 'b000000;  //利用 initial 语句生成激励波形
    #10 inputs = 'b011001;
    #10 inputs = 'b011011;
    #10 inputs = 'b011000;
    #10 inputs = 'b001000;
end
```

2. always 语句

在 Verilog HDL 模块（module）中，always 块语句是最常用语句，其使用次数是不受限制的，块内的语句是不断重复执行的，其语法结构为。

```
always <时序控制> <语句>
```

always 语句由于其不断重复执行的特性，只有和一定的时序控制结合在一起才有用。如果一个 always 语句没有时序控制，则这个 always 语句将会发成一个仿真死锁。如：

```
always  areg = ～areg;
```

这个 always 语句将会生成一个 0 延迟的无限循环跳变过程，这时会发生仿真死锁。如果加上时序控制，则这个 always 语句将变为一条非常有用的描述语句。如：

```
always #half_period  areg = ～areg;
```

这个例子生成了一个周期为：period(=2*half_period) 的无限延续的信号波形，常用这种方法来描述时钟信号，作为激励信号来测试所设计的电路。

always 的时间控制可以是敏感信号，在 always 块语句中，敏感信号应该列出影响块内取值的所有信号（一般指设计电路的输入信号），多个信号之间用 "or" 连接。语句的格式如下。

```
always @（敏感信号表达式）
```

```
begin
      // 过程赋值语句;
      // if 语句, case 语句;
      // for 语句, while 语句, repeat 语句;
      // task 语句、function 语句;
End
```

当敏感信号表达式中任何信号发生变化时，就会执行一遍块内的语句。块内语句可以包括：过程赋值、if、case、for、while、repeat、task 和 function 等语句。敏感信号表达式中，用"posedge"和"negedge"这两个关键词来说明事件是由时钟上升沿或下降沿触发。always @（posedge clk）表示事件由 clk 的上升沿触发；always @（negedge clk）表示事件由 clk 的下降沿触发。例如：

```
reg[7:0] counter;
reg clk;
always @(posedge clk)
begin
    clk = ~clk;
    counter = counter + 1;
end
```

这个例子中，每当 clk 信号的上升沿出现时把 clk 信号反相，并且把 counter 增加 1。这种时间控制是 always 语句最常用的。

always 的时间控制可以是边沿触发也可以是电平触发的，可以是单个信号也可以是多个信号，但多个信号的中间需要用关键词 or 连接，如：

```
always @(posedge clk or posedge rst)  //由两个边沿触发的 always 块
begin
 …
end
…
always @(a or b or c)  //由多个电平触发的 always 块
begin
 …
end
```

边沿触发的 always 块常常描述时序逻辑，如果符合可综合风格要求可用综合工具自动转换为表示时序逻辑的寄存器组和门级逻辑；而电平触发的 always 块常常用来描述组合逻辑和带锁存器的组合逻辑，如果符合可综合风格要求可转换为表示组合逻辑的门级逻辑或带锁存器的组合逻辑。一个模块中可以有多个 always 块，它们都是并行运行的。

always 块语句是用于综合过程最有效的语句之一，但处理不好的话有时又常常不能综合。为得到最好的综合结果，always 块语句应严格按以下模板来编写。

（1）模板 1：

```
always @ (inputs)                //所有输入信号必须列出，用 or 隔开
begin
 …                               //组合逻辑关系
end
```

（2）模板 2：

```
always @ (inputs)                //所有输入信号必须列出, 用 or 隔开
      if (enable)
         begin
           ...                    //锁存动作
         end
```

（3）模板 3：

```
always @ (posedge clk)              //上升沿触发
begin
...                                // 同步动作
end
```

（4）模板 4：

```
always @ (posedge clk or negedge rst)  // clk 上升沿触发
begin                                  // 或 rst 下降沿触发
      if (!rst)                        // 测试异步复位电平是否有效
      ...                              // 异步动作
      else
      ...                              // 同步动作
end                                    // 可产生触发器和组合逻辑
```

当 always 块内有多个敏感信号时, 一定要采用 if-else if 语句结构, 而不能采用并列的 if 语句, 否则易造成一个寄存器有多个时钟驱动, 将出现编译错误, 正确的语句形式如下。

```
always @(posedge m_clk or negedge rst)
begin
      if (rst)
        min<=0;
      else if (min==8'h59) //当 rst 无效且 min=8'h59 时
        begin
          min<=0;
          h_clk<=1;
        end
end
```

另外, 通常采用异步清零。只有在时钟周期很小或清零信号为电平信号时（容易捕捉到清零信号）采用同步清零。

3. task 语句

task 说明语句用来定义任务, 任务类似高级语言中的子程序, 用来单独完成某项具体任务, 并可以被模块或其他任务调用。利用任务可以把一个很大的程序模块分解成许多较小的任务, 便于理解和调试。输入、输出和总线信号的值可以传入、传出任务。任务往往还是大的程序模块在不同地点多次用到的相同的程序段。

如果传给任务的变量值和任务完成后接收结果的变量已定义, 就可以用一条语句启动任务。任务完成以后控制就传回启动过程。如任务内部有定时控制, 则启动的时间可以与控制返回的时间不同。任务可以启动其他的任务, 其他任务又可以启动别的任务, 可以启动的任务数是没有限制的。不管有多少任务启动, 只有当所有的启动任务完成以后, 控制才能返回。

1）任务的定义

定义任务的语句格式如下。

task 任务名;

端口声明语句;

类型声明语句;

begin

    语句;

end

endtask

2）任务的调用

任务调用并传递输入输出变量的语句格式如下。

<任务名>(端口 1，端口 2，...，端口 n);

【例 4.14】 定义 8 位加法器任务及调用。

```
//任务定义
task adder8;
output[7:0] sum;
output cout;
input[7:0] ina,inb;
input cin;
assign {cout,sum}=ina+inb+cin;
endtask
//任务调用
adder8(tsum, tcout, tina, tinb, cin);
```

4. function 语句

function 说明语句用来定义函数，学会使用 function 语句可以简化程序的结构，是编写较大型模块的基本结构。函数的主要目的是返回一个用于表达式的值。

1）函数的定义

定义函数的语句格式如下。

function [最高有效位：最低有效位] 函数名;

端口声明语句;

类型声明语句;

begin

    语句;

end

endfunction

函数的定义蕴含说明了与函数同名的、函数内部的寄存器。如在函数的说明语句中返回值的类型或范围为缺省，则这个寄存器是一位的，否则是与函数定义中返回值的类型或范围一致的寄存器。函数的定义把函数返回值所赋值寄存器的名称初始化为与函数同名的内部变量。

2）函数的调用

函数的调用是通过将函数作为表达式中的操作数来实现的，其调用格式如下。

函数名（关联参数表）；

函数调用一般是出现在模块、任务或函数语句中。通过函数的调用来完成某些数据的运算或转换。

【例 4.15】 定义求最大值的函数及调用。

```
//函数定义
function [0] max;
input[7:0] a,b;
begin
    if (a>=b) max=a;
    else max=b;
end
endfunction
//函数调用
peak<=max(data, peak);
```

3）函数的使用规则

与任务相比较函数的使用有较多的约束，函数的使用规则如下。

（1）函数的定义不能包含有任何的时间控制语句，即任何用 #、@、或 wait 来标识的语句。

（2）函数不能启动任务。

（3）定义函数时至少要有一个输入参量。

（4）在函数的定义中必须有一条赋值语句给函数中的一个内部变量赋以函数的结果值，该内部变量具有和函数名相同的名字。

4）函数与任务的区别

任务和函数有些不同，主要的不同有以下几点。

（1）函数只能与主模块共用同一个仿真时间单位，而任务可以定义自己的仿真时间单位。

（2）函数不能启动任务，而任务能启动其他任务和函数。

（3）函数至少要有一个输入变量，而任务可以没有或有多个任何类型的变量。

（4）函数返回一个值，而任务则不返回值。

4.4.6 编译预处理

Verilog HDL 语言和 C 语言一样也提供了编译预处理的功能。"编译预处理"是 Verilog HDL 编译系统的一个组成部分。Verilog HDL 语言允许在程序中使用几种特殊的命令（它们不是一般的语句）。Verilog HDL 编译系统通常先对这些特殊的命令进行"预处理"，然后将预处理的结果和源程序一起在进行通常的编译处理。

在 Verilog HDL 语言中，为了和一般的语句相区别，这些预处理命令是以符号"`"开头（数字'1'键左边的下档键，不是单引号'）。这些预处理命令的有效作用范围为定义命令之后到本文件结束或到其他命令定义替代该命令之处。Verilog HDL 提供了多条预编译命令，在此仅对常用的 `define、`include、`timescale 进行介绍。

1. 宏定义 `define

用一个指定的标识符（即名字）来代表一个字符串（即宏内容）。它的一般形式为。

`define 标识符 字符串

例如：

```
`define signal string
```

它的作用是指定用标识符 signal 来代替 string 这个字符串，在编译预处理时，把程序中在该命令以后所有的 signal 都替换成 string。这种方法使用户能以一个简单的名字代替一个长的字符串，也可以用一个有含义的名字来代替没有含义的数字和符号，因此把这个标识符（名字）称为"宏名"，在编译预处理时将宏名替换成字符串的过程称为"宏展开"。`define 是宏定义命令。

再如：
```
`define  WORDSIZE 8
module
reg[1:`WORDSIZE]  data; //相当于定义 reg[1:8] data;
```
宏定义的几点说明。

（1）宏名可以用大写字母表示，也可以用小写字母表示。建议使用大写字母，以与变量名相区别。

（2）`define 命令可以出现在模块定义里面，也可以出现在模块定义外面。宏名的有效范围为定义命令之后到原文件结束。通常，`define 命令写在模块定义的外面，作为程序的一部分，在此程序内有效。

（3）在引用已定义的宏名时，必须在宏名的前面加上符号"`"，表示该名字是一个经过宏定义的名字。

（4）使用宏名代替一个字符串，可以减少程序中重复书写某些字符串的工作量。而且记住一个宏名要比记住一个无规律的字符串容易，这样在读程序时能立即知道它的含义，当需要改变某一个变量时，可以只改变 `define 命令行，一改全改。如例 1 中，先定义 WORDSIZE 代表常量 8，这时寄存器 data 是一个 8 位的寄存器。如果需要改变寄存器的大小，只需把该命令行改为：`define WORDSIZE 16。这样寄存器 data 则变为一个 16 位的寄存器。由此可见使用宏定义，可以提高程序的可移植性和可读性。

（5）宏定义是用宏名代替一个字符串，也就是作简单的置换，不作语法检查。预处理时照样代入，不管含义是否正确。只有在编译已被宏展开后的源程序时才报错。

（6）宏定义不是 Verilog HDL 语句，不必在行末加分号。如果加了分号会连分号一起进行置换。

2. 文件包含`include

文件包含是一个源文件可以将另外一个源文件的全部内容包含进来，即将另外的文件包含到本文件之中。Verilog HDL 语言提供了`include 命令用来实现"文件包含"的操作。其一般形式为

`include "文件名"

图 4-13 为文件包含的示例。图 4-13（a）为文件 File1.v，它有一个`include "File2.v" 命令，然后还有其他的内容（以 A 表示）。图 4-13（b）为另一个文件 File2.v，文件的内容以 B 表示。在编译预处理时，要对`include 命令进行"文件包含"预处理：将 File2.v 的全部内容复制插入到 `include "File2.v"命令出现的地方，即 File2.v 被包含到 File1.v 中，得到图 4-13（c）所示的结果。在接着往下进行的编译中，将"包含"以后的 File1.v 作为一个源文件单位进行编译。

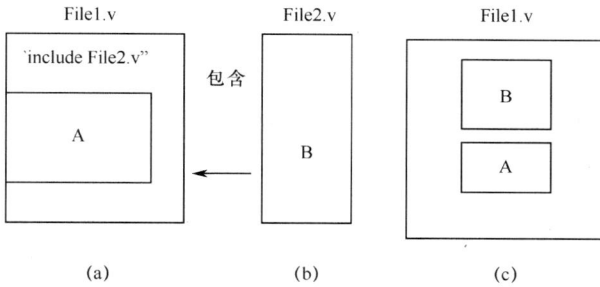

图 4-13 文件包含示例

"文件包含"命令是很有用的,它可以节省程序设计人员的重复劳动。可以将一些常用的宏定义命令或任务(task)组成一个文件,然后用`include 命令将这些宏定义包含到自己所写的源文件中,相当于工业上的标准元件拿来使用。另外在编写 Verilog HDL 源文件时,一个源文件可能经常要用到另外几个源文件中的模块,遇到这种情况即可用`include 命令将所需模块的源文件包含进来。例如:

```
文件 aaa.v
module aaa (a,b,out);
input a, b;
output out;
wire out;
    assign  out = a^b;
endmodule
文件 bbb.v
`include  "aaa.v"
module  bbb(c,d,e,out);
input  c,d,e;
output  out;
wire  out_a;
wire  out;
    aaa  aaa(.a(c),.b(d),.out(out_a));
    assign  out=e&out_a;
endmodule
```

在上面的例子中,文件 bbb.v 用到了文件 aaa.v 中的模块 aaa 的实例器件,通过文件包含处理来调用。模块 aaa 实际上是作为模块 bbb 的子模块来被调用的。在经过编译预处理后,文件 bbb.v 实际相当于下面的程序文件 bbb.v:

```
module aaa(a,b,out);
input a, b;
output  out;
wire out;
assign  out = a ^ b;
endmodule

module bbb( c, d, e, out);
input c, d, e;
output out;
wire out_a;
```

```
wire out;
aaa  aaa(.a(c),.b(d),.out(out_a));
assign out= e & out_a;
endmodule
```

3. 时间尺度`timescale

`timescale 命令用来说明跟在该命令后的模块的时间单位和时间精度。使用`timescale 命令可以在同一个设计里包含采用了不同的时间单位的模块。例如，一个设计中包含了两个模块，其中一个模块的时间延迟单位为 ns，另一个模块的时间延迟单位为 ps。EDA 工具仍然可以对这个设计进行仿真测试。`timescale 命令的格式为

`timescale<时间单位>/<时间精度>

在这条命令中，时间单位参量是用来定义模块中仿真时间和延迟时间的基准单位的。时间精度参量是用来声明该模块的仿真时间的精确程度的，该参量被用来对延迟时间值进行取整操作（仿真前），因此该参量又可以被称为取整精度。如果在同一个程序设计里，存在多个`timescale 命令，则用最小的时间精度值来决定仿真的时间单位。另外时间精度至少要和时间单位一样精确，时间精度值不能大于时间单位值。

在`timescale 命令中，用于说明时间单位和时间精度参量值的数字必须是整数，其有效数字为 1、10、100，单位为秒（s）、毫秒（ms）、微秒（us）、纳秒（ns）、皮秒（ps）、飞秒（fs），时间单位见表 4-2 所列。

表 4-2　时间单位

时间单位	定　义	时间单位	定　义
s	秒（1s）	ns	十亿分之一秒（10^{-9}s）
ms	千分之一秒（10^{-3}s）	ps	万亿分之一秒（10^{-12}s）
us	百万分之一秒（10^{-6}s）	fs	千万亿分之一秒（10^{-15}s）

例如：

`timescale　1ns/1ps

在这个命令之后，模块中所有的时间值都表示是 1ns 的整数倍。这是因为在`timescale 命令中，定义了时间单位是 1ns。模块中的延迟时间可表达为带三位小数的实型数，因为`timescale 命令定义时间精度为 1ps。

再如：

`timescale 10us/100ns

在这个例子中，`timescale 命令定义后，模块中时间值均为 10us 的整数倍。因为`timesacle 命令定义的时间单位是 10us。延迟时间的最小分辨度为十分之一微秒（100ns），即延迟时间可表达为带一位小数的实型数。

4. 条件编译`ifdef、`else、`endif

一般情况下，Verilog HDL 源程序中所有的行都将参加编译。但是有时希望对其中的一部分内容只有在满足条件才进行编译，也就是对一部分内容指定编译的条件，这就是条件编译。有时，希望当满足条件时对一组语句进行编译，而当条件不满足是则编译另一部分。

条件编译命令有以下几种形式。

（1）`ifdef 宏名（标识符）

        程序段 1

  `else

        程序段 2

  `endif

它的作用是当宏名已经被定义过（用`define 命令定义），则对程序段 1 进行编译，程序段 2 将被忽略;否则编译程序段 2，程序段 1 被忽略。其中`else 部分可以没有。

（2）`ifdef 宏名（标识符）

      程序段 1

   `endif

这里的宏名是一个 Verilog HDL 的标识符，"程序段"可以是 Verilog HDL 语句组，也可以是命令行。这些命令可以出现在源程序的任何地方，被忽略掉不进行编译的程序段部分也要符合 Verilog HDL 程序的语法规则。

4.5 Verilog HDL 描述举例

用 Verilog HDL 描述的电路设计就是该电路的 Verilog HDL 模型。Verilog HDL 既是一种行为描述的语言也是一种结构描述的语言。这也就是说，既可以用电路的功能描述也可以用元器件和它们之间的连接来建立所设计电路的 Verilog HDL 模型。Verilog 模型可以是实际电路的不同级别的抽象，这些抽象的级别和它们对应的模型类型共有以下 5 种。

（1）系统级（system）：用高级语言结构实现设计模块的外部性能的模型。

（2）算法级（algorithm）：用高级语言结构实现设计算法的模型。

（3）RTL 级（Register Transfer Level）：描述数据在寄存器之间流动和如何处理这些数据的模型。

（4）门级（gate-level）：描述逻辑门以及逻辑门之间的连接的模型。

（5）开关级（switch-level）：描述器件中三极管和储存节点以及它们之间连接的模型。

其中有些模块需要综合成具体电路，而有些模块只是与用户所设计的模块交互的现存电路或激励信号源。利用 Verilog HDL 语言结构所提供的这种功能就可以构造一个模块间的清晰层次结构来描述极其复杂的大型设计，并对所作设计的逻辑电路进行严格的验证。

Verilog HDL 行为描述语言作为一种结构化和过程性的语言,其语法结构非常适合于算法级和 RTL 级的模型设计。这种行为描述语言具有以下功能。

（1）可描述顺序执行或并行执行的程序结构。

（2）用延迟表达式或事件表达式来明确地控制过程的启动时间。

（3）通过命名的事件来触发其他过程里的激活行为或停止行为。

（4）提供了条件、if-else、case、循环程序结构。

（5）提供了可带参数且非零延续时间的任务（task）程序结构。

（6）提供了可定义新的操作符的函数结构（function）。

（7）提供了用于建立表达式的算术运算符、逻辑运算符、位运算符。

（8）Verilog HDL 语言作为一种结构化的语言也非常适合于门级和开关级的模型设计。

4.5.1 Verilog HDL 描述风格

Verilog HDL 允许设计者用 3 种方式来描述逻辑电路，即行为描述、数据流描述、结构描述。行为描述方式使用过程化结构建模；数据流描述方式使用连续赋值语句方式建模；结构描述方式使用门和模块例化语句建模。

1. 行为描述

行为描述方式就是对设计实体的数学模型的描述，其抽象程度远高于其他描述方式。行为描述类似于高级编程语言，当描述一个设计实体的行为时，无须知道具体电路的结构，只需要描述清楚输入与输出信号的行为，而不需要花费更多的精力关注设计功能的门级实现。

（1）用行为描述模式设计电路，可以降低设计难度。

（2）行为描述只需表示输入与输出之间的关系（真值表），不需要包含任何结构方面的信息。

（3）设计者只需写出源程序，而挑选电路方案的工作由 EDA 软件自动完成。

（4）在电路的规模较大或者需要描述复杂的逻辑关系时，应首先考虑用行为描述方式设计电路。

【例 4.16】 行为描述如图 4-14 所示的 2 选 1 数据选择器。

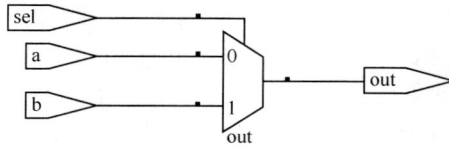

图 4-14　2 选 1 数据选择器

```
module mux1(out, a, b, sel);
output out;
input a, b, sel;
reg out;
always @(a or b or sel)
begin
   if(sel) out = b;
   else  out = a;
end
endmodule
```

【例 4.17】 行为描述 1 位全加器

```
module full_add1(a,b,cin,sum,cout);
input a,b,cin;
output sum,cout;
reg sum,cout; //在 always 块中被赋值的变量应定义为 reg 型
reg m1,m2,m3;
always @(a or b or cin)
begin
   sum = (a ^ b) ^ cin;
   m1 = a & b;
   m2 = b & cin;
   m3 = a & cin;
```

116

```
        cout = (m1|m2)|m3;
    end
    endmodule
```

2. 数据流描述

用数据流描述方式设计电路与传统的用逻辑表达式设计电路很相似。设计中只要有了逻辑表达式就很容易将它用数据流方式表达出来。描述时用 Verilog HDL 中的逻辑运算符置换逻辑表达式中的运算符即可。数据流描述方式主要使用连续赋值语句,常用于组合逻辑电路的描述。

【例 4.18】 数据流描述如图 4-14 所示的 2 选 1 数据选择器。

```
module MUX2(out, a, b, sel);
output out;
input a, b, sel;
assign out = sel ? b : a;
endmodule
```

【例 4.19】 数据流描述 1 位全加器

```
module full_add2(a,b,cin,sum,cout);
input a,b,cin;
output sum,cout;
assign sum = a ^ b ^ cin;
assign cout = (a & b)|(b & cin)|(cin & a);
endmodule
```

3. 结构描述

结构描述可以用元器件和它们之间的连接来建立所设计电路的 Verilog HDL 模型,即调用电路元件来构建电路。在 Verilog HDL 程序中,可通过如下方式描述电路的结构。
(1) 调用 Verilog HDL 内置门元件例化单元(门级结构描述)
(2) 调用开关级元件(晶体管级结构描述)
(3) 用户自定义元件 UDP(也算门级结构描述)
此外,在多层次结构电路的设计中,不同模块间的调用也可以认为是结构描述。

【例 4.19】 门级结构描述如图 4-15 所示的 2 选 1 数据选择器。

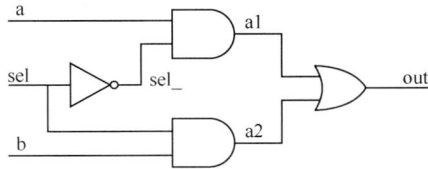

图 4-15 2 选 1 数据选择器

```
module MUX1(out, a, b, sel);
output out;
input a, b, sel;
not (sel_, sel);
and (a1, a, sel_),
    (a2, b, sel);
```

```
or (out, a1, a2);
endmodule
```

【例 4.20】 调用门元件例化实现的 1 位全加器

```
module full_add1(a,b,cin,sum,cout);
input a,b,cin;
output sum,cout;
wire s1,m1,m2,m3;
and (m1,a,b),
    (m2,b,cin),
    (m3,a,cin);
xor (s1,a,b),
    (sum,s1,cin);
or (cout,m1,m2,m3);
endmodule
```

4.5.2 组合逻辑电路描述举例

组合逻辑电路任一时刻的输出信号仅取决于该时刻的输入信号，而与信号作用前电路的状态无关。简单组合逻辑电路通常调用门元件例化或 assign 语句实现；复杂组合逻辑电路则常用 always 块语句实现，并常用 case 语句或 if_else 语句实现分支操作。

【实例 1】 用门元件例化描述三态门，电路如 4-16 所示。

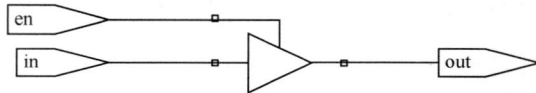

图 4-16 三态门

```
module tri_1 (in, en, out);
input in, en;
output out;
tri out;
bufif1 b1(out, in, en);
endmodule
```

【实例 2】 用 Verilog HDL 描述如图 4-17 所示的 3-8 译码器电路。输入允许控制信号为 En（高电平有效），当 En 为低电平时，输出信号 Yout<7:0>为"11111111"；当输入信号 Ain<2:0>为"000"时，输出信号 Yout<7:0>为"11111110"。

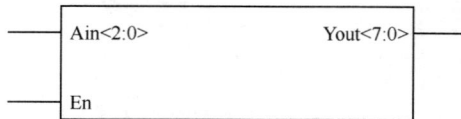

图 4-17 3-8 译码器

```
module decode (Ain, En, Yout);
input En;
input [2:0] Ain;
output [7:0] Yout;
reg [7:0] Yout;
```

118

```
        always @ (En or Ain)
        begin
            if (!En)
                Yout = 8'b11111111;
            else
                case (Ain)
                        3'b000:Yout=8'b11111110;
                        3'b001:Yout=8'b11111101;
                        3'b010:Yout=8'b11111011;
                        3'b011:Yout=8'b11110111;
                        3'b100:Yout=8'b11101111;
                        3'b101:Yout=8'b11011111;
                        3'b110:Yout=8'b10111111;
                        3'b111:Yout=8'b01111111;
                        Default:Yout=8'b1111111;
                    endcase
            end
    endmodule
```

【实例 3】　用 Verilog-HDL 描述如图 4-18 所示的 8 位数据比较器。比较两个 8 位数据 A<7:0>和 B<7:0>，当两个数据相等时，输出信号 AEB=1；当 A 大于 B 时，输出信号 AGB=1；当 A 小于 B 时，输出信号 ALB=1。

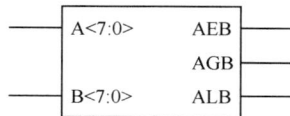

图 4-18　8 位数据比较器

```
module Comparator (A,B,ALB, AGB,AEB);
input [7:0] A, B;
output ALB, AGB, AEB;
assign  ALB=(A<B)?1:0;
assign  AGB=(A>B)?1:0;
assign  AEB=(A==B)?1:0;
endmodule
```

【实例 4】　用 Verilog-HDL 描述一位显示十进制数字的 7 段译码显示电路。输入信号为一位 BCD 码，输出信号 LED 为 7 段段码，7 段译码显示电路如图 4-19 所示。

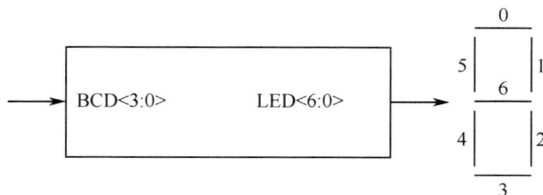

图 4-19　7 段译码显示电路

```
module seg (LED, BCD);
input [3:0] BCD;
```

```
output [6:0] LED;
always @(BCD)
begin
    case (BCD)
            4'b0001 : LED = 7'b1111001;    // 1
            4'b0010 : LED = 7'b0100100;    // 2
            4'b0011 : LED = 7'b0110000;    // 3
            4'b0100 : LED = 7'b0011001;    // 4
            4'b0101 : LED = 7'b0010010;    // 5
            4'b0110 : LED = 7'b0000010;    // 6
            4'b0111 : LED = 7'b1111000;    // 7
            4'b1000 : LED = 7'b0000000;    // 8
            4'b1001 : LED = 7'b0010000;    // 9
            default : LED = 7'b1000000;     // 0
    endcase
end
endmodule
```

【实例 5】 用 Verilog-HDL 描述一个 16*8 的 ROM 电路，输入信号为 4 位地址 addr，输出信号为 8 位数据 data，ROM 电路如图 4-20 所示。

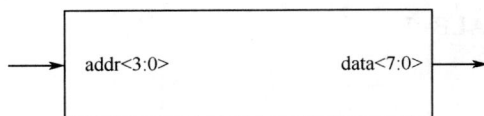

图 4-20 ROM 电路

```
module rom(addr,data);
input[3:0] addr;
output[7:0] data;
function[7:0] romout;
input[3:0] addr;
case(addr)
    0 : romout = 0;
    1 : romout = 1;
    2 : romout = 4;
    3 : romout = 9;
    4 : romout = 16;
    5 : romout = 25;
    6 : romout = 36;
    7 : romout = 49;
    8 : romout = 64;
    9 : romout = 81;
    10 : romout = 100;
    11 : romout = 121;
    12 : romout = 144;
    13 : romout = 169;
    14 : romout = 196;
    15 : romout = 225;
    default : romout = 8'hxx;
endcase
```

```
endfunction
assign data = romout(addr);
endmodule
```

.5.3 时序逻辑电路描述举例

【实例6】 用 Verilog-HDL 描述如图 4-21 所示的 D 触发器，数据输入信号为 DAT，复
位信号为 RST（低电平有效），时钟信号为 CLK（上升沿触发）。

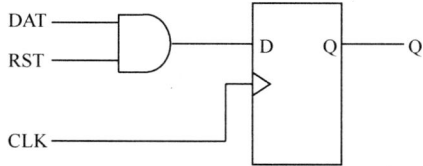

图 4-21　D 触发器

```
module dff(DAT,RST,CLK,Q);
input DAT,RST,CLK;
output Q;
reg Q;
always @(posedge CLK)
begin
    if (!RST)
        Q = 1'b0;
    else
        Q = DAT;
end
endmodule
```

【实例7】 用 Verilog-HDL 描述如图 4-22 所示的 JK 触发器，复位信号为 RST，置位信
号为 SET，时钟信号为 CLK，均为上升沿触发。

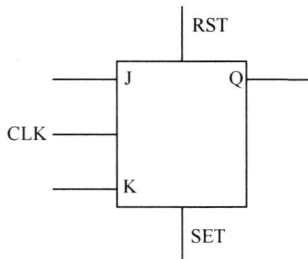

图 4-22　JK 触发器

```
module JK(CLK,J,K,RST,SET,Q);
input CLK,J,K,SET,RST;
output Q;
reg Q;
always @(posedge CLK or negedge RST or negedge SET)
    begin
        if (!RST) Q<=1'b0;
        else if (!SET) Q<=1'b1;
```

```
        else
            case({J,K})
                2'b00:Q<=Q;
                2'b01:Q<=1'b0;
                2'b10:Q<=1'b1;
                2'b11:Q<=~Q;
                default:Q<=1'bx;
            endcase
    end
endmodule
```

【实例8】 用 Verilog-HDL 描述一个 8 位二进制加/减计数器，时钟信号为 clk（上升沿有效)，同步复位信号 clr（低电平有效），计数允许信号 en（高电平有效），加/减计数控制信号 u_d（高电平加 1 计数；低电平减 1 计数器），8 位输出信号 q。

```
module counters (clk, clr, en, u_d, q);
input  clk, clr, en, u_d;
output [7:0] q;
reg    [7:0] q;
integer dir;
always @ (posedge clk)
begin
    if (u_d)
        dir = 1;
    else
        dir =-1;
    if (!clr)
        q = 0;
    else if (en)
        q = q + dir;
end
endmodule
```

【实例9】 用 Verilog-HDL 描述一个 8 位移位寄存器，时钟信号为 clk（上升沿有效），同步复位信号 clr（高电平有效），8 位输入信号 din，8 位输出信号 dout。

```
module shifter_8bit(dout,din,clk,clr);
output[7:0] dout;
input din,clk,clr;
reg [7:0] dout;
always @(posedge clk) //上升沿触发
begin
    if(clr) dout<=0; //同步清零,高电平有效
    else
    begin
        dout<= dout<<1; //输出信号左移一位
        dout[0]<=din; //输入信号补充到输出信号的最低位
    end
end
endmodule
```

【实例 10】 用 Verilog-HDL 描述如图 4-23 所示的随机存储器 RAM，输入时钟信号为 clk（上升沿有效），写数据控制信号为 we（高电平有效），输入数据信号为 din，地址信号为 addr，输出数据信号为 dout。

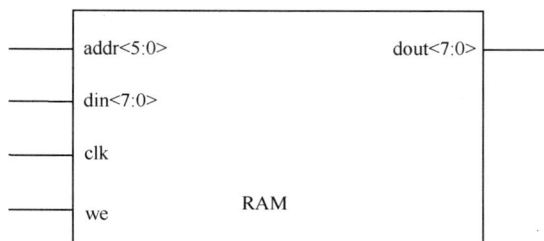

图 4-23 随机存储器 RAM

```
module ram(din, we, addr, clk, dout);
parameter data_width=8,
address_width=6,mem_elements=64;
input [data_width-1:0] din;
input [address_width-1:0] addr;
input we, clk;
output [data_width-1:0] dout;
reg [data_width-1:0] mem[mem_elements-1:0];
reg [address_width-1:0] addr_reg;
always @(posedge clk)
begin
    addr_reg <= addr;
    if (we) mem[addr] <= din;
end
assign dout = mem[addr_reg];
endmodule
```

ISE 软件

Xilinx 公司是全球领先的可编程逻辑解决方案的供应商，成立于 1984 年，它首创了现场可编程逻辑阵列（FPGA）这一创新性的技术，并于 1985 年首次推出商业化产品。Xilinx 当前的产品线除了 FPGA，还包括复杂可编程逻辑器件（CPLD）。Xilinx ISE（Integrated Software Environment）系列开发系统是 Xilinx 公司一体化的硬件设计开发工具，它集成了许多 CPLD/FPGA 设计功能，利用 ISE 系列开发系统能够完成 XILINX 公司的 CPLD/FPGA 主流产品的设计输入、综合、仿真、优化和将设计文件下载到 CPLD/FPGA 芯片中等功能，基本涵盖了 FPGA 开发的全过程，从功能上讲，其工作流程无须借助任何第三方 EDA 软件。Xilinx 可编程逻辑解决方案缩短了电子设备制造商开发产品的时间并加快了产品面市的速度，从而减小了制造商的风险。

ISE 开发系统支持包括电路原理图、ABEL、Verilog-HDL 或 VHDL 硬件描述语言输入等多种输入方式，可以使用硬件描述语言描述的电路模块组成通用的电路符号，在电路原理图中调用用，使设计输入更加灵活方便。

同时，ISE 提供了调用多种第三方 EDA 工具软件的无缝链接接口。

ISE13.1 支持的器件有：9500XL、CoolRunner2、Spartan-3A DSP、Spartan3、Spartan3A、Spartan3E、Spartan6、CoolRunner XPLA3 CPLDs、CoolRunner2 CPLDs、Spartan-6Q、Virtex-4Q、Virtex-5Q、Virtex-6Q、Kintex7、Kintex7 Lower Power、Virtex-4QV、Spartan-3A DSP、Spartan3、Spartan3A and Spartan3AN、Spartan3E、Spartan6、Spartan6 Lower Power、Virtex4、Virtex5、Virtex6、Virtex6 Lower Power、Virtex7、Virtex7 Lower Power、XC9500 CPLDs、XC9500XL CPLDs 等。

5.1 ISE 软件主界面

ISE 13.1 的主界面如图 5-1 所示，整个界面可以分成 3 个大区。其中左上方是开始、设计、文件、库等功能区，提供了工程的快速打开、显示、运行等。下方是控制台信息、错误、警告和文件查找，即信息区。右上方是文件编辑区，可以提供设计报告、文本文件、原理图和仿真波形的显示和设计平台。三个大区又由多个小面板组成，每一个面板都可以调整其大小、移动到新的位置和关闭，不同的面板可以采用窗口、平铺、层叠和关闭。

（1）标题栏：显示当前工程的名称和当前打开的文件名称。

（2）工具栏：提供包括实现（Implement Top Module）、报告（Design Summary/Reports）等快捷按钮，方便用户使用，用户也可以在菜单栏的下拉菜单找到相应的选项。

（3）菜单栏：主要包括文件（File）、编辑（Edit）、视图（View）、工程（Project）、源文件（Source）、操作（Process）、窗口（Window）和帮助（Help）等 8 个下拉菜单。其使用方法和常用的 Windows 软件类似。

（4）工程管理窗口：管理项目的所有输入文件，显示所有输入文件的层次关系。

（5）进程管理窗口：本窗口显示的内容取决于工程管理区中所选定的文件。相关操作和 FPGA 设计流程紧密相关，包括设计输入、综合、仿真、实现和生成配置文件等。对某个文件进行了相应的处理后，在处理步骤的前面会出现一个图标来表示该步骤的状态。同时，设计中的大部分操作都是在该窗口通过单击鼠标来完成。

（6）工作窗口：为设计的主窗口，随着用户调用不同的 ISE 工具而显示不同的内容。可以显示源程序，也可以显示报告信息（如 logic Project Status、Detailed Reports 等）。

（7）信息窗口：用户与软件的交互平台。编译综合整个过程的详细信息显示窗口，包括编译通过信息和报错信息。

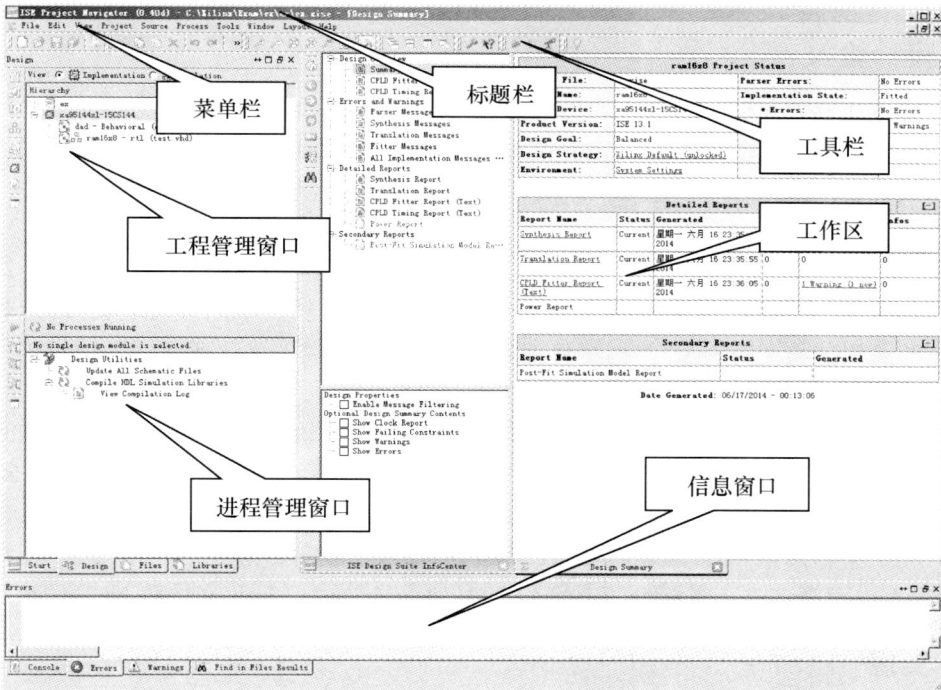

图 5-1　ISE 13.1 主界面

5.2　ISE 软件设计流程

使用 Xilinx ISE 进行基于 CPLD 或 FPGA 的数字系统设计的流程如图 5-2 所示，它包括创建工程、设计输入、综合优化、功能仿真、适配实现、时序仿真、编程配置以及程序下载等步骤。

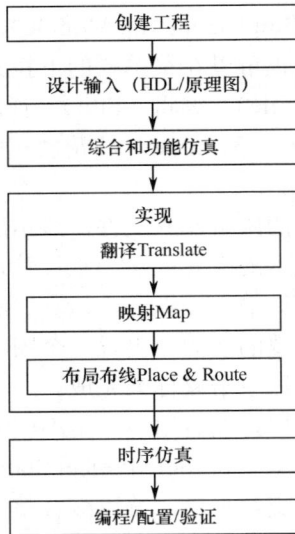

图 5-2　Xilinx ISE 软件的设计流程

5.2.1　设计输入

ISE 的设计输入主要包括语言和原理图两种输入方式，此外，它还支持波形输入、状态机输入、IP 生成向导（CORE Generator & Architecture Wizard）等多种辅助输入方式。无论使用哪种输入方式，最终都要产生 EDIF 或 NGC 网表文件，以作为实现工具的输入。

5.2.2　综合优化

综合是将 HDL 语言、原理图等设计输人翻译成由与、或、非门和 RAM、触发器等基本逻辑单元的逻辑连接（网表），并根据目标和要求（约束条件）优化所生成的逻辑连接，生成 EDF 文件。XST 是 Xilinx 公司自己的综合工具，毕竟 Xilinx 最熟悉自己的器件结构，因此它对于部分 Xilinx 芯片独有的结构具有更好的融合性。当然，用户也可以选择第三方的综合工具，如 Synplicity 公司的 Synplify/Synplify Pro 或 Mentor Graphics 公司的 Precision RTL 等。XST 综合的过程是将 HDL 设计转换为 Xilinx 专用的网表文件——NGC 文件，它包含了逻辑设计数据和约束信息，XST 工具将 NGC 网表文件置于项目目录中，并作为翻译工具 NGL Build 的输入。而第三方工具综合工具会将 HDL 设计转换为 EDIF 文件和 NCF 约束文件。

5.2.3　实现

实现是根据所选的芯片的型号将综合输出的逻辑网表适配到具体器件上。Xilinx ISE 的实现过程分为：翻译（Translate）（Map）、布局布线（Place & Route）等 3 个步骤。

布局布线（Place & Route）又被称为适配，它通过读取当前设计的 NCD 文件，将映射后生成的逻辑单元在目标系统中放置和连线，并提取相应的时间参数。布局布线的输入文件括 NCI 和 PCF 模板文件，输出文件包括 NCD、DLY（延时文件）、PAD 和 PAR 文件。在布局布线的输出文件中，NCD 包含当前设计的全部物理实现信息，DLY 文件包含当前设计的网络延时信息，PAD 文件包含当前设计的输入输出（I/O）引脚配置信息，PAR 文件主要包括布局布线的命令行参数、布局布线中出现的错误和告警、目标占用的资源、未布线网络、网络时序信息等内容。

5.2.4 仿真验证

完成了设计输入并成功地进行了综合，只能说明设计符合一定的语法规范，并不能保证设计可以获得所期望的功能，这时就需要通过仿真对设计进行验证。数字电路设计中一般有源代码输入、综合、实现等 3 个比较大的阶段，而电路仿真的切入点也基本与这些阶段相吻合。根据设计阶段不同，仿真可以分为 RTL 行为级仿真、综合后门级功能仿真和时序仿真等 3 大类型。这种仿真的切入不仅适合 FPGA/CPLD 设计，同样适合 IC 设计。

在大部分设计中执行的第一个仿真是 RTL 行为级仿真。这个阶段的仿真可以用来检查代码中的语法错误以及代码行为的正确性，其中不包括延时信息。如果没有实例化一些与器件相关的特殊底层元件的话，这个阶段的仿真可以做到与器件无关。因此，在设计的初期阶段不使用特殊底层元件既可以提高代码的可读性、可维护性，又可以提高仿真效率，且容易被重用。

设计流程中的第二个仿真是综合后门级功能仿真。之所以称为门级仿真是因为综合工具给出的 Verilog 或者 VHDL 仿真网表已经是与生产厂家的器件的底层元件模型对应起来了，所以为了进行综合后仿真，必须在仿真过程中加入厂家的器件库，对仿真器进行一些必要的配置，不然仿真器并不认识其中的底层元件，无法进行仿真。Xilinx 公司的集成开发环境 ISE 中并不支持综合后仿真，而是使用映射前门级仿真代替，对于 Xilinx 开发环境来说，这两个仿真之间差异很小。

设计流程中的最后一个仿真是时序仿真。在设计布局布线完成以后可以提供一个时序仿真模型，这种模型中也包括了器件的一些信息，同时还会提供一个 SDF 时序标注文件（Standard Delay format Timing Annotation）。Xilinx 公司使用 SDF 作为时序标注文件扩展名，Altera 公司使用 SDO 作为时序标注文件的扩展名。在 SDF 时序标注文件中对每一个底层逻辑门提供了 3 种不同的延时值，分别是典型延时值、最小延时值和最大延时值，在对 SDF 标注文件进行实例化说明时必须指定使用了那一种延时。虽然在设计的最初阶段就已经定义了设计的功能，但是只有当设计布局布线到一个器件中后，才会得到精确的延时信息，在这个阶段才可以模拟到比较接近实际电路的行为。

ISE 可结合第三方软件进行仿真，常用的工具如 Model Tech 公司的仿真工具 ModelSim 和测试激励生成器 HDL Bencher，Synopsys 公司的 VCS 等。通过仿真能及时发现设计中的错误，加快设计中的错误，加快设计进度，提高设计的可靠性。

每个仿真步骤如果出现问题，就需要根据错误的定位返回到相应的步骤更改或者重新设计。

5.2.5 编程配置

此阶段产生用于配置 PLD 的位流文件或用于编程 FLASH 的 mcs/svf 文件等，并利用 iMPACT 工具对 FPGA 或 CPLD 进行下载配置，以便进行硬件调试和验证。

5.3 用 ISE 软件新建工程

为了便于文件管理，在使用 ISE 进行 PLD 系统设计时，首先要新建工程文件（New Project）。

（1）开启 ISE13.1 软件：双击桌面 ![icon] 图标，或开始→程序→Xilinx ISE Design Suite 13.1→ISE Design Tools→Project Navigator，会出现如图 5-1 所示的 ISE13.1 登陆主界面。

（2）打开 ISE 软件，单击【File】菜单，在下拉菜单中选择【New Project】，系统启动【New Project Wizard】对话框，如图 5-3 所示。

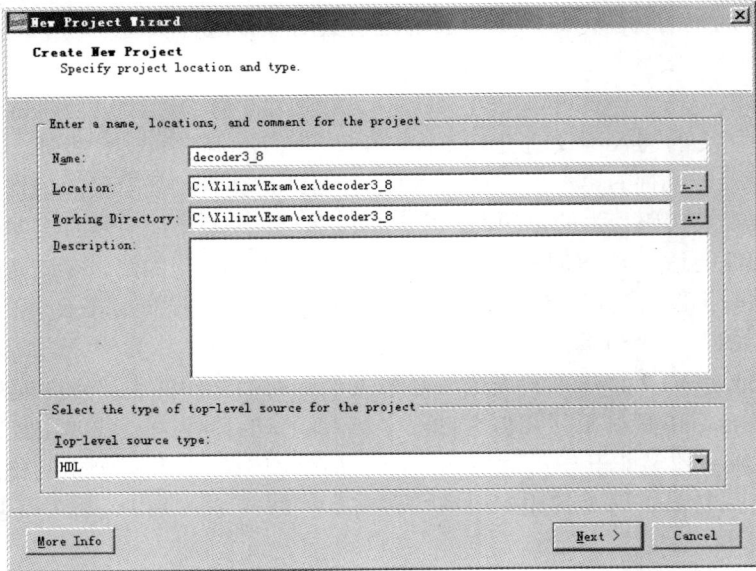

图 5-3　ISE 新建工程

（3）在图 5-3 对话框中输入项目名，项目存储路径、顶层文件类型（HDL、Schematic 原理图、EDIF 或 NGC/NGO）。单击【Next】进入【Project Settings】对话框进行工程配置，如图 5-4 所示。

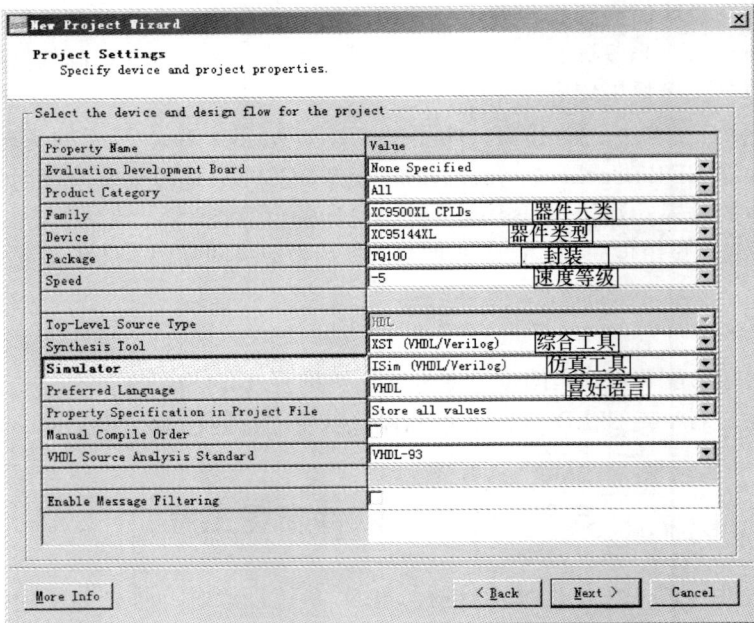

图 5-4　【Project Settings】对话框

需要特别说明的是，对于 ISE 工程，无论是文件夹还是文件，均不支持中文名。

（4）在图 5-4 的对话框中设置器件类型、封装、速度等级、综合工具、仿真工具以及设计者的个人喜好语言等。注意这里我们选择的大类是 XC9500XL CPLDs，即它是 CPLD 器件。针对 FPGA 器件和 CPLD 器件，后续设计步骤会稍有不同，实验时需注意。

分别设置好后，单击【Next】进入【Project Sumary】对话框得到工程概览，如图 5-5 所示。

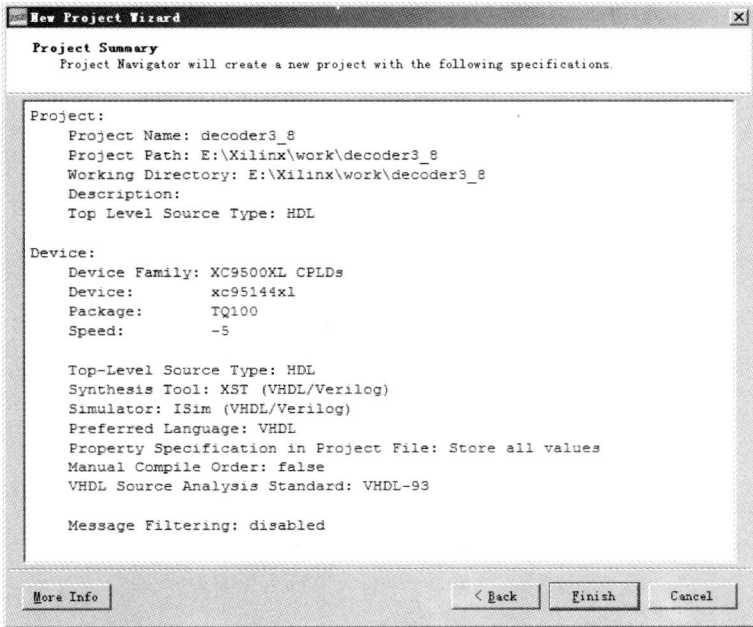

图 5-5　【Project Summary】对话框

（5）单击图 5-5 中的【Finish】，就可成功创建没有源文件的新工程框架，如图 5-6 所示。

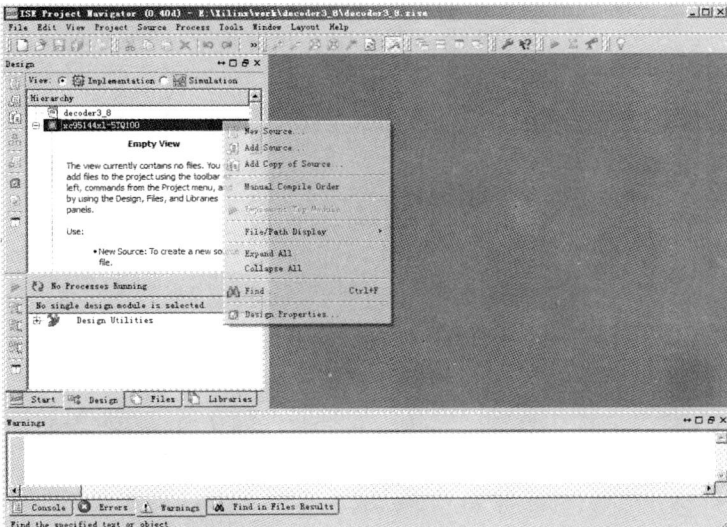

图 5-6　新工程框架

从图 5-6 可以看出，此时创建的只是一个包含图 5-4 所示基本信息的工程框架，它还没有关键的 Source 输入文件。在工程管理窗口中单击鼠标右键出现下拉菜单，其中的【New Source…】是创建新的输入源文件，【Add Source…】是为工程添加现有的输入源文件。单击【New Source…】按钮，启动【Select Source Type】子窗口，如图 5-7 所示，在此窗口可以选择多种源文件输入方式，包括原理图、VHDL/Verilog 源文件及测试向量。如果是一些性能更高级的 PLD 器件（如 XC3S700AN），还支持诸如 IP 核、状态机以及嵌入式处理器等源文件输入方式。

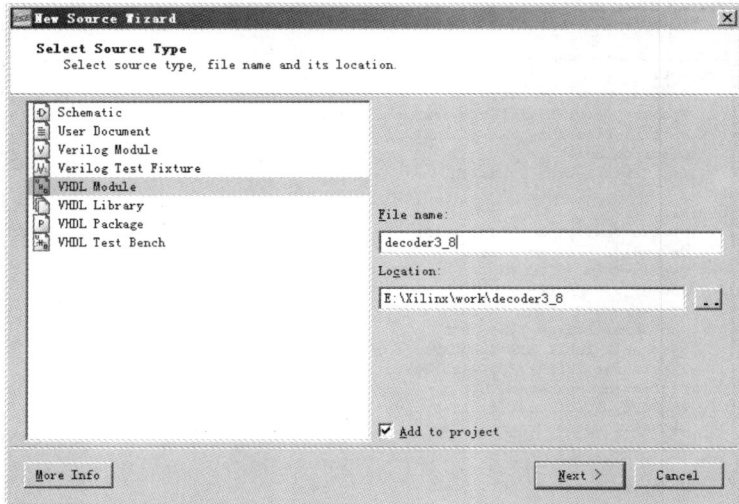

图 5-7　【Select Source Type】子窗口

VHDL 语言的出现使得许多 PLD 设计都是基于 VHDL 的设计流程，但是基于原理图的设计也有着重要应用。例如，对于一个简单数字系统设计而言，顶层文件使用原理图设计，这样做可以使设计比较直观，容易理解，要比使用 HDL 例化语句描述简单。

因此，有经验的 EDA 设计人员，通常会使用基于 HDL 语言、原理图和 IP 核的混合设计方法来完成设计，这些设计方法可能分别使用在设计的各个模块中，而不会只局限在顶层模块。

下面分别介绍最常用的原理图输入、文本输入和混合输入所对应的编辑设计流程。

5.4　原理图编辑设计方法

原理图编辑设计方法是 FPGA/CPLD 设计的基本编辑设计方法之一，几乎所有的 FPGA/CPLD 设计集成环境都支持原理图输入文件。在 ISE 软件的图形化模块编辑环境下，用户可以利用元件库里的图形符号和连接线设计出系统原理图和模块符号。ISE 中设置了包含各种电路元件的元件库，例如各种门电路、触发器、锁存器、计数器、各种中规模电路、各种功能较强的宏功能块等，用户只要单击这些器件就能调入图形编辑器中。这种方法的优点是直观、便于理解、元件库资源丰富。但是在大型设计中，这种方法的可维护性差，不利于模块建设与重用。更主要的缺点是：当所选用芯片升级换代后，所有的原理图都要作相应的改动。但考虑到原理图输入设计方法直观、简单易学，一般具备 PCB 原理图设计知识的用户都能快速掌握这种设计方法，在此通过一个简单的半加器为例来学习这种设计方法。

130

5.4.1 新建工程文件

参考"5.3 用 ISE 软件创新建工程"一节，新建一个名为 half_adder.xise 的工程文件。

5.4.2 新建原理图文件

在 half_adder.xise 工程文件中，再创建一个名为 half_adder.sch 的原理图形式的源文件，方法如下。

1. 打开模块编辑器

在图 5-7 所示的【Select Source Type】子窗口左侧选择 Schematic 选项，在 File Name 中输入"half_adder"。然后单击【Next】按钮进入下一步，再单击【Finish】按钮完成原理图文件的创建。系统进入图形化模块编辑环境，如图 5-8 所示。

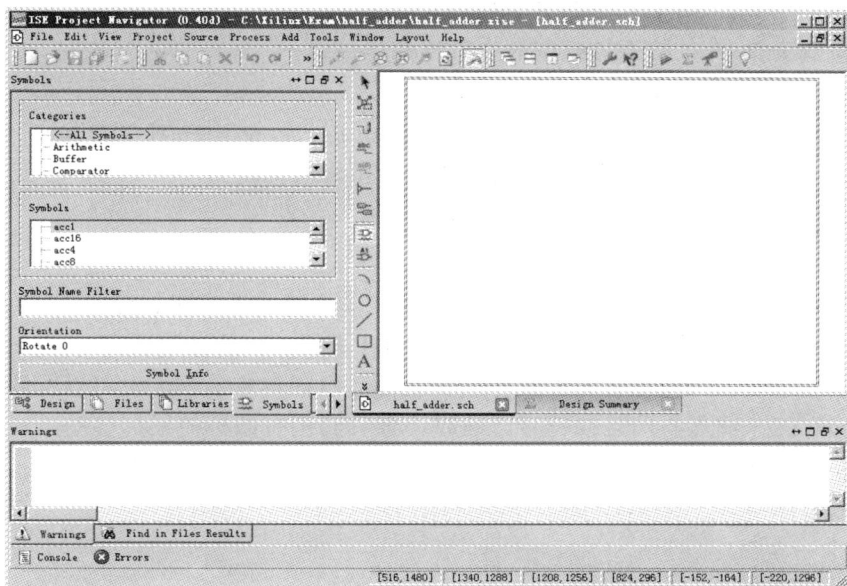

图 5-8　ISE 的图形化模块编辑环境

在图 5-8 左侧的【Symbols】窗口里，会看到"Categories"、"Symbols"和"Options"三个复选项。其中 Categories 选项用于选择原理图元件的大类，这里一共有包括"Arithmetic"、"Buffer"等在内的 14 个大类；Symbols 选项是用于选择某个大类中的原理图元件，如 Categories 选择"Logic"，再点选 Symbols 选项中的"and2"，将向原理图模块编辑器中添加一个二输入与门"and2"；选项 Options 则是设置元件的放置方向，如 Rotate 90 表示旋转 90°后再摆放。另外，Symbols Name Filter 用于元件检索，而 Symbol Info 按键打开的是具体某个元件的详细性能说明。

在模块编辑器的左边是绘图工具栏，熟悉这些工具按钮的性能，可以大幅度提高设计速度。下面详细介绍这些按钮的功能。

选择工具 ▶：选取、移动、复制对象，是最基本且常用的功能。

缩放工具 ▨：左键自左上角往右下角框选时对区域进行放大显示，左键自下往上框选则是对区域缩小显示。

连线工具 ⅃：绘制用于元件间电气连接的网线。

网线名称工具 ![abc]：用于为网线添加网线名称。

总线更名工具 ![icon]：为选中的总线重命名。

总线引脚工具 ![icon]：添加总线引脚，用于单根信号线和总线的连接。

I/O 引脚标记工具 ![icon]：根据各个输入/输出信号的方向，添加相应的标记。

元件添加工具 ![icon]：用于向原理图模块编辑器添加元件。

实例化名称工具 ![icon]：用于添加实例化名称。

画图工具 ![icon]、![icon]、![icon]、![icon]、![icon]：画图工具，分别为弧线、圆形、直线、矩形和文本工具，用于为原理图添加示意图文，不具备电器特性。

元件查看工具 ![icon]：用于查看元件的名称、类别和输入输出端口等基本属性。

旋转工具 ![icon]：用于旋转元件，选中元件后，每点它一次，则元件顺时针旋转 90°。

水平翻转工具 ![icon]：用于元件的水平翻转。

原理图检查工具 ![icon]：检查原理图的电气连接。

Push 工具 ![icon]：用于查看模块的底层结构。

Pop 工具 ![icon]：总是和 Push 工具配合使用，Push 后，Pop 用于返回模块的顶层。

预览工具 ![icon]、![icon]：用于原理图绘图区的放大和缩小显示。

属性工具 ![icon]：用于选中元件的属性查看和编辑。

2. 添加元件符号、连线

单击【Add】菜单中的【Symbol】，或单击图标 ![icon]，调出【Symbols】窗口。在【Symbols】窗口下边的 Categories 选项里选择"Logic"，然后在 Symbols 选项里选择"add2"，这时会有一个图标随鼠标移动，将鼠标移动到文件绘图区合适位置，单击一下，可以看到在绘图区放置了一个 and2 的二输入与门元件符号。此时，会看到仍有图标随鼠标移动，显然这是 ISE 为方便放置多个相同元件而设置的快捷方式，单击 ESC 键或鼠标右键可结束元件选择与放置。用同样的方法添加一个 xor2 的二输入异或门，如图 5-9 所示。

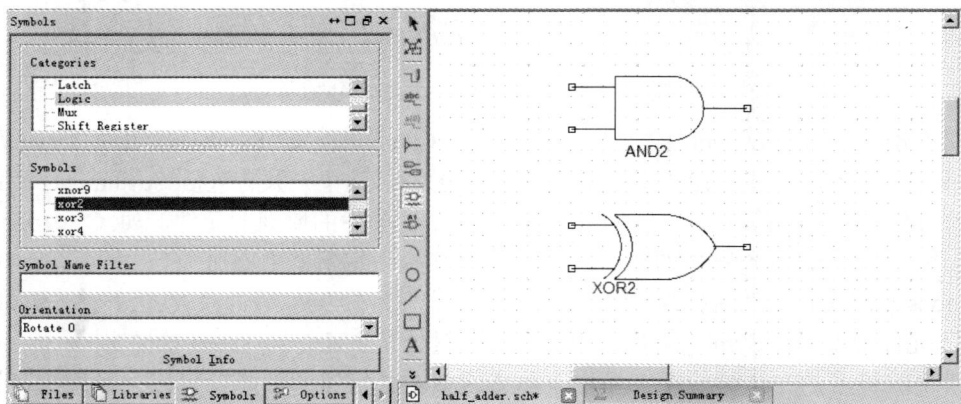

图 5-9　在 Symbols 窗口中调用元件

放置好元件后，就要用导线连接各个功能元件。在连接元件符号时，一些连线端可以悬空，另一些连线端需和元件符号相连。连线的具体方法为：单击【Add】菜单中的【Wire】，或单击绘图工具栏中的连线工具 ![icon]，在需要连线的地方单击鼠标左键，作为连线的起点，移动鼠标到终点，单击左键即可完成一条连线，若终点为空或与其他线相连，可以单击 ESC 键作为终点。如果需要删除一根线，单击这根连线并按 Del 键即可，如图 5-10 所示。

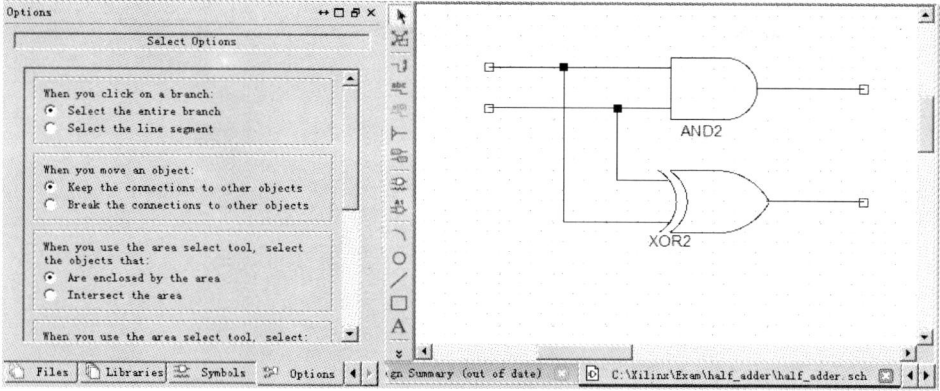

图 5-10　连线后的原理图

3. 为连线添加网络名和 I/O 引脚标记

画好连线后，可以为相应的连线添加网络名称（Net Name）。网络名称非常重要，例如后续的为设计分配 FPGA 引脚就要用到网络名。具体步骤为：单击【Add】菜单中的【Net Name】或单击图标 $\boxed{\text{abc}}$，调出【Add Net Name Options】窗口，在"Name"文本框里输入需要添加的网络名（Ai），这时将鼠标移动到绘图区，会发现输入的网络名随鼠标移动，在对应的连线上或连线端点的红框或上单击，即可为该连线添加网络名。同样的方法为 AND2 的另一输入引脚上的连线添加网络名 Bi，为它的输出引脚上的连线添加网络名 Ci；为 XOR2 的输出引脚上的连线添加网络名 Si。添加完网络名的原理图如图 5-11 所示。

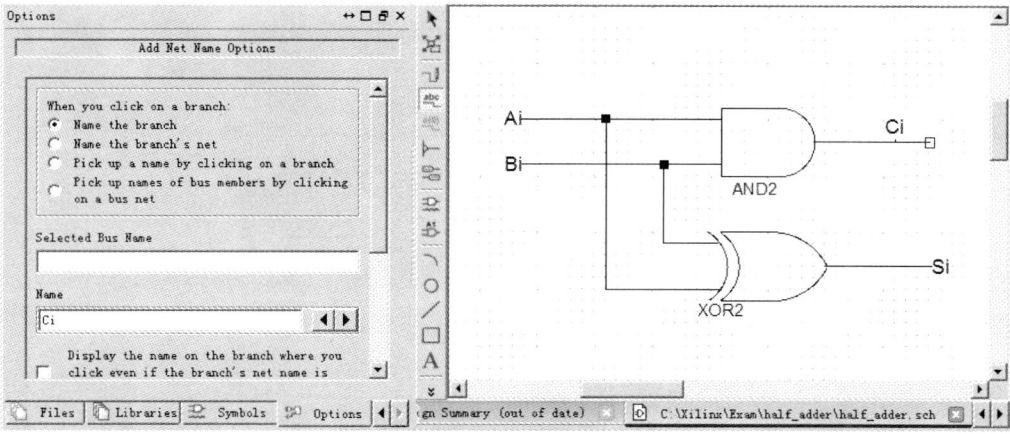

图 5-11　添加网络名

需要特别说明的是，ISE 中也可以绘制总线，但在 ISE 中绘制总线的方法与其他原理图工具相比略有区别。ISE 并没有专门的总线绘制工具，绘制总线仍然采用连线绘制命令【Add】→【Wire】，并仅仅利用网络名来区分总线与普通连线。总线名称的命名格式为 BusName（X：Y），BusName 是总线名称，"（）"为总线表示符号，X 为 MSB，Y 为 LSB。如将某一连线绘制成总线（$Q_3Q_2Q_1Q_0$）：在绘图区绘制一条网线段，然后单击【Add】菜单中的【Net Name】或

单击图标 ![abc]，在左边"Name"文本框里输入需要添加的网络名 Q（3：0），这时将鼠标移动到绘图区，会发现输入的总线网络名随鼠标移动，在对应的连线或连线端点的红框上单击，即可为该线添加总线网络名 Q（3：0）。总线网络名一旦添加完成，就会发现网线变粗，这表示它已经由普通的连线变成了总线，如图 5-12 所示。

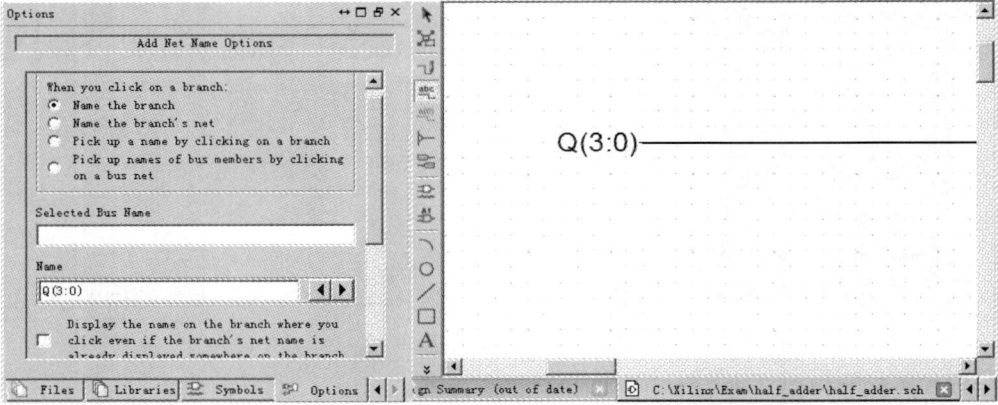

图 5-12　总线绘制

添加完了网络标名，类似于 HDL 描述还需要指定端口的方向。根据各输入/输出信号的方向，添加相应的标记，在本例中，需要添加输入标记和输出标记。具体方法为：单击【Add】菜单中的【I/O Markers】或单击绘图工具拦中的 ![图标] 图标，调出【Add I/O Markers Options】窗口，在该窗口的上部选择信号的方向，这时会有一个标记随鼠标移动，将鼠标移动到连线或总线的端点上，单击鼠标左键即可以完成该端点输入/输出引脚标记的放置。单击 ESC 键退出添加输入/输出引脚标记模式。完成后的原理图如图 5-13 所示。

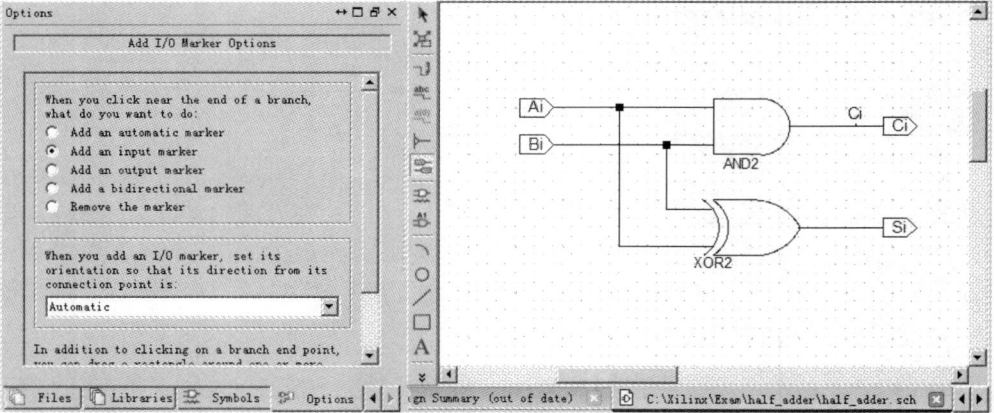

图 5-13　在编辑器窗口添加输入/输出引脚

值得注意的是，要获得图 5-12 所示效果其实有两种方法。上面讲的是方法之一，即先为连线添加网络名，然后再为各个输入/输出引脚添加引脚标记。也可以先为输入/输出引脚添加引脚标记，此时，系统默认的引脚名为 XLXN_1、XLXN_2、……，如图 5-14 所示。然后直接重命名引脚名即可（具体方法参见接下来的第 4 小节），而与引脚相连的连线网络的网络名自动更新为引脚名。

134

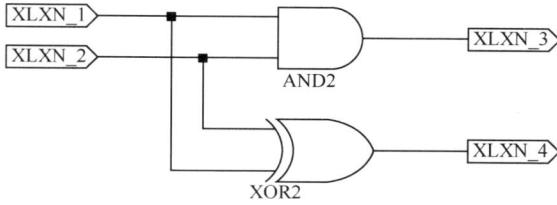

图 5-14　默认引脚标记式样

显然，不管采用哪种方法，引脚名和网络名实质是同一个东西，所以二者只需定义其一，另一个自动和它相同。

4. 重命名

这里的重命名指的是引脚/网络重命名和元件重命名。

引脚或网络连线重命名的方法类似，具体方法为：用鼠标右键单击端口或连线，在下拉菜单中选择"Rename Port"或"Rename Selected Net…"，再在弹出的【Rename Net】或【Rename Port】窗口中，输入新的引脚名/网络名 Ai，如图 5-15 所示。

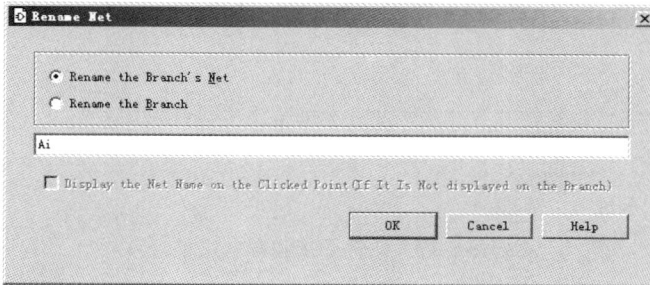

图 5-15　引脚或网络连线重命名

ISE 绘制原理图时，默认的元件名（InstName）为 XLXI_1、XLXI_2、…依此类推，并且默认不显示（但将来会在 RTL 内部结构图中显示出来）。如果希望显示元件名并重命名，具体方法为：右键单击元件 AND2，在下拉菜单中选择"Object Properties"，再在弹出的【Object Properties】窗口中，修改 InstName 的 Value 为 U1，并勾选右边的 Visible 选项，如图 5-16 所示。这样元件 AND2 就被重命名为 U1，并且在绘图区显示出来。

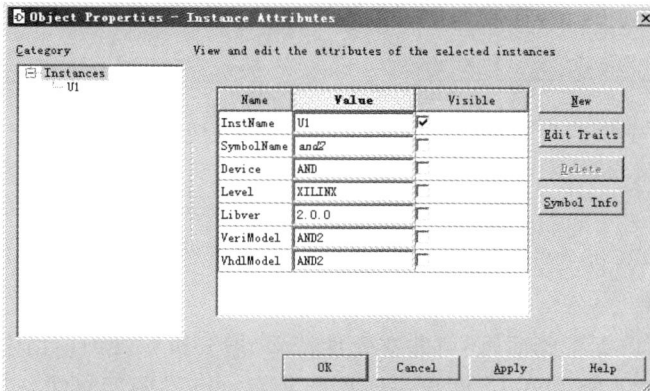

图 5-16　元件重命名

完成后的原理图如图 5-17 所示。

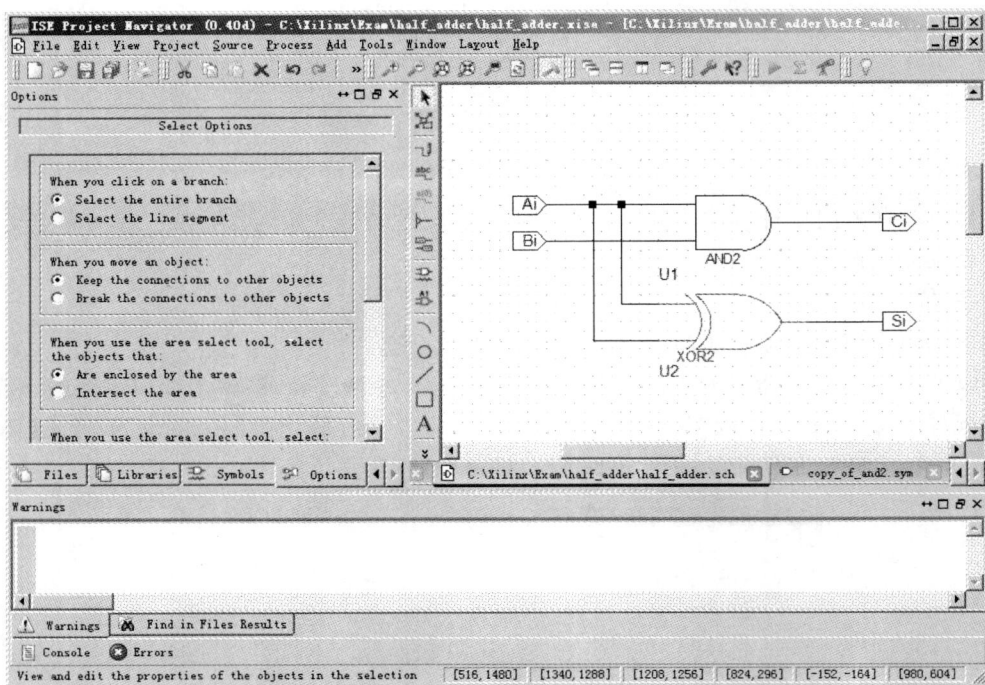

图 5-17　元件连接和命名结果

选择【File】菜单中的【Save】或单击 ![保存] 按钮，保存原理图文件。

5. 检查错误

原理图绘制完成后还必须检查错误，原理图检车可以在原理图编辑器中完成，也可以选中原理图文件后，在进程（Processes）管理窗口中单击 ![Check Design Rules] 选项来完成原理图检查。在原理图编辑器中检查错误的方法是单击【Tool】菜单中的【Check Schematic】或工具栏中的 ![图标]，ISE 即自动检查当前原理图的连接逻辑。如果正确，在信息显示区的 Console 子窗口将会出现图 5-18 所示的提示信息。如果原理图有错，将罗列所有错误，如图 5-19 所示，并在信息显示区的 Errors 子窗口里详细说明错误原因。

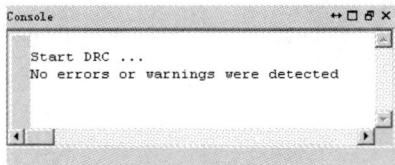

图 5-18　DRC 正确对话框

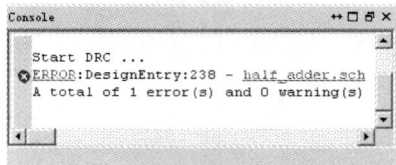

图 5-19　DRC 错误对话框

6. 生成元件符号

该源程序经编译仿真正确后，还可建立元件符号。展开进程管理窗口中的 Design Utilities，双击【Create Schematic Symbol】，即可生成扩展名为.sym 的图元文件 half_adder. sym，生成的元件符号如图 5-20（a）所示。如果新建原理图文件，在 Symbols 窗口中可以找到该元件

136

符号，用户可以在自己的设计中调用该元件符号。

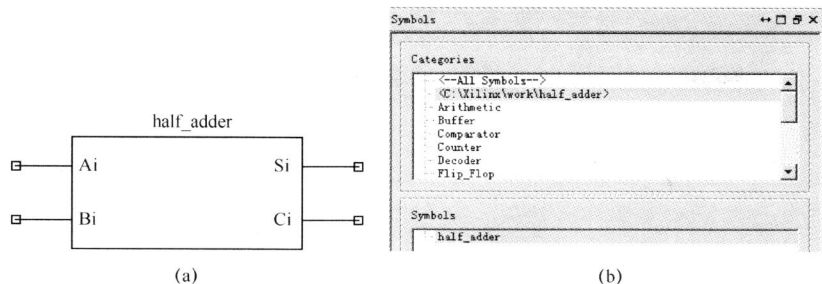

图 5-20

（a）由原理图生成的元件符号；（b）Symbols 窗口中的元件符号。

5.4.3 基于 XST 的综合

所谓综合，就是将 HDL 语言、原理图等设计输入翻译成由与、或、非门和 RAM、触发器等基本逻辑单元的逻辑连接（网表），并根据目标和要求（约束条件）优化所生成的逻辑连接，生成 EDF 文件。由于 XST 是 Xilinx 公司自己的综合工具，它对于部分 Xilinx 芯片独有的结构具有更好的融合性。

需要注意的是，对于 FPGA 还是 CPLD，ISE 的综合工具在编辑环境中所处的位置稍有不同。对于前者，XST 单独作为一个步骤，如图 5-21（a）所示；对于后者，XST 作为实现（Implement）的一个子步骤，如图 5-21（b）所示。

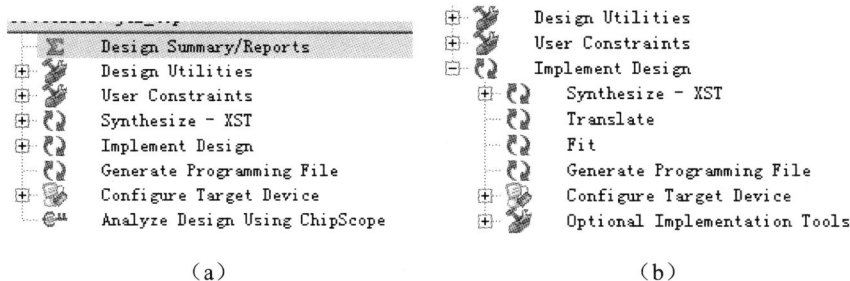

图 5-21

（a）DRC 正确对话框；（b）DRC 错误对话框。

当原理图通过了连线逻辑检查后，即可进行综合。在工程（Design）窗口中选中原理图文件后，在进程（Processes）管理窗口中双击 Synthesize–XST 选项，即可执行综合操作。如果没有综合错误，在 Synthesize–XST 选项的左边将会出现一个绿色的符号√。同时，ISE 会给出初步的资源消耗情况（通过单击【Project】菜单中的【Design Summary/Reports】或双击进程（Processes）管理窗口的第一项"Design Summary/Reports"）。综合成功及资源消耗报告如图 5-22 所示。

综合结果的另两种情况是警告和错误，即当 Synthesize–XST 选项的左边出现一个带感叹号的黄色小圈圈时表示有警告；当 Synthesize–XST 选项的左边出现一个带叉的红色小圈圈时表示有错误。可根据信息区的提示错误和警告的信息对原理图进行相应的修改，然后重新综合，直到没有错误信息提示为止。

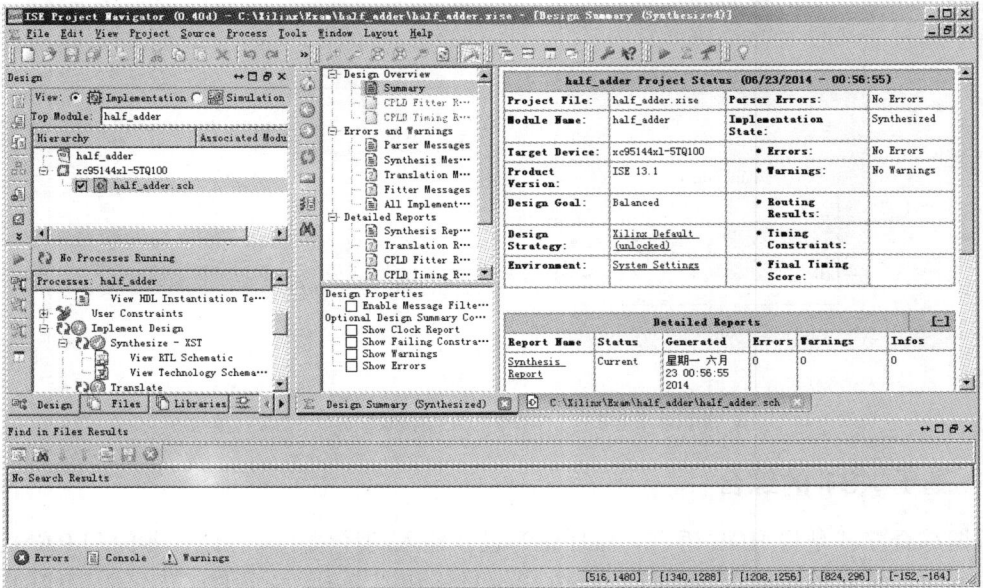

图 5-22　综合成功及资源消耗报告

1. View RTL Schematic

综合完成后,可通过双击"View RTL Schematic"并选择 Start with a schematic of the top-level block 选项来查看 RTL 级结构图,查看综合结构是否按照设计意图来实现电路。此时 ISE 会自动调用原理图编辑器来浏览 RTL 顶层结构,所得的 RTL 顶层结构图如图 5-23 所示。

用鼠标双击 RTL 顶层结构图,可以进一步观察内部结构,如图 5-24 所示。可以看到综合后的 RTL 图与原理图相同。

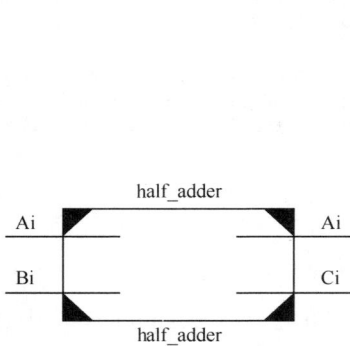

图 5-23　半加器的 RTL 顶层结构图

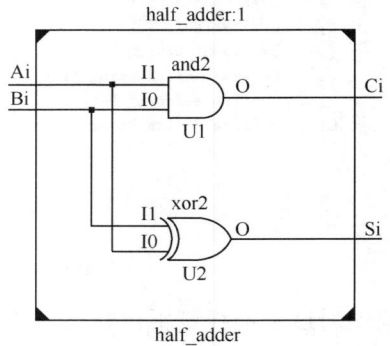

图 5-24　RTL 内部逻辑结构

2. View Technology Schematic

技术结构图(Technology Schematic)更接近于综合后在芯片中要形成的实际电路和资源使用情况,它是你的设计烧写进 PLD 中的实际效果。双击 Synthesize–XST 选项下的"View RTL Schematic"可以查看技术结构图。首先看到的仍然是顶层结构,它和图 5-17 相同。双击顶层模块,可以打开底层的技术结构图,如图 5-25 所示。显然它包含了一些输入输出缓冲器,是真实电路的体现。

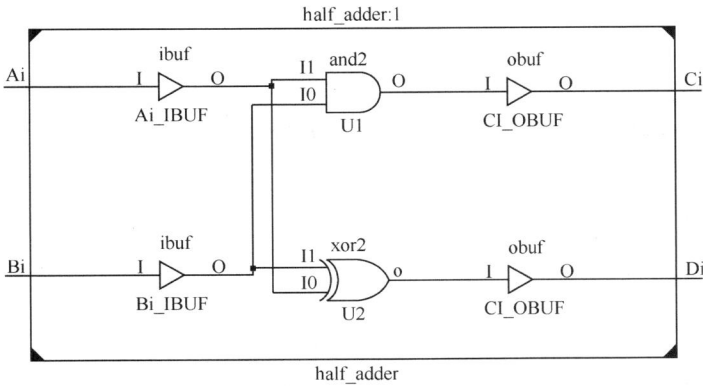

图 5-25　内部技术结构图

3. 由原理图创建元件

ISE 提供的原件都是最基本的元件，因而大多数情况下不能直接满足需求。这就需要设计软件能够按照开发者的意愿，生成特定的原件。ISE 支持原理图文件和文本文件生成元件。

在原理图方式下，以前面绘制的 half_adder.sch 为例，绘图完成后，选择【Tools】/【Symbol Wizard】打开 Symbol Wizard 对话框，如图 5-26 所示。

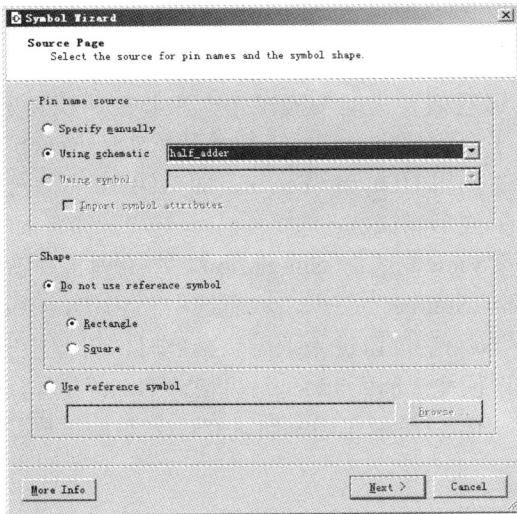

图 5-26　元件创建对话框

在 Pin name source 单选框中选择 "Using Schematic"，后面的下拉菜单文本默认为原理图文件名。Shape 选项框适用于选择元件的形状，可选长方形和中方形。单击【Next】进入下一个对话框。

在 Symbol name 中输入所有生成的元件的元件名，默认情况下为原理图文件名 Pin definitions 文本框用于对元件引脚的定义，图 5-27 是填入输入输出引脚后的情况。单击【Next】进入 Layout Page 对话框，它主要用于设置元件的尺寸，设计者可以根据自己的需要设置元件的各种尺寸，如图 5-28 所示。

元件尺寸设置完成后，单击【Next】进入 Preview Page 对话框。此时可以看到生成的元件形状，表明元件已经创建成功。单击【Finish】即可生成名为 half_adder.sym 的元件文件。

139

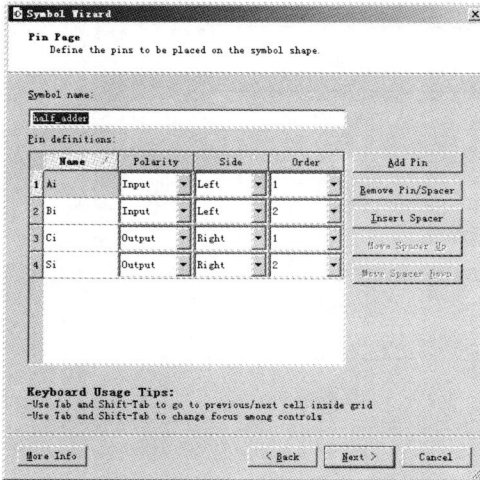

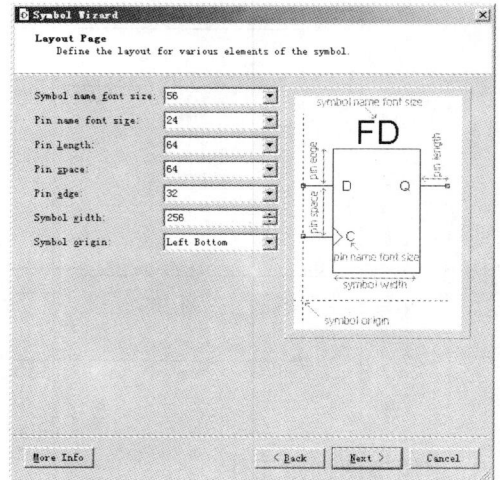

图 5-27　元件引脚设置对话框　　　　　　图 5-28　元件尺寸设置对话框

至此，一个完整的元件已经生成，此时在 ISE 主界面的 Symbols 窗口的 Categories 里可以找到名为 half_adder 的元件，需要时直接调用即可。

5.4.4　基于 ISE 的仿真

1. 新建 HDL 仿真文件

原理图绘制完毕后，通常需要借助于测试平台来验证所设计的模块是够满足要求。ISE早期版本提供了两种测试平台的建立方法，一种是使用 Test Bench Waveform（TBW）来编辑波形化测试文件，另一种是利用 HDL test bench，即 HDL 语言。由于后者使用简单、功能强大，ISE 自 11.1 版后舍弃了波形测试法。

首先在工程管理区将"View"选为 Simulation，在工程管理窗口任意位置右击鼠标，并在弹出的菜单中选择"New Source"命令，然后选中"VHDL Test Bench"，输入文件名为"half_adder_tb"，再单击"Next"按钮进入下一步。此时，工程中所有 VHDL Module 的名称都会显示出来，选中待测试模块"half_adder"，单击"Next"按钮进入下一步，出现信息窗，直接单击"Finish"按钮，ISE 会在源代码编辑区自动宣誓测试模块的代码，如图 5-29 所示。

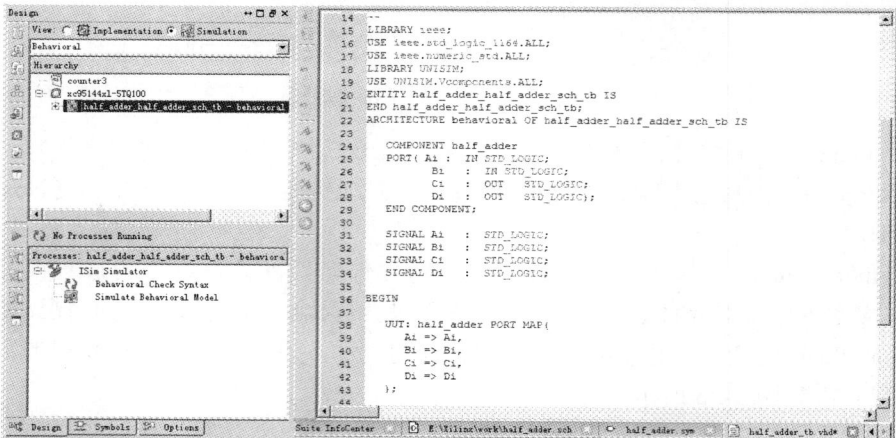

图 5-29　测试代码

显然，ISE 自动生成了测试平台的完整构架，包括所需信号、端口声明以及模块调用等，设计者需要做的是在合适的地方添加测试向量生成代码。对于本例，简单的测试代码如下。

```
LIBRARY ieee;
USE ieee.std_logic_1164.ALL;
USE ieee.numeric_std.ALL;
LIBRARY UNISIM;
USE UNISIM.Vcomponents.ALL;
ENTITY half_adder_half_adder_sch_tb IS
END half_adder_half_adder_sch_tb;
ARCHITECTURE behavioral OF half_adder_half_adder_sch_tb IS

    COMPONENT half_adder
    PORT( Ai  :   IN  STD_LOGIC;
          Bi  :   IN  STD_LOGIC;
          Ci  :   OUT STD_LOGIC;
          Si  :   OUT STD_LOGIC);
    END COMPONENT;

    SIGNAL Ai:   STD_LOGIC:='0';       一必须赋初值
    SIGNAL Bi:   STD_LOGIC:='0';
    SIGNAL Ci:   STD_LOGIC;
    SIGNAL Si:   STD_LOGIC;

BEGIN
    UUT: half_adder PORT MAP(
      Ai => Ai,
      Bi => Bi,
      Ci => Ci,
      Si => Si
    );


-- *** Test Bench - User Defined Section ***
    tb : PROCESS
    BEGIN
      WAIT FOR 100ns;    --Current Time: 100ns
        Ai<='0';
        Bi<='1';
      WAIT FOR 100ns;    --Current Time: 200ns
        Ai<='1';
        Bi<='0';
      WAIT FOR 100ns;    --Current Time: 300ns
        Ai<='1';
        Bi<='1';
    END PROCESS;
-- *** End Test Bench - User Defined Section ***
    END;
```

2. 基于 ISim 的仿真

添加好测试向量生成代码后，进程管理窗口中就会显示与仿真有关的进程，如图 5-30 所示。如果在新建工程时选择的仿真工具为 Modelsim，则会在 ISim Simulator 下显示

Modelsim 选项。

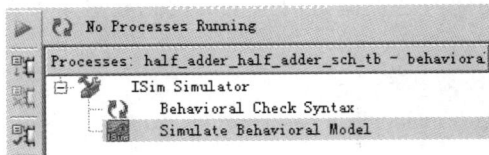

图 5-30　进程管理窗口中的仿真对话框

　　右键选中图 5-28 中的 Simulate Behavioral Model 项，单击下拉菜单中的 Properties 项，弹出图 5-31 所示的属性设置对话框，第四行的 Simulation Run Time 为仿真时间设置，可修改为任意时长，本例采用默认值。

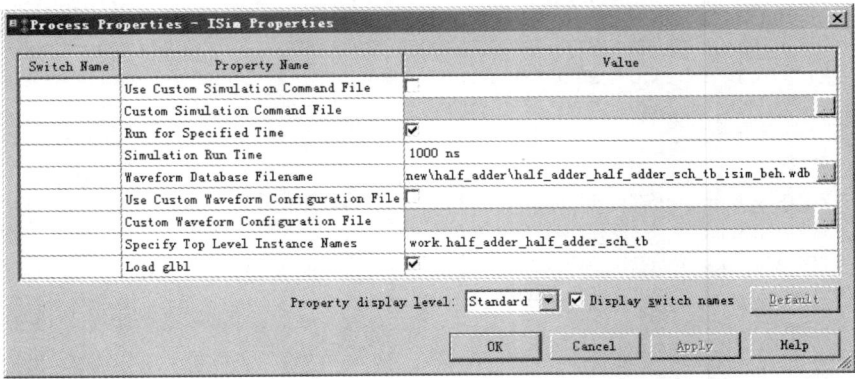

图 5-31　ISim Simulator 属性设置对话框

　　仿真参数设置好后，就可以进行仿真了。直接双击 Simulate Behavioral Model 项，ISE 将自动启动 ISE Simulator 软件，并得到如图 5-32 所示的仿真结果，从结果可以看出设计达到了预期目标。

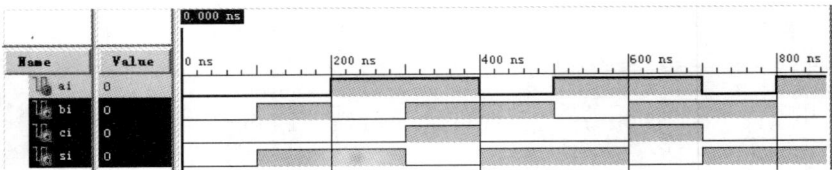

图 5-32　仿真结果

　　可以在控制台窗口里输入命令，控制仿真的运行。例如，输入 run 100ns，将控制仿真运行 100ns，如图 5-33 所示。

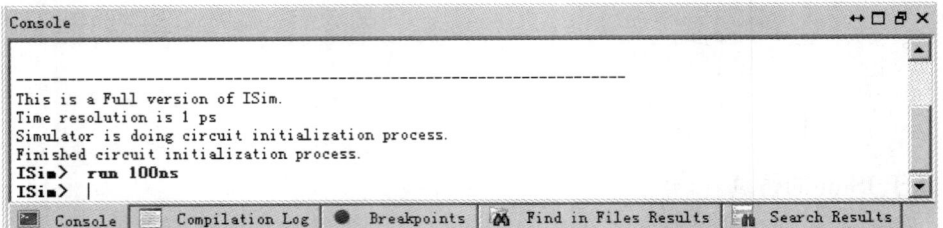

图 5-33　仿真命令

5.4.5 基于 ISE 的实现

所谓实现（Implement）是将综合输出的逻辑网表翻译成所选器件的底层模块与硬件原语，将设计映射到器件结构上，进行布局布线，达到在选定器件上实现设计的目的。实现主要分为 3 个步骤：翻译（Translate）逻辑网表，映射（Map）到器件单元与布局布线（Place & Route）。翻译的主要作用是将综合输出的逻辑网表翻译为 Xilinx 特定器件的底层结构和硬件原语。映射的主要作用是将设计映射到具体型号的器件上（LUT、FF、Carry 等）。布局布线步骤调用 Xilinx 布局布线器，根据用户约束和物理约束，对设计模块进行实际的布局，并根据设计连接，对布局后的模块进行布线，产生 FPGA/CPLD 配置文件。

需要特别指出的是对于 CPLD 器件，上述第二步和第三步由装配（Fit）代替，它执行的操作等价于映射（Map）和布局布线（Place & Route）的全部过程。

经过综合后，右键单击程管理区中的 "Implement Design" 选项，选择 "Process Properties" 将打开实现属性设置对话框，读者可以自己动手理解各个设置参数的作用，对于本次实例，默认设置即可。双击进程管理区中的 "Implement Design" 选项，就可以完成实现，成功后会出现如图 5-34 所示的绿色符号√。经过实现后能够得到精确的资源占用情况，如图 5-35 所示。

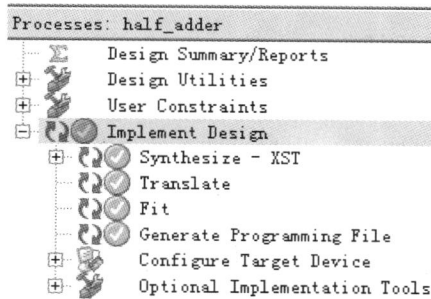

图 5-34 实现选项对话框

RESOURCES SUMMARY

Macrocells Used	Pterms Used	Registers Used	Pins Used	Function Block Inputs Used
2/144 (2%)	3/720 (1%)	0/144 (0%)	4/81 (5%)	4/432 (1%)

图 5-35 资源消耗情况

注意到图 5-34 中 "Generate Programming File" 选项前也有绿色符号√，这表明实现完成后，生成了 CPLD 的配置文件。配置文件（如 jed 文件）中包含了 PAR 后 NCD 文件中所有的布局布线信息，可用于 PLD 的配置。将配置文件加载到 CPLD/FPGA 以后，CPLD/FPGA 才能实现被设计的功能。

5.4.6 使用 Floorplan 分配引脚

CPLD 引脚的分配有两种方式，即 Floorplan 和 UCF 文本，本节先介绍基于 Floorplan 的方法。Floorplan 方式也生成 UCF 文件，区别在于它采用的是图形化设置、并最终自动将约束添加到 UCF 文件中。此外，对于 FPGA，其图形化引脚分配工具是 PlanAhead。

综合实现完成后，就可以分配引脚了。在进程管理区展开 User Constraints，双击 Floorplan IO – Pre-Synthesis，出现如图 5-36 所示的对话框。

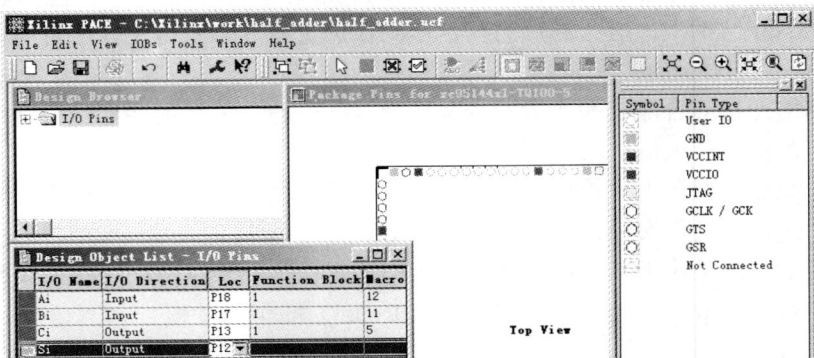

图 5-36　Floorplan 引脚配置窗口

在 I/O Pins 区，显示了所有的 I/O 端口，用户只需在 LOC 列填入引脚代号（如图的 P18、P17 等）即可实现引脚分配。Package Pins 区显示了 CPLD 的所有引脚信息，包括物理引脚名、所属区块和区块类型等。编辑完成后，保存，关闭退出 Floorplan 即可。

5.4.7　使用 UCF 文件分配引脚

1. 约束文件的概念

FPGA 设计中的约束文件有 3 类：用户设计文件（.UCF 文件）、网表约束文件（.NCF 文件）以及物理约束文件（.PCF 文件），可以完成时序约束、引脚约束以及区域约束。3 类约束文件的关系为：用户在设计输入阶段编写 UCF 文件，然后 UCF 文件和设计综合后生成 NCF 文件，最后再经过实现后生成 PCF 文件。本节主要介绍 UCF 文件的使用方法。

UCF 文件是 ASCII 码文件，描述了逻辑设计的约束，可以用文本编辑器和 Xilinx 约束文件编辑器进行编辑。NCF 约束文件的语法和 UCF 文件相同，二者的区别在于：UCF 文件由用户输入，NCF 文件由综合工具自动生成，当二者发生冲突时，以 UCF 文件为准，这是因为 UCF 的优先级最高。PCF 文件可以分为两个部分：一部分是映射产生的物理约束，另一部分是用户输入的约束，同样用户约束输入的优先级最高。一般情况下，用户约束都应在 UCF 文件中完成，不建议直接修改 NCF 文件和 PCF 文件。

2. 创建约束文件

约束文件的后缀是.ucf，所以约束一般也被称为 UCF 文件。创建约束文件有两种方法，一种是通过新建方式，另一种则是利用进程管理器来完成。

第一种方法：新建一个源文件，在代码类型中选取"Implementation Constrains File"，在"File Name"中输入"half_adder_ucf"。单击"Next"按键进入模块选择对话框，选择模块"half_adder"（如果只有一个模块，则不用选择），然后单击"Next"进入下一页，再单击"Finish"按键完成约束文件的创建。

第二种方法：在工程管理窗口中，将"View"设置为"Implementation"。"Constrains Editor"是一个专用的约束文件编辑器，双击进程管理区中"User Constrains"下的"Create Timing Constrains"就可以打开"Constrains Editor"，界面如图 5-37 所示。

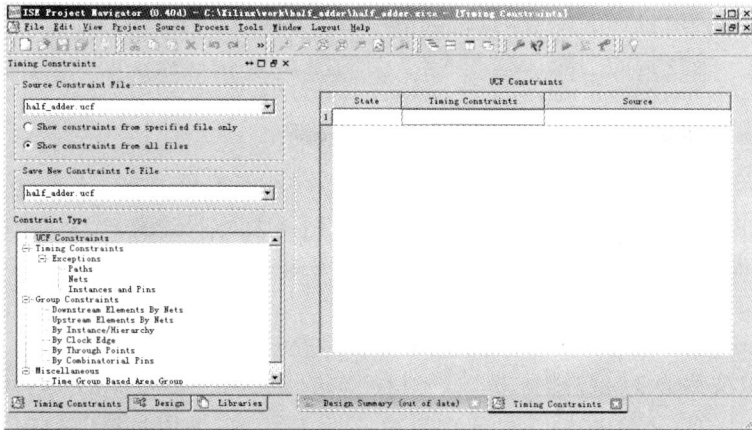

图 5-37 Constrains Editor 对话窗口

3. 编辑约束文件

在工程管理区中，将"View"设置为"Implementation"，选中 half_adder.ucf，然后打开双击进程管理窗口中"User Constrains"下的"Edit Constraints（Text）"就可以打开约束文件编辑器，如图 5-38 所示，用户在此添加约束文件语法代码即可。

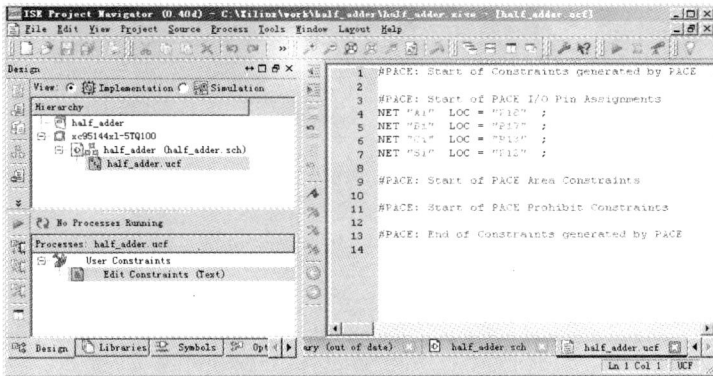

图 5-38 约束文件编辑窗口

UCF 文件的语法为

{NET|INST|PIN} "signal_name" Attribute;

其中，"signal_name"是指所约束对象的名字，包含了对象所在层次的描述；"Attribute"为约束的具体描述；语句必须以分号";"结束。可以用"#"或"/* */"添加注释。需要注意的是：UCF 文件是大小写敏感的，信号名必须和设计中保持大小写一致，但约束的关键字可以是大写、小写甚至大小写混合。例如： NET "Ai" LOC = P18; "Ai"就是所约束信号名；LOC = P18，是约束具体的含义，即将 Ai 信号分配到 CPLD 的 P18 号引脚上。对于所有的约束文件，使用与约束关键字或设计环境保留字相同的信号名会产生错误信息，除非将其用" "括起来，因此在输入约束文件时，最好用" "将所有的信号名括起来。

5.4.8 下载验证

生成二进制编程文件并下载到芯片中是 PLD 设计的最后一步。生成编程文件在 ISE 中的操作非常简单，在过程管理区中双击 Generate Programming File 选项即可完成，完成后则该选项前面会出现一个打钩的圆圈，这在 5.4.5 节的图 5-34 中已做说明。生成的编程文件放在 ISE 工程目录下，是一个扩展名为.jed 的位流文件（对于 FPGA，生成的是扩展名为.bit 的位流文件）。

接下来，既然要下载到 PLD 中，所以下载前必须正确连接 JTAG 下载线。根据下载线和 PC 机连接方式的不同，Xilinx 提供 USB 型和并口型两大类下载线。USB 下载线速度快，稳定度高，当然价格也比较昂贵。 并口下载线根据下载速度的不同，可分为 Parallel Cable IV（简称为 PC4）和 Parallel Cable III 两类（简称为 PC3）。无论那种下载线，在 FPGA 端都具有标准的 4 根 JTAG 接口、电源引脚以及地（VCC、GND、TCK、TMS、TDI 以及 TDO），共 6 个信号端口，也被称为 JTAG 连接器。本教材配套的并口型下载线是一种常见的 10 脚 JTAG 连接器，它多了 1 个 GND 信号以及 3 根悬空信号（NC）。使用时将并口延长线插到电脑并口上，JTAG 连接器插入实验板 Xilinx JTAG 插座，注意 JTAG 连接器的插入方向。

到此，只剩下完成设计的最后一步——下载。展开进程管理窗口中的 Configure Target Device，双击 Manage Configuration Project（iMPACT）项，然后在弹出的 ISE iMPACT 对话框中双击选取合适的下载方式（如边界扫描 Boundary Scan 方式），ISE 会自动连接 PLD 设备。成功检测到设备后，会出现如图 5-39 所示的 iMPACT 的主界面。

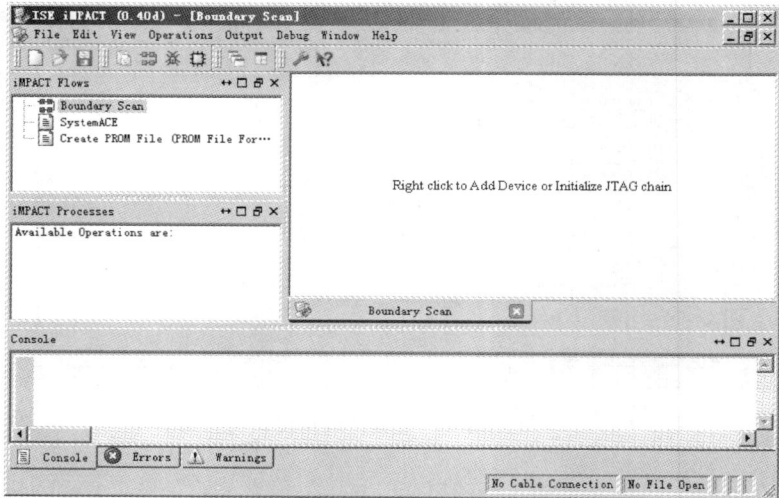

图 5-39　ISE iMPACT 对话框

在主界面的中间区域内单击鼠标右键，并选择下拉菜单的"Add Xilinx Device"选项，弹出"Assign New Configuration File"对话框，选择编程文件 half_adder.jed 后确定。如果 PLD 配置电路 JTAG 测试正确，则会将 JTAG 链上扫描到的所有芯片在 iMPACT 主界面上列出来，如图 5-40（a）所示，它由一个芯片模型以及位流文件标志组成；如果 JTAG 链检测失败（比如下载线连接错误、实验板电源为开启等），则弹出的对话框如图 5-40（b）所示。

器件加载成功后，在图 5-40（a）中的芯片模型上单击鼠标右键，在弹出的对话框中选择 Program 选项，在弹出的器件编程属性对话框中选择当前的 CPLD，然后单击"OK"，就启动编程，可以看到编程进度，如图 5-41 所示。

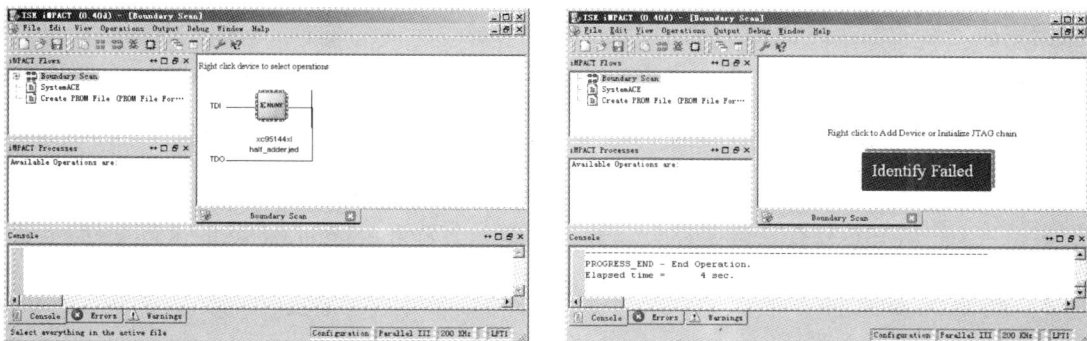

图 5-40　JTAG 链扫描结果示意图

(a) JTAG 链扫描正确后的窗口界面 ；　 (b) JTAG 链扫描正确后的窗口界面。

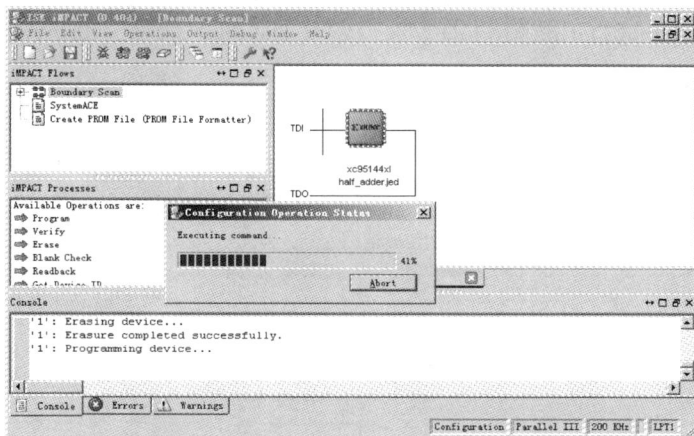

图 5-41　对 CPLD 器件进行编程

配置成功后，控制台会显示配置成功信息，如图 5-42 所示。

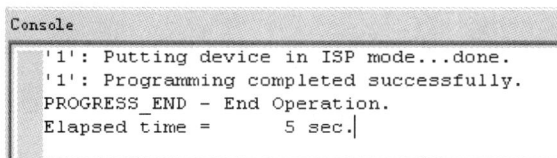

图 5-42　CPLD 配置成功信息

下载成功后，用户可以通过实验检查设计是否符合设计要求，系统是否运行正确。否则，就要返回，逐步检查错误原因，修改设计，直至系统运行符合设计要求。

至此，就完成了一个完整的 CPLD 设计流程。当然，ISE 的功能十分强大，以上介绍只是其中最基本的操作，更多的内容和操作需要读者通过阅读 ISE 在线帮助来了解，在大量的实际实践中来熟悉。

5.5　文本编辑设计方法

ISE 软件可用 VHDL、Verilog-HDL 等语言以文本编辑的方法进行源文件设计，至于源文件编辑完成之后的综合、仿真、实现以及配置和下载等步骤，文本输入和原理图输入的各步骤基本相同，限于篇幅，在此不做累述，请读者参看原理图设计的各步骤即可。本节仅以简单的三位计数器为例，着重介绍用 VHDL 语言进行文本源文件编辑的方法。

5.5.1 新建工程文件

参考"5.3 用 ISE 软件新建工程"一节，新建一个名为 counter3.xise 的工程文件。

5.5.2 新建文本文件

在 counter3.xise 工程文件中，再新建一个名为 counter3.vhd 的 VHDL 文本形式的源文件，方法如下。

在图 5-7 中，选择源文件输入方式为 VHDL Module，File name 中输入文件名 counter3，单击【Next】按钮进入【Define Module】端口定义对话框，如图 5-43 所示。

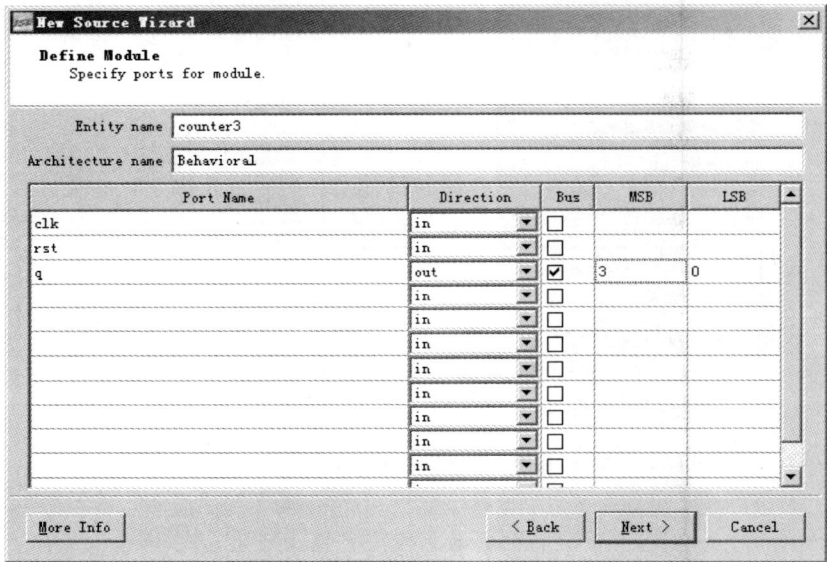

图 5-43　【Define Module】对话框

实体名就是刚输入的文件名 counter3，构造体名系统默认为 Behavioral，用户可以自行修改。接下来的列表框用于对端口的定义。"Port Name"表示即将定义的端口名称，"Direction"表示端口方向（可以选择为 in、out、inout），Bus 表示是否是总线，MSB 表示总线的最高位，LSB 表示总线的最低位，单位信号的 MSB 和 LSB 不用填写。当然，也可以不作任何输入，直接单击【Next】按钮跳过本对话框，而在代码输入窗口对各端口进行各种定义。

定义好了实体端口后，单击【Next】按钮进入下一步，再单击【Finish】按钮完成源文件创建。此时，ISE 会自动创建一个 VHDL 模块的例子。简单的注释、模块和端口定义已经自动生成，用户需要做的下一步是在模块中添加代码，如图 5-44 所示。

上述文本代码编辑完成后，选择【File】/【Save】选项或单击 💾 保存文件。

同原理图编辑设计，HDL 源程序经编译仿真正确后，也可建立元件符号。展开进程管理窗口中的 Design Utilities，双击【Create SchematicCreate Symbol】，即可生成扩展名为.sym 的图元文件 counter3. sym，生成的元件符号如图 5-45（a）所示。如果新建原理图文件，在 Symbols 窗口中同样可以找到该元件符号，用户可以在自己的设计中调用该元件符号。

```
19
20    library IEEE;
21    use IEEE.STD_LOGIC_1164.ALL;
22    use IEEE.STD_LOGIC_ARITH.ALL;        添加两条库调用语句
23    use IEEE.STD_LOGIC_UNSIGNED.ALL;
24
25    -- Uncomment the following library declaration if using
26    -- arithmetic functions with Signed or Unsigned values
27    --use IEEE.NUMERIC_STD.ALL;
28
29    -- Uncomment the following library declaration if instantiating
30    -- any Xilinx primitives in this code.       自动生成的端口声明语句
31    --library UNISIM;
32    --use UNISIM.VComponents.all;
33
34    entity counter3 is
35        Port ( clk : in  STD_LOGIC;
36               rst : in  STD_LOGIC;
37               counter : out STD_LOGIC_VECTOR (2 downto 0));
38    end counter3;
39
40    architecture Behavioral of counter3 is
41    signal counter_tmp : std_logic_vector(2 downto 0);
42    begin
43        counter<=counter_tmp;
44        process(clk,rst)
45        begin                              用户代码
46            if(rst='0') then
47                counter_tmp<="000";
48            elsif rising_edge(clk) then
49                counter_tmp<=counter_tmp + 1;
50            end if;
51        end process;
52    end Behavioral;
53
```

图 5-44　添加用户代码后的 VHDL 代码模块

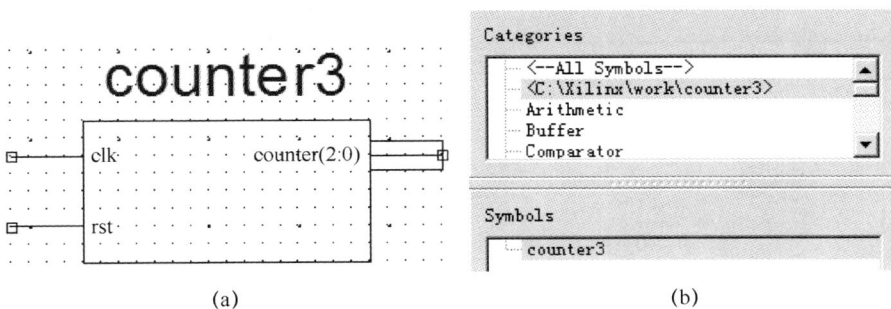

(a)

Categories
<--All Symbols-->
<C:\Xilinx\work\counter3>
Arithmetic
Buffer
Comparator

Symbols
counter3

(b)

图 5-45

（a）由原理图生成的元件符号；（b）Symbols 窗口中的元件符号。

5.5.3　代码模板的使用

ISE 中内嵌的语言模块包括了大量的开发实例和所有 FPGA 语法的介绍和举例，包括 Verilog HDL/HDL 的常用模块、FPGA 原语使用实例、约束文件的语法规则以及各类指令和符号的说明。语言模板不仅可在设计中直接使用，还是 FPGA 开发最好的工具手册。在 ISE 工具栏中单击 💡 图标，或选择菜单【Edit】/【Language Templates】，都可以打开语言模板，其界面如图 5-46 所示。

图 5-46　ISE 语言模版用户界面

界面左边有 4 项：ABEL、UCF 、Verilog 以及 VHDL，分别对应着各自的参考资料。其中 ABEL 语言主要用于 GAL 和 ISP 等器件的编程，不用于 FPGA 开发。

以 VHDL 为例，单击其前面的"+"号，会出现 Common Constructs、Device Macro Instantiation、Device Primitive Instantiation、Simulation Constructs、Synthesis Constructs 以及 User Templates 6 个子项。其中第 1 项主要介绍 VHDL 开发中所用的各种符号的说明，包括注释符以及运算符等。第 2、3 项主要介绍 Xilinx 宏和原语的使用，可以最大限度地利用 PLD 的硬件资源。第 4 项给出了程序仿真的所有指令和语句的说明和示例。第 5 项给出了实际开发中可综合的 VHDL 语句，并给出了大量可靠、实用的应用实例，FPGA 开发人员应熟练掌握该部分内容。User Templates 项是设计人员自己添加的，常用于在实际开发中统一代码风格。

下面以调用全局时钟缓冲器模版为例，给出语言模板的使用方法。在语言模板中，选择"Device Primitive Instantiation / CPLD / Clock Components / Clock Buffers / Global Clock Buffer（BUFG）"，即可看到调用全局时钟缓冲的示例代码，如图 5-47 所示。

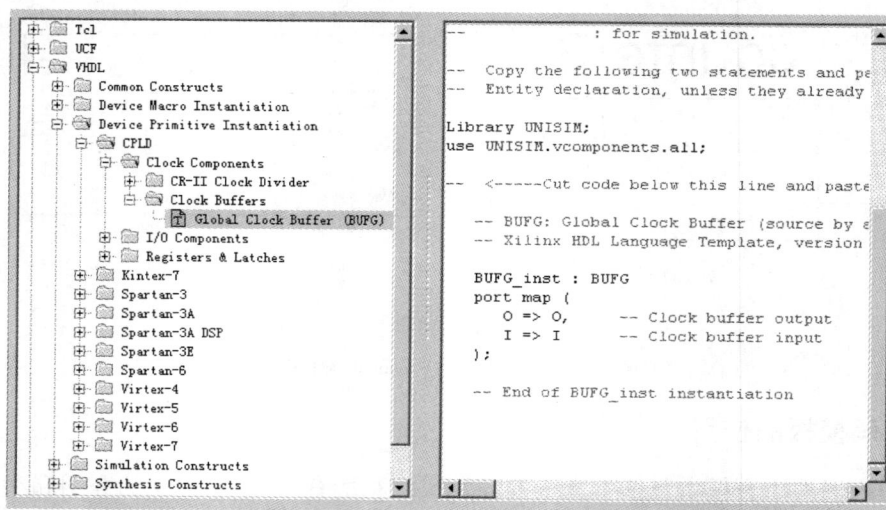

图 5-47　全局时钟缓冲器的语言模板

选中右击"Global Clock Buffer（BUFG）"，右击，下拉菜单中选择"Use in File"命令，本缓冲器模板就自动加载到工程 vhd 文本文件中去了。

150

5.6　混合编辑设计方法

混合编辑设计方法是指在一个设计项目中采用了多种输入方式完成一个设计项目的设计方法。例如，采用硬件描述语言和电路原理图两种输入方式，以层次结构的方式，用电路原理图或硬件描述语言描述一个或多个通用的模块，然后将这些模块生成电路符号，利用这些模块电路符号和其他一些通用的电路符号构成一个顶层电路原理图。这种设计方法较直观，而且一般 FPGA/CPLD 制造商所提供的开发系统中具有将硬件描述语言生成电路符号的功能，使用方便，是深受广大电子设计工程师欢迎的一种输入方法。

例如，采用混合输入方式实现一个图 5-48 所示带有计数允许功能的加/减二进制计数器模块 count4，时钟输入信号是 clock（上升沿有效）；两个计数允许控制信号是 ce1 和 ce2；加/减计数控制信号是 up_down（高电平时计数值递增，低电平时计数值递减），通过一个按键来控制；4 位二进制输出信号是 q，分别控制 4 个 LED 发光二极管。该二进制计数器模块使用的硬件描述语言为 VHDL。

5.6.1　新建顶层工程文件

参考"5.3 用 ISE 软件新建工程"一节，新建一个名为 counter4_svhd.xise 的工程文件。

5.6.2　编辑模块的 VHDL 程序并生成元件符号

在 counter4_svhd.xise 工程文件中，新建一个名为 counter4.vhd 的 VHDL 文本文件，编辑代码如下。

```
library IEEE;
use IEEE.STD_LOGIC_1164.ALL;
use IEEE.STD_LOGIC_ARITH.ALL;
use IEEE.STD_LOGIC_UNSIGNED.ALL;

entity count4 is
    port (clock, ce, up_down: in STD_LOGIC;
q: out STD_LOGIC_VECTOR (3 downto 0));
end count4;

architecture Behavioral of count4 is
    signal q_tmp: STD_LOGIC_VECTOR (3 downto 0);
begin
    q <= q_tmp;
    process
    begin
        wait until (clock' event and clock ='1');
        if(ce ='1') then
            if (up_down ='1') then
                q_tmp <= q_tmp+1;
            else
                q_tmp <= q_tmp -1;
            end if;
        end if;
    end process;
end Behavioral;
```

经过语法检查和综合等步骤后，在当前资源管理窗口中的 Design Utilities 项目中，用鼠标双击 Create Schematic Symbol 命令，生成电路模块 count4 的元件符号，如图 5-48 所示。

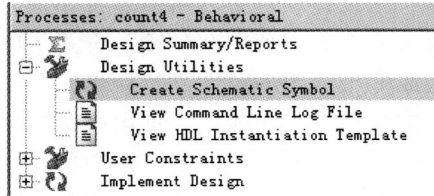

图 5-48　生成电路模块

当生成元件符号后，这些图元（例如电路模块 count4 符号）就会出现在电路原理图输入工具 ECS（Engineering Capture System）的符号（Symbols）中，如图 5-49 所示。

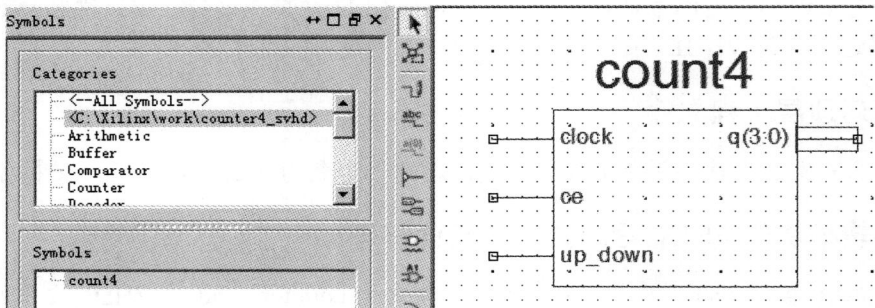

图 5-49　生成的元件符号

5.6.3　设计顶层电路原理图

1. 新建电路原理图文件

在工程管理窗口中单击鼠标右键出现下拉菜单，选择【New Source…】，启动【Select Source Type】子窗口，如图 5-50 所示，选择新建资源类型为原理图（Schematic），新文件名为 counter4_svhd。

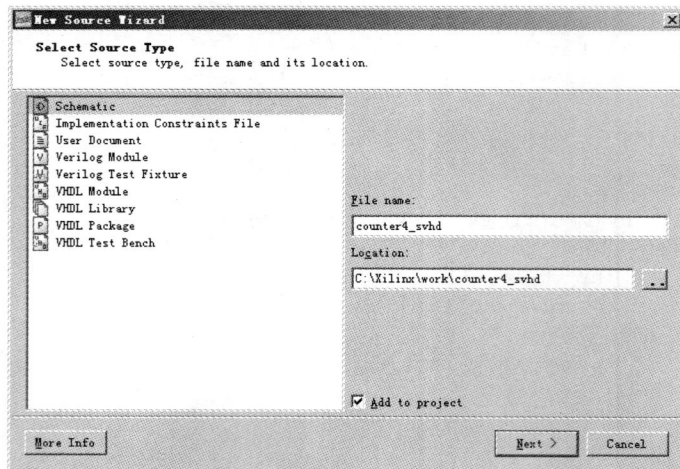

图 5-50　新建原理图文件

完成新建电路原理图文件后，进入电路原理图编辑窗口。

2. 选择和放置电路元件符号

单击绘图工具栏中的添加元件符号按钮，在左侧元件目录中选择所需元件，如添加当前工程路径下刚刚生成的 count4 图元。选中元件符号后，单击鼠标左键，该元件符号将随鼠标移动到电路原理图编辑窗口，然后在电路原理图中合适的位置上单击鼠标左键，添加元件符号。用同样的方法添加"Logic"类下的 and2 图元。按 ESC 键结束添加元件符号的操作，如图 5-51 所示。

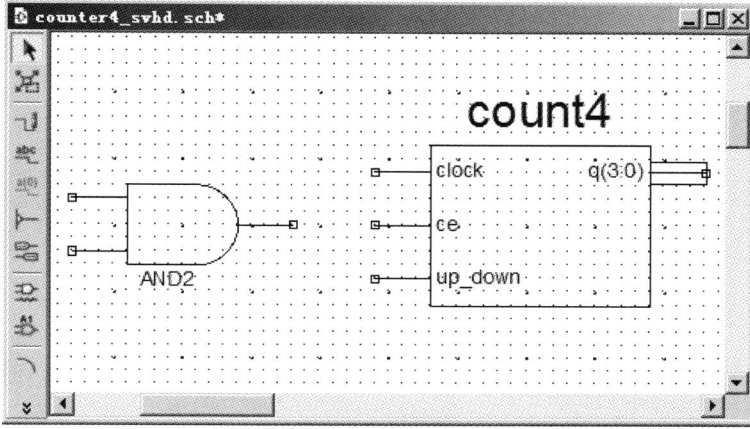

图 5-51　添加元件符号

3. 添加连线

单击【Add】菜单中的【Wire】或单击绘图工具栏中的连线工具，在需要连线的地方单击鼠标左键，作为连线的起点，移动鼠标到终点，单击左键即可完成一条连线，若终点为它或与其他线相连，可以单击 ESC 键作为终点。

4. 添加总线

本实例主要是为 count4 的输出引脚 q（3：0）添加总线。和添加连线一样，单击绘图工具栏中的连线工具，在 q（3：0）的末端单击左键，往右移动鼠标到合适位置，双击左键。会看到绘制的这根线比一般引脚连线要粗，表明它是一条总线，原因是 q（3：0）这种表示方式已经明示了它是总线输出型端口。

添加好连线和总线后的效果如图 5-52 所示。

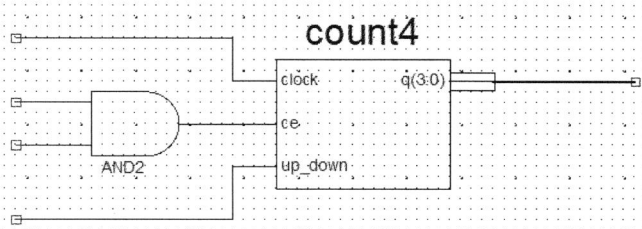

图 5-52　添加连线和总线

5. 添加 I/O 引脚标记

单击绘图工具栏中的 I/O 引脚标记按钮，移动鼠标到原理图中需要添加输入/输出引

153

脚标记的连线端口上，按下鼠标左键，就会自动产生一个与该连线同名的输入/输出引脚标记。默认情况下，如果需添加引脚标记的连线左端悬空，则添加的是输入引脚标记；如果需添加引脚标记的连线右端悬空，则添加的是输出引脚标记。

添加一个引脚标记后，如果这条连线没有标注名称，会自动给出一个信号名，如 XLXN_1。右键单击该引脚标记，选择下拉菜单中的【Rename Port】，在弹出的"Rename Net"对话框中，如图 5-53 所示，在文本框中输入新引脚标记名即可。

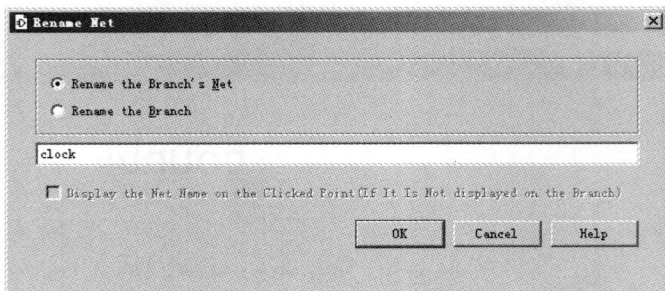

图 5-53　修改引脚标记名

此外，也可以通过双击连线（或总线）来修改网络名（引脚名自动随网络名变化而变化）。双击连线，弹出图 5-54 所示对话框。图中的"Name"就是网络名，"PortPorlarity"决定端口的输入输出方向。

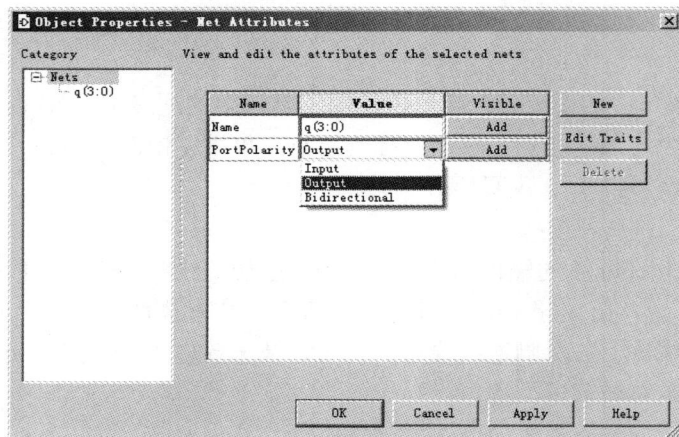

图 5-54　修改端口属性

完成上述步骤后，得到的电路原理图如图 5-55 所示。

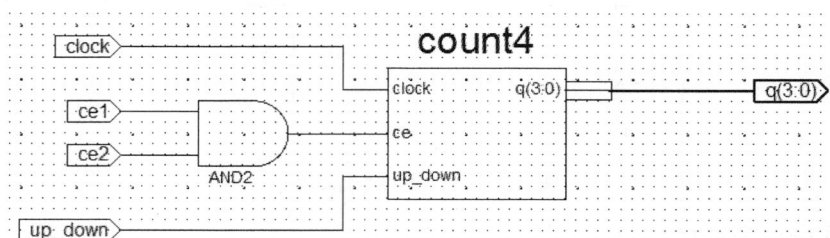

图 5-55　顶层电路原理图

154

5.6.4 设计的实现

完成顶层电路原理图的输入后，电路模块 count4 位于电路原理图 counter4_svhd.sch 的右下方，表示它是电路原理图 counter4_svhd.sch 的底层文件，如图 5-56 所示。

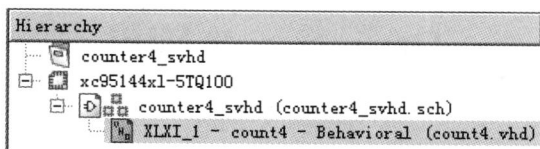

图 5-56 顶层电路原理图和底层源文件

分别加入用户约束文件，确定对应芯片的引脚号，然后进行综合和设计实现以及生成下载文件，最后将设计下载到芯片中。因为各个步骤与原理图编辑设计方法基本相同，限于篇幅，在此不作累述，请读者参考 5.4 节相关内容完成后续步骤。

层次式设计支持模块化设计，可以将一个项目划分成多个功能模块，这种设计方法较为直观，是常用的一种输入方法。

<table>
<tr><td>第
6
章</td><td><h1>Quartus II 软件</h1></td></tr>
</table>

Altera 的 EDA 开发工具从早期的基于 DOS 的 A+Plus、Max+Plus，1991 年推出基于 Windows 的 Max+Plus II，到 2011 年推出的 Quartus II 共经历了四代。第四代开发工具 Quartus II 是一个集成化的多平台设计环境，其集系统级设计、嵌入式软件开发、可编程逻辑器件（PLD）设计于一体。Quartus II 内嵌综合器、仿真器及编程器，可以完成设计输入、逻辑综合、布局与布线、仿真、时序分析、器件编程等 PLD 的设计流程。Quartus II 使用内嵌的 SOPC Builder 设计工具，配合 Nios II 集成开发环境，进行基于 Nios II 软核处理器的嵌入式系统开发。通过 DSP Builder 设计工具与 Matlab/Simulink 相结合，可以方便地实现各种 DSP 的应用系统。另外，Quartus II 的 IP 核包含了 LPM/MegaFunction 宏功能模块库，用户可以直接利用 LMP 特定器件的硬件功能（如 PLL、DSP、ROM、RAM 等），加快系统的设计速度。

Quartus II 提供了多种设计输入方式，能够支持逻辑门数在千万门以上的逻辑器件的开发，并且对第三方 EDA 工具软件提供无缝接口。Quartus II 支持的器件有：Stratix II、Stratix GX、Stratix、Mercury、MAX3000A、MAX 7000B、MAX 7000S、MAX 7000AE、MAX II、FLEX6000、FLEX10K、FLEX10KA、FLEX10KE、Cyclone、Cyclone II、APEX II、APEX20KC、APEX20KE 和 ACEX1K 等系列。

6.1 Quartus II 软件主窗口

Quartus II 软件主窗口由标题栏（显示当前工程的路径和程序名称）、菜单栏、快捷工具栏、资源管理窗口、工作区、编译及综合的进度栏、信息栏等部分组成，如图 6-1 所示。

（1）标题栏：显示当前工程的路径和程序名称。

（2）工具栏：提供设置（Setting），编译（Start Compilation）等快捷方式，方便用户使用，用户也可以在菜单栏的下拉菜单找到相应的选项。

（3）菜单栏：软件所有功能的控制选项都可以在其下拉菜单中找到。

（4）编译状态显示窗口：编译综合的时候该窗口可以显示进度，当显示 100%是表示编译综合通过。

（5）信息栏：编译综合整个过程的详细信息显示窗口，包括编译通过信息和报错信息。

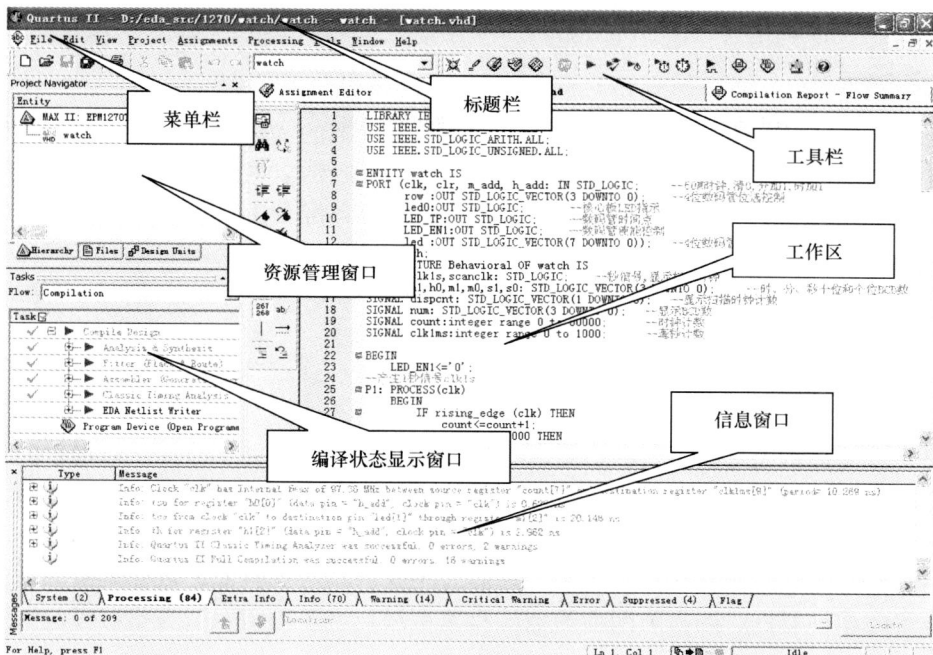

图 6-1　Quartus II 软件主窗口

6.2　Quartus II 软件设计流程

用 Quartus II 软件进行 PLD 数字系统设计时，可采用自顶向下的设计方法，从建立工程、设计输入、综合优化、功能仿真、布局布线、时序仿真到编程配置最终将程序下载到 PLD 芯片的设计流程如图 6-2 所示。

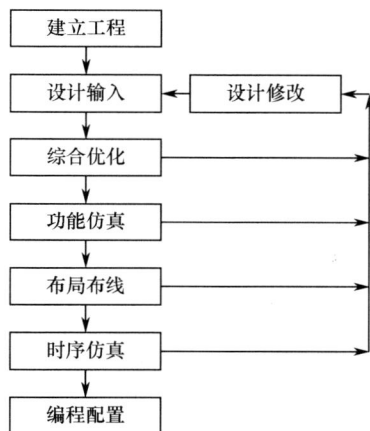

图 6-2　Quartus II 软件的设计流程

6.2.1　设计输入

设计输入是指通过一定的描述方式将电路系统输入到计算机中，Quartus II 软件支持原理图、文本、状态机和 IP 核等多种设计输入方式，操作简单，使用方便。

6.2.2 综合优化

综合优化是针对输入文档给定的电路实现功能和选择的优化方法，如速度。面积和功耗等，通过计算机进行优化处理，获得一个能满足上述要求的以网表文件形式表述的硬件电路实现方案。对于综合来说，满足要求的方案可能有多个，综合工具将产生一个最优的或接近最优的结果。因此综合的过程也就是设计目标的优化过程，最后获得的结构与综合工具的工作性能有关。在 Quartus II 软件中即可使用 Altera 提供的综合工具，也可以选用第三方 EDA 公司提供的综合工具。

6.2.3 布局布线

布局布线又被称为适配，其任务是将有综合工具产生的网表文件，针对指定的目标器件执行包括底层器件配置、逻辑分割、逻辑优化、逻辑布局布线操作等逻辑映射操作，完成目标系统在器件上的布局布线，产生如.sof、.pof 等格式的 最终编程下载文件。适配同时还产生具有精确延时信息的仿真文件，用于之后的时序分析和仿真验证。目标器件应是在综合步骤中被指定的目标器件。因为适配器的适配对象直接与器件的结构细节相对应，因此适配器只能用 PLD 厂商自己提供的。

6.2.4 仿真验证

仿真的目的就是在软件环境下，让计算机根据一定的算法和一定的仿真库对设计进行验证，验证电路的行为和设想是否一致，进行错误的排查，是设计过程中的重要的步骤。仿真一般需要建立波形文件、输入信号节点、编辑输入信号、波形文件的保存和运行仿真器等过程。仿真验证分为功能仿真和时序仿真。

功能仿真用于验证设计的逻辑功能，它是在设计输入完成之后，选择具体器件进行编译之前进行的逻辑功能验证。功能仿真着重考察电路在理想环境下的行为和设计构想的一致性，功能仿真没有延时信息，对于初步的逻辑功能检测非常方便。仿真结果将会生成报告文件和输出信号波形，从中便可以观察到各个节点的信号变化。若发现错误，则返回设计输入中修改逻辑设计。

时序仿真是在选择了具体器件并完成布局布线之后进行的快速时序检验，并可对设计性能作整体上的分析。时序仿真则着重电路已经映射到特定的工艺环境后，考察器件在延时情况下对布局布线网表文件进行的一种仿真。由于不同器件的内部延时不一样，不同的布局布线方案也给延时造成不同的影响，用户可以通过选择项得到某一条或某一类路径的延时信息，也可给出所有路径的延时信息，因此又称延时仿真。在完成布局布线之后，对系统和各模块进行时序仿真，分析其时序关系，估计设计的性能以及检查竞争冒险等是非常必要的。实际上这也是与实际器件工作情况基本相同的仿真。

6.2.5 编程配置

Quartus II 软件提供独立的编程配置软件，通过下载电缆，可将综合适配生成的编程文件下载到具体的 PLD 芯片或配置芯片中。

6.3　用 Quartus II 软件新建工程

使用 QuartusII 软件设计 PLD 系统时，因在整个设计、编译、仿真和下载等工作的过程中，会有很多相关的文件产生，为了便于管理这些文件，在具体设计之前，首先要新建工程文件（New Project），并设置好这个工程的相关条件和环境。

打开 Quartus II 软件，单击【File】菜单，在弹出菜单中选择【New Project Wizard...】新建工程，如图 6-3 所示。

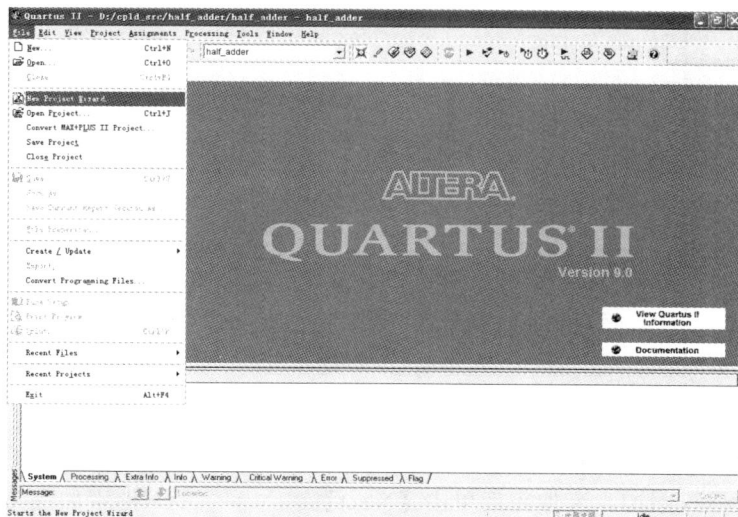

图 6-3　新建工程

在弹出的新建工程向导窗口中，根据提示填写工程目录（工程目录路径中不能包含中文，不能建立在桌面上）和工程名（以英文字母开头），第三栏顶层实体名默认与工程名相同即可，随后单击 NEXT，工程向导窗口如图 6-4 所示。

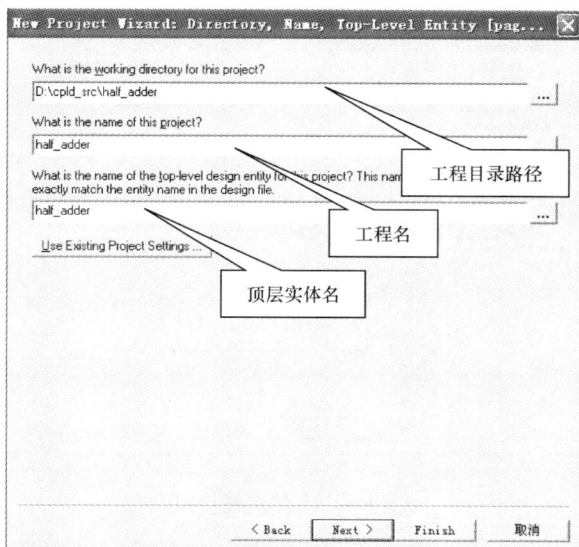

图 6-4　工程向导窗口

159

完成以上命名工作后，单击【Next】进入下一步，出现如图 6-5 所示的添加文件窗口。

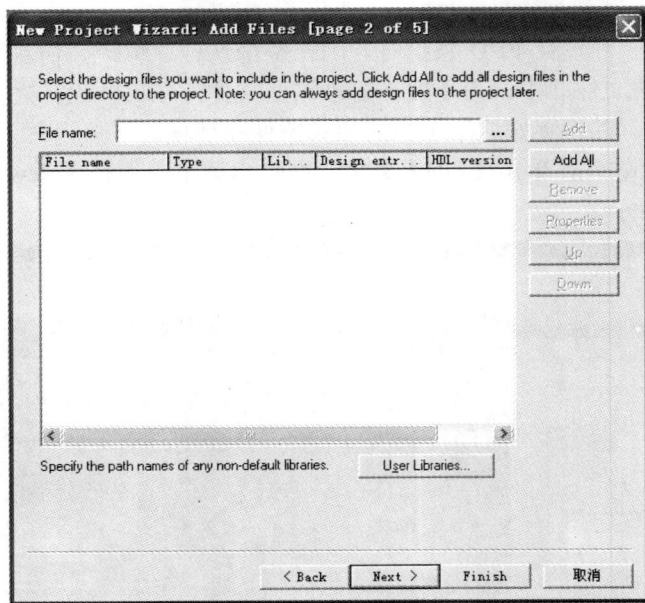

图 6-5　添加文件窗口

在图 6-5 添加文件窗口中，可将之前已经设计好的文件添加到本工程里来，也可以跳过，在工程建立好后另行添加，添加完后单击【Next】进入下一步，出现如图 6-6 所示的器件选择窗口。

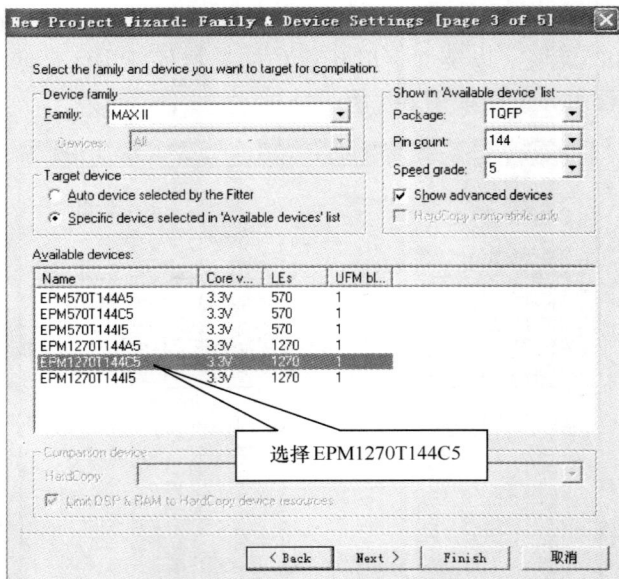

图 6-6　器件选择窗口

在图 6-6 器件选择窗口中，选择与开发板上芯片型号对应的器件，选择完后单击【Next】

进入下一步，出现如图 6-7 所示的第三方 EDA 工具选择窗口。

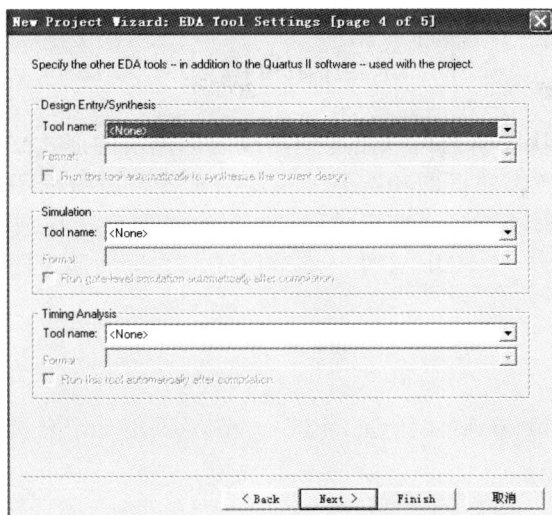

图 6-7　第三方 EDA 工具选择窗口

在图 6-7 第三方 EDA 工具选择窗口中，可以选择使用第三方的 EDA 工具，如一些综合、仿真、时序分析软件。通常直接使用 Quartus II 软件自带的综合、仿真工具，故可跳过该步，单击【Next】进入下一步，出现如图 6-8 所示的工程概况窗口。

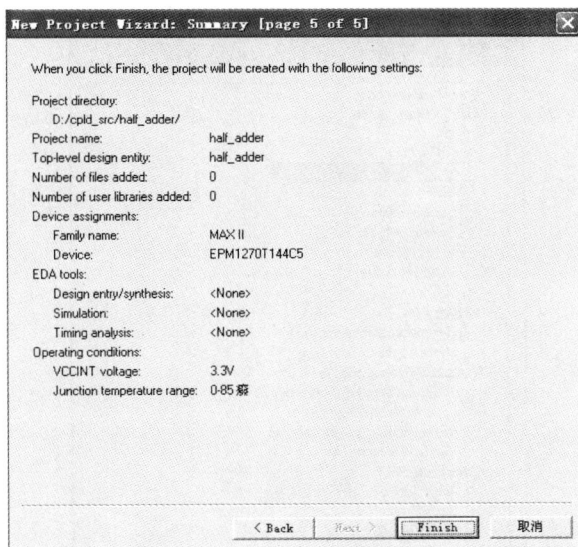

图 6-8　工程概况窗口

在图 6-8 工程概况窗口中，报告刚刚新建工程的一些基本信息，单击【Finish】完成新建工程的任务。

Quartus II 软件是一种基于工程管理的系统设计软件，无论是设计一个简单电路，还是设计一个很复杂的系统，首先都必须完成工程的建立，新建一个后缀为.qpf 的工程文件，如：half_adder.qpf。具体设计时，Quartus II 软件有模块编辑（原理图编辑）、文本编辑、宏模块编辑等多种设计方法。

6.4 原理图编辑设计方法

Quartus II 软件的模块编辑器可以用原理图或图标模块的形式来编辑输入文件。每个模块文件包含设计中代表逻辑的框图和符号。模块编辑器可以将框图、原理图或符号集中起来，用信号线、总线或管道连接起来形成设计，并在此基础上生成模块符号文件（.bdf）、AHDL Include 文件（.inc）和 HDL 文件。本节以简单的半加器为例，说明原理图编辑设计的方法。

6.4.1 新建工程文件

参考"6.3 用 Quartus II 软件新建工程"一节，新建一个名为 half_adder.qpf 的工程文件。

6.4.2 新建原理图文件

在 half_adder.qpf 工程文件中，再创建一个名为 half_adder.bdf 的原理图形式的源文件，方法如下。

1. 打开模块编辑器

单击【File】/【New】，弹出新建文件窗口，如图 6-9 所示。

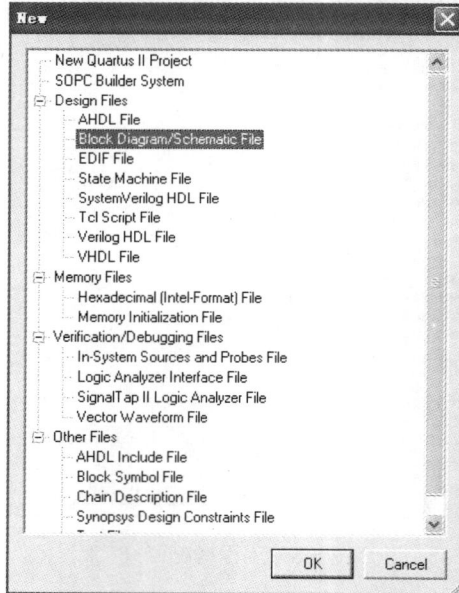

图 6-9 新建文件窗口

选择【Block Diagram/Schematic File】，打开模块编辑器，如图 6-10 所示。使用该编辑器可以编辑图标模块，也可以编辑原理图。

Quartus II 提供了大量的常用的基本单元和宏功能模块，在模块编辑器中可以直接调用它们。在模块编辑器要插入元件的地方单击鼠标左键，会出现小黑点，称为插入点。然后单击鼠标右键，弹出【Symbol】窗口（或者在工具栏中单击 ⟩D⟨ 图标，也可打开该窗口），如图 6-11 所示。

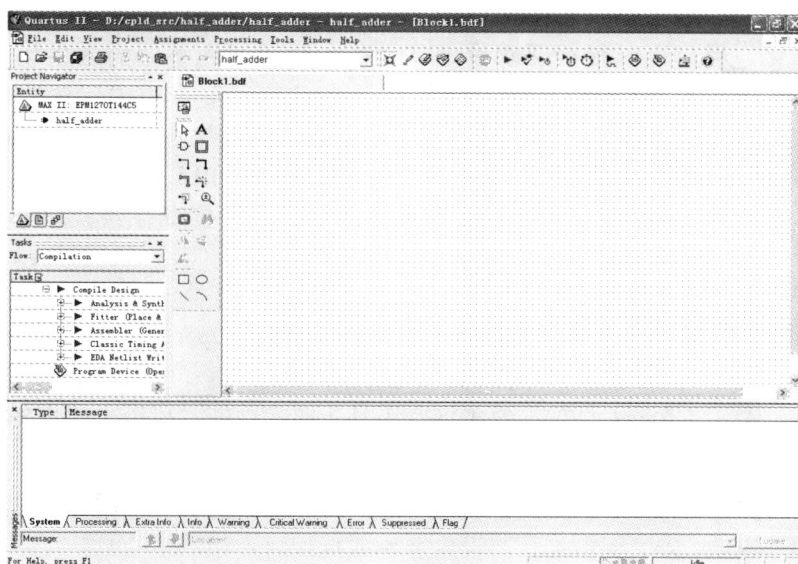

图 6-10　模块编辑器

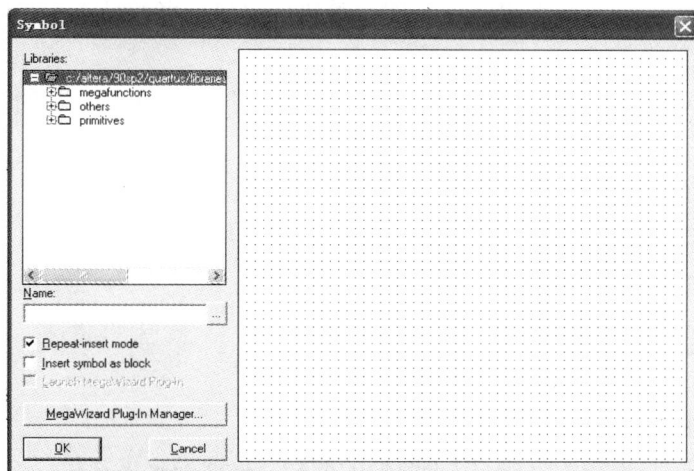

图 6-11　【Symbol】窗口

在【Symbol】窗口左边的元件库【Libraries】中包含了 Quartus II 提供的元件，分为 primitives、others、megafunctions 三个大类。

1）基本逻辑函数（primitives）

基本逻辑函数分别为缓冲逻辑单元（buffer）、基本逻辑单元（logic）、其他单元（other）、引脚单元（pin）和存储单元（storage）五个子类。Buffer 子类中包含的是缓冲逻辑器件，如 alt_in buffer、alt_out_buffer、wire 等；logic 子类中包含的是基本逻辑器件，如 and、or、xor 等门电路器件；other 子类中包含的是常量单元，如 constant、vcc 和 gnd 等；pin

163

子类中包含的是输入、输出和双向引脚单元；storage 子类中包含的是各类触发器，如 dff、tff 等。

2）宏模块函数（megafunctions）

宏模块函数是参数化函数，包括 LPM 函数 MegaCore AMPP 函数。这些函数经过严格的测试和优化，用户可以根据要求设定其功能参数以适应不同的应用场合。这些函数包含 arithmetic、gates、I/O 和 storage 四个子类。arithmetic 子类中包含的是算法函数，如累加器、加法器、乘法器和 LPM 算术函数等；gates 子类中包含的是多路复用器和门函数；I/O 子类中包含的是时钟数据恢复（CDR）、锁相环（PLL）、千兆位收发器（GXB）、LVDS 接收发送器等；storage 子类中包含的是存储器、移位寄存器模块和 LPM 存储器函数。

3）其他函数（others）

其他函数包含了 MAX＋Plus 所有的常用的逻辑电路和 Opencore_plus 函数，这些函数可以直接应用到原理图的设计上，可以简化许多设计工作。

在模块编辑器的左边是工具栏，熟悉这些工具按钮的性能，可以大幅度提高设计速度。下面详细介绍这些按钮的功能。

❑ 选择工具 ：选取、移动、复制对象，是最基本且常用的功能。

❑ 文字工具 A：文字编辑工具，设定名称或批注时使用。

❑ 符号工具 ：用于添加工程中所需要的各种原理图函数和符号。

❑ 图标模块工具 ：用于添加一个图表模块，用户可定义输入和输出以及一些相关参数，用于自顶向下的设计。

❑ 正交节点工具 ：用于画垂直和水平的连线，同时可定义节点的名称。

❑ 正交总线工具 ：用于画垂直和水平的总线。

❑ 正交管道工具 ：用于模块之间的连线和映射。

❑ 橡皮筋工具 ：使用此项移动图形元件时引脚与连线不断开。

❑ 部分连线工具 ：使用此项可以实现局部连线。

❑ 放大/缩小工具 ：用于放大或缩小原理图。

❑ 全屏工具 ：用于全屏显示原理图编辑窗口。

❑ 查找工具 ：用于查找节点，总线和元件等。

❑ 元件翻转工具 ：用于图形的翻转，分别为水平翻转，垂直翻转和 90°的逆时针翻转。

❑ 画图工具 □、○、＼、＼：画图工具，分别为矩形、圆形、直线和弧线工具。

2. 添加元件符号

打开【Symbol】窗口左边的元件库【Libraries】，选择【primitives】/【logic】|/【and2】，弹出【Symbol】窗口，如图 6-12 所示。

单击【OK】按钮，鼠标变为＋和选中的符号，将目标元件移动到合适位置单击左键，编辑窗口就添加了 and2 的与门元件，而后以类似的方法添加 xor 异或门元件，如图 6-13 所示。

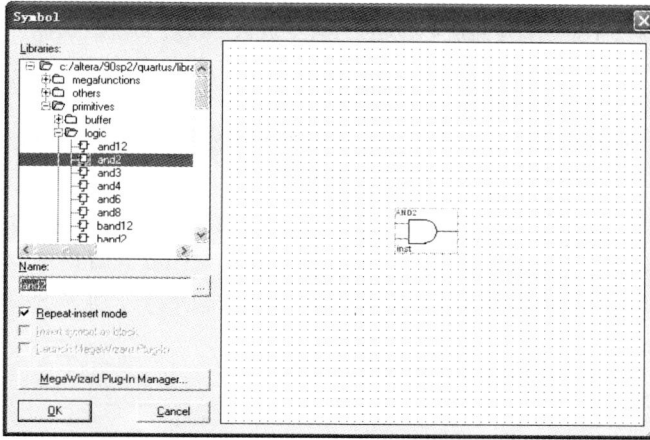

图 6-12　在 Symbol 窗口中选择元件

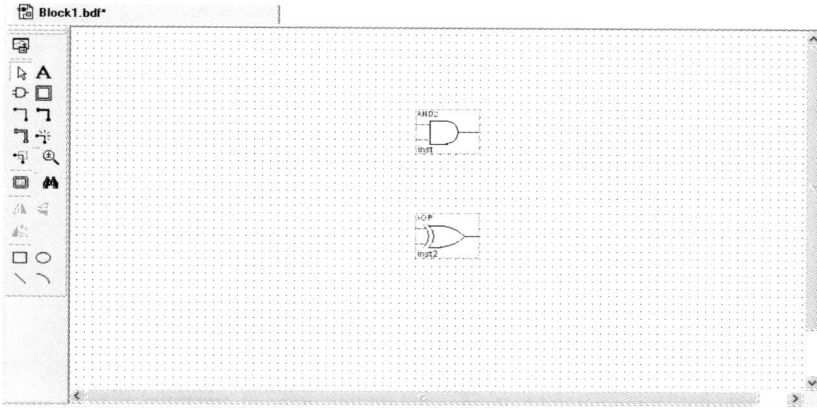

图 6-13　在编辑器窗口添加元件

继续在【Libraries】中，选择【primitives】/【pin】/【input】，放置两个输入引脚到编辑窗口；选择【primitives】/【pin】/【output】，放置两个输出引脚到编辑窗口，如图 6-14所示。

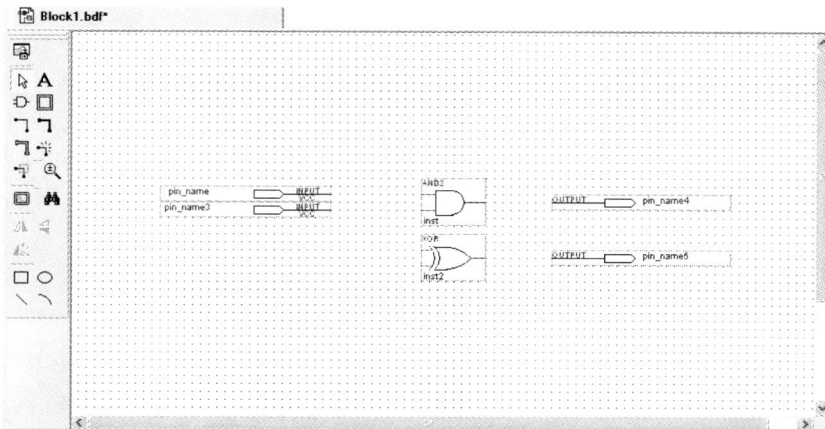

图 6-14　在编辑器窗口添加输入/输出引脚

3. 元件连接和命名

放置好元件后，就要用导线连接各个功能元件及输入/输出引脚。连线的具体方法为：将鼠标移到其中一个端口，待鼠标变为"+"形状后。一直按住鼠标左键，将鼠标拖到到待连接的另一个端口上，放开左键，即完成一条连线。如果需要删除一根线，单击这根连线并按Del 键即可。

连线完成后还可给元件和输入/输出引脚命名。具体方法为：用鼠标双击元件或输入/输出引脚，在弹出的【Symbol　Properties】或【Pin　Properties】窗口中，为元件或引脚命名，and2 为 U1，xor 为 U2，输入引脚分别为 Ai 和 Bi，输出引脚分别为 Si 和 Ci，元件连接和命名结果如图 6-15 所示。

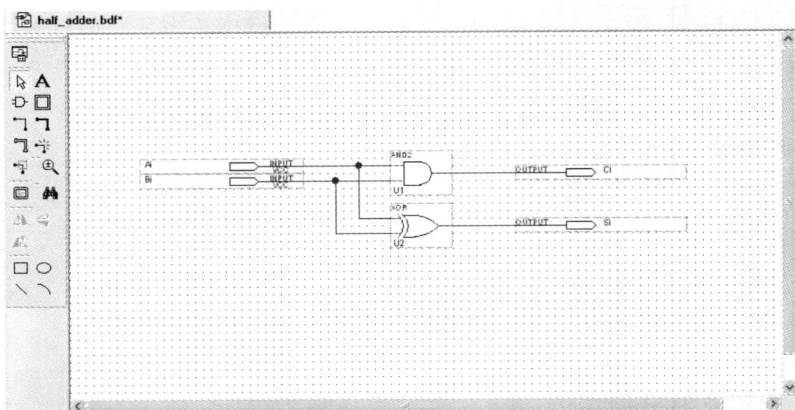

图 6-15　元件连接和命名结果

引脚名称可以使用 26 个大写英文字母和 26 个小写英文字母，以及 10 个阿拉伯数字，或是一些特殊符号"/"""_"来命名，例如 AB，/5C，a_b 都是合法的引脚名。引脚名称不能超过 32 个字符；大小写的表示相同的含义；不能以阿拉伯数字开头；在同一个设计文件中引脚名称不能重名。

总线（Bus）在图形编辑窗口中显示为的是一条粗线，一条总线可代表 2~256 个节点的组合，即可以同时传递多路信号。总线的命名必须在名称后面加上 [a ...b]，表示一条总线内所含的节点编号，其中 a 和 b 必须是整数，但谁大谁小并无原则性的规定，例如 A[3..0]、B[0..15]、C[8..15]都是合法的总线名称。

4. 保存文件

选择【File】菜单中的【Save As】或单击█按钮，在弹出的【Save As】窗口中，将设计文件名命名为 half_adder.bdf，然后选择【Save】，即可保存文件。原理图和图表模块设计的文件名称与引脚命名规则相同，长度必须在 32 个字符以内，不包含扩展名".bdf"。

6.4.3　编译工程

1. 编译工程

选择【Processing】菜单中的【Start Compilation】或单击工具栏上的 ▶ 按钮，对工程文件进行编译，编译结束后的窗口如图 6-16 所示，图中显示了编译时的各种信息。如果在信息显示窗口给出错误和警告信息，可根据提示错误和警告的信息进行相应的修改和重新编译，直到没有错误信息提示为止。

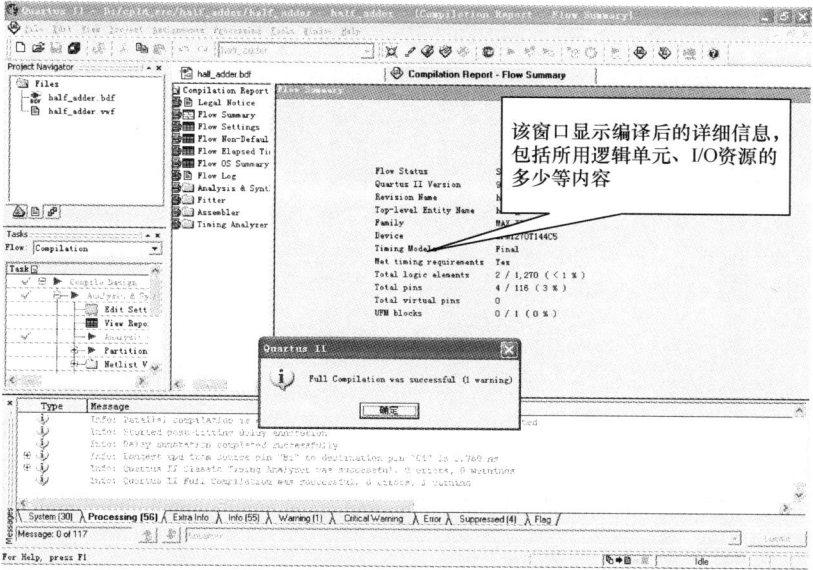

图 6-16 编译完成时窗口

2. 辅助功能

1）RTL Viewer

单击【Tools】/【Netlist Viewers】/【RTL Viewer】，弹出 RTL Viewer 窗口，如图 6-17 所示，可以看到综合后的 RTL 图与原理图相同。

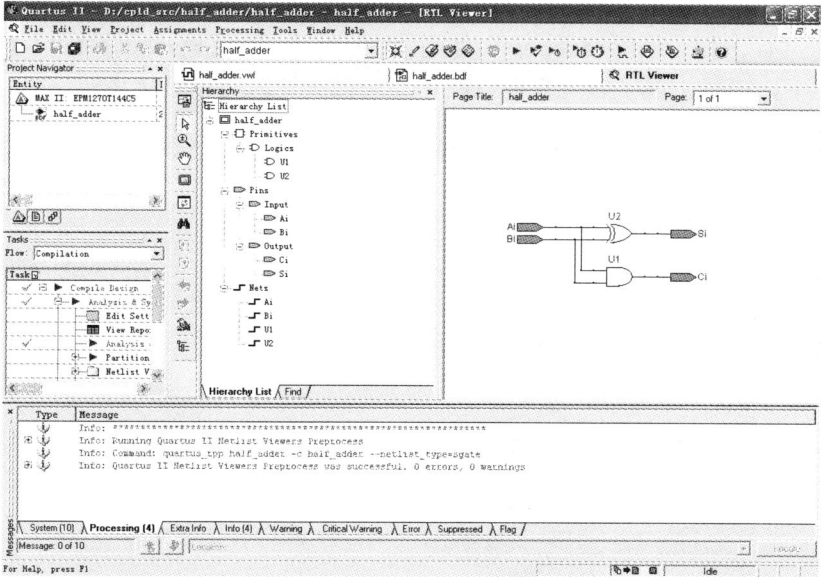

图 6-17 RTL Viewer 窗口

2）Technology Map Viewer

单击【Tools】/【Netlist Viewers】/【Technology Map Viewer】，弹出 Technology Map Viewer

窗口，如图 6-18 所示。

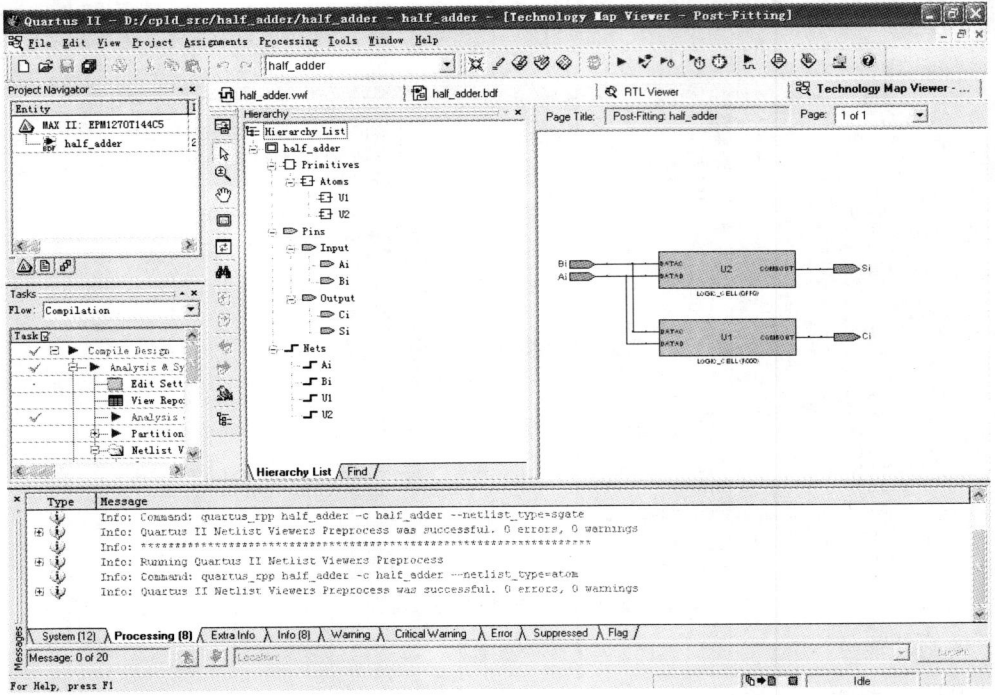

图 6-18　Technology Map Viewer 窗口

3）创建图元符号

单击【File】/【Create/Update】/【Create Symbol Files for Current File】，生成“.bsf”格式的图元符号文件，如：half_adder.bsf，如图 6-19 所示。在【Symbol】窗口【Libraries】栏的【Project】下，已经生成了该元件，以后在原理图设计时可以直接调用。

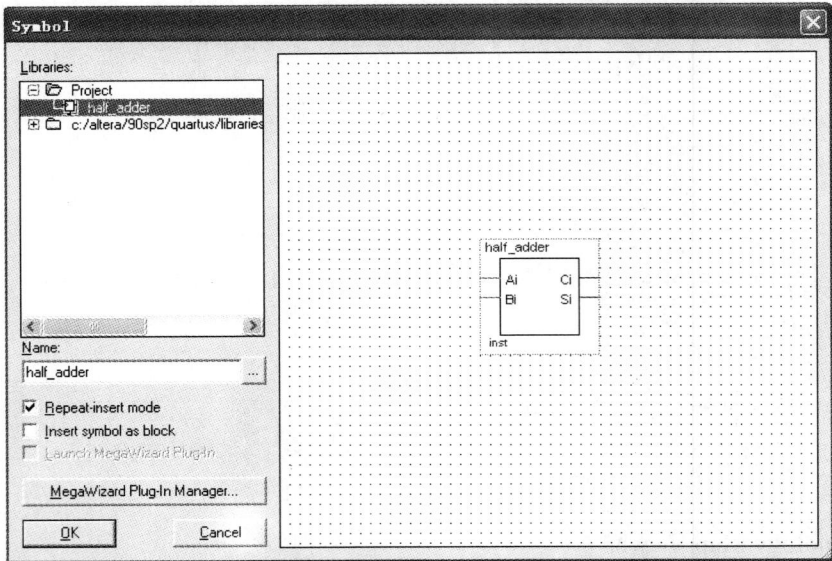

图 6-19　生成图元符号

6.4.4　新建仿真矢量波形文件

1. 新建矢量波形文件

在菜单栏中单击【File】/【New】，在【New】窗口中，选择【Waveform Editor File】，如图 6-20 所示，单击【OK】按钮，并弹出矢量波形文件编辑窗口，如图 6-21 所示。

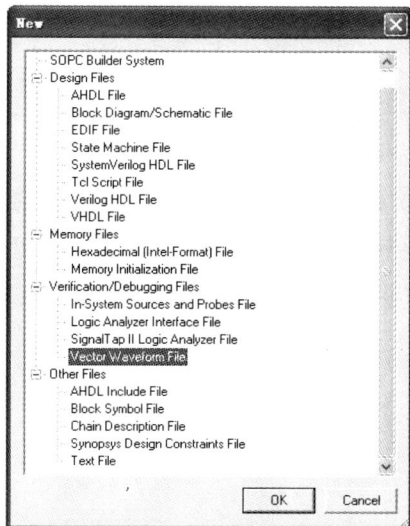

图 6-20　建立矢量波形文件

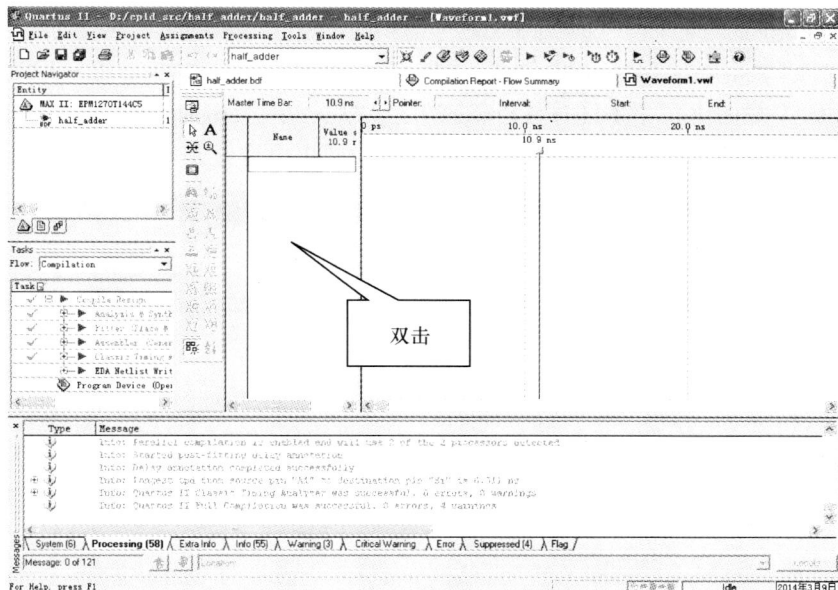

图 6-21　矢量波形编辑窗口

2. 添加引脚节点

双击图 6-21【Name】下方空白处，弹出如图 6-22 所示的【Insert Node or Bus】窗口。单击【Node Finder】按钮，弹出如图 6-23 所示的【Node Finder】窗口。

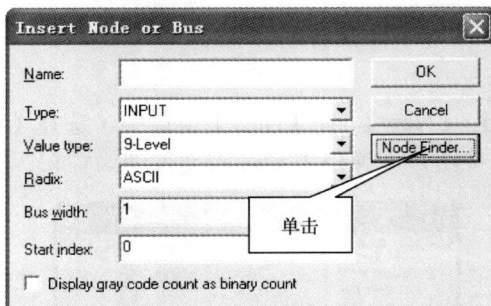

图 6-22　Insert Node or Bus 窗口

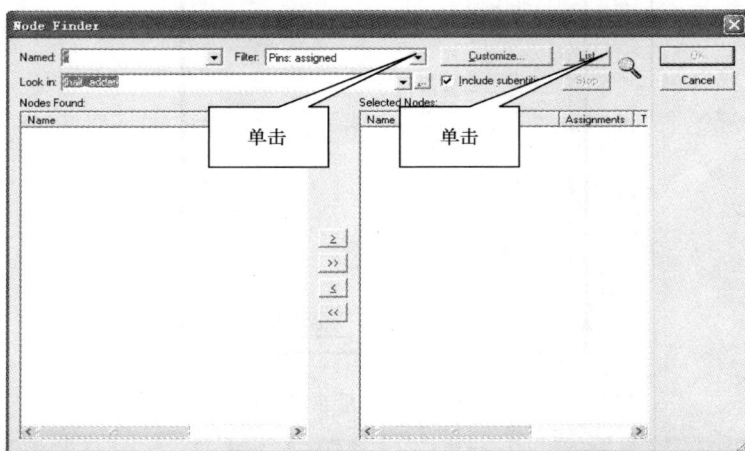

图 6-23　Node Finder 窗口

单击【Filter】栏的下拉菜单选择【Pins:all】选项后，单击【List】按钮，弹出设计文件引脚列表窗口，如图 6-24 所示，在【Node Found】栏中列出了设计文件的输入/输出引脚列表。

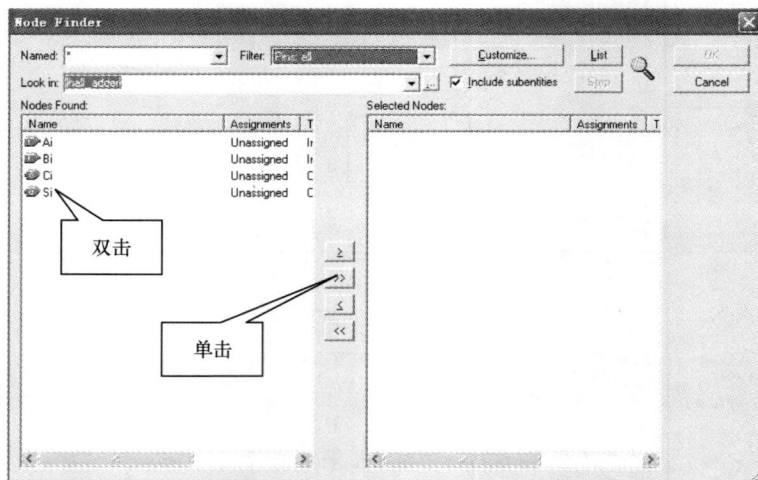

图 6-24　输入/输出引脚列表

在图 6-24 列表中双击需要的引脚，选中的引脚节点将放置到右侧，或单击 >> 按钮，将全部引脚节点放置到右侧，如图 6-25 所示。

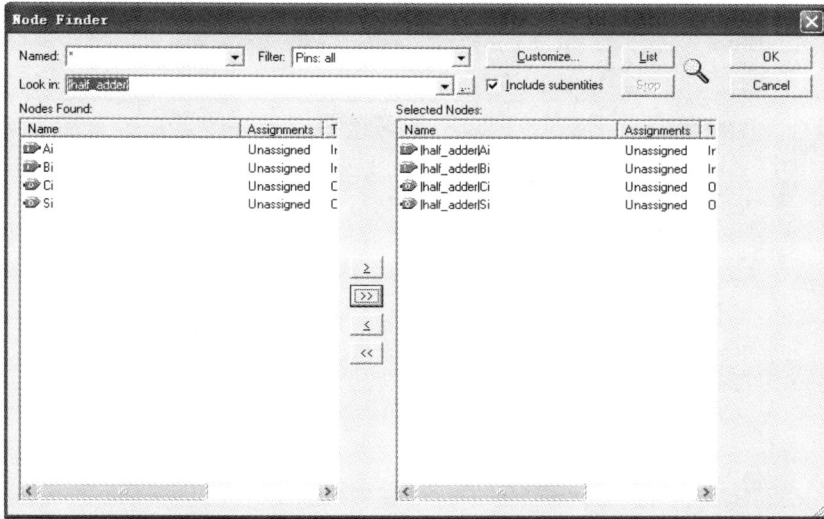

图 6-25　选择输入/输出引脚节点

单击【OK】按钮，返回【insert Node or Bus】窗口，再次单击【OK】按钮后，选中的输入/输出引脚节点就出现在波形编辑窗口的【Name】栏下，引脚节点添加成功，如图 6-26 所示。

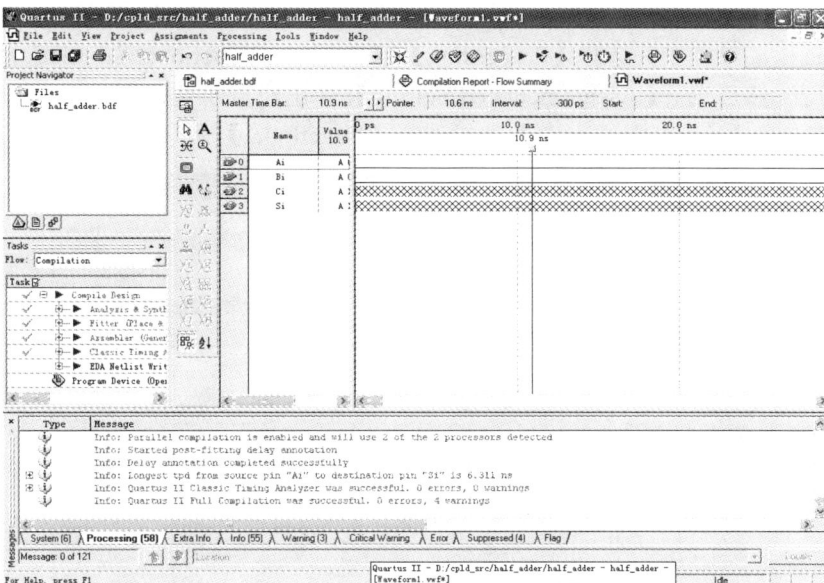

图 6-26　添加引脚节点后的矢量波形编辑窗口

3. 编辑输入波形并保存

波形观察窗的左边是输入引脚，同一行的右边是可以编辑的波形。使用时，先选中左边的输入引脚名，再在右边用鼠标在输入波形上拖一条需要改变的黑色区域，然后单击左边工具栏的有关按钮，即可进行低电平、高电平、任意、高阻态、反相和总线数据等各种设置。若是时钟信号，用鼠标点时钟信号的 ，出现时钟信号设置窗口，按下【OK】即可设置时钟信号。这时时钟信号的波形区域全部变成黑色，按集成环境窗左边上的时钟按钮，根据要求将各输入信号 Ai、Bi 的波形设置成如图 6-27 所示。然后单击 保存文件，文件命名为 half_adder .vwf。

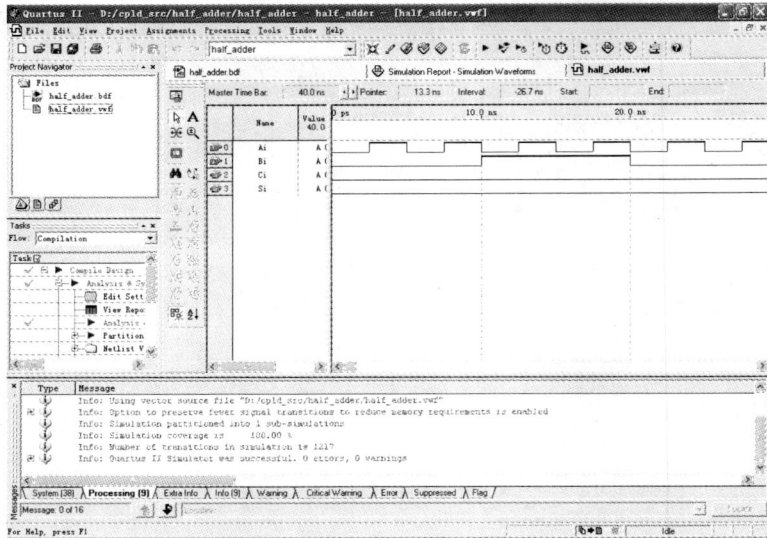

图 6-27　编辑输入信号波形

6.4.5　波形仿真

1. 功能仿真

在 Quartus II 菜单栏中，选择【Processing】/【Generate Functional Simulation Netlist】，生成功能仿真网表，然后选择【Assignments】/【Setting】，弹出设置仿真类型窗口，单击【Simulator Settings】选项，在【simulation mode】中，选择【Functional】命令，如图 6-28 所示。

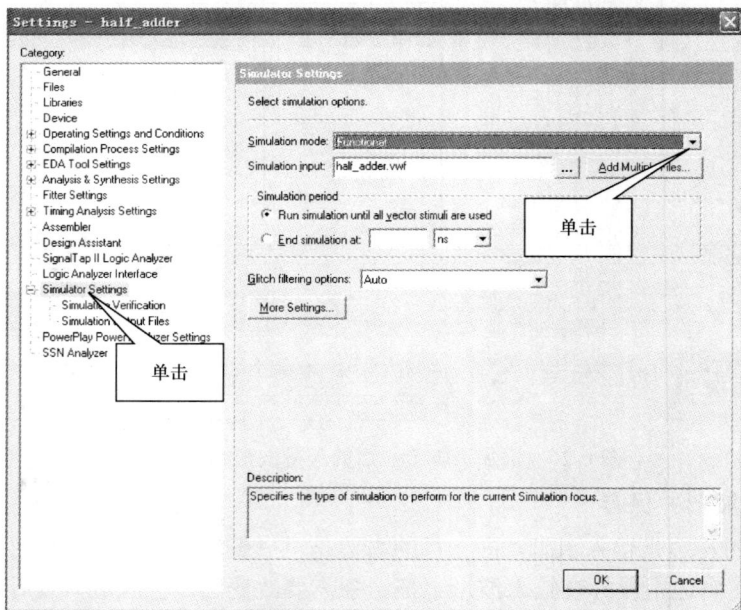

图 6-28　设置功能仿真类型

然后，在 Quartus II 菜单栏中，选择【Processing】/【Start Simulation】，或单击 按钮进行功能仿真，检查设计的逻辑错误，仿真结果如图 6-29 所示。

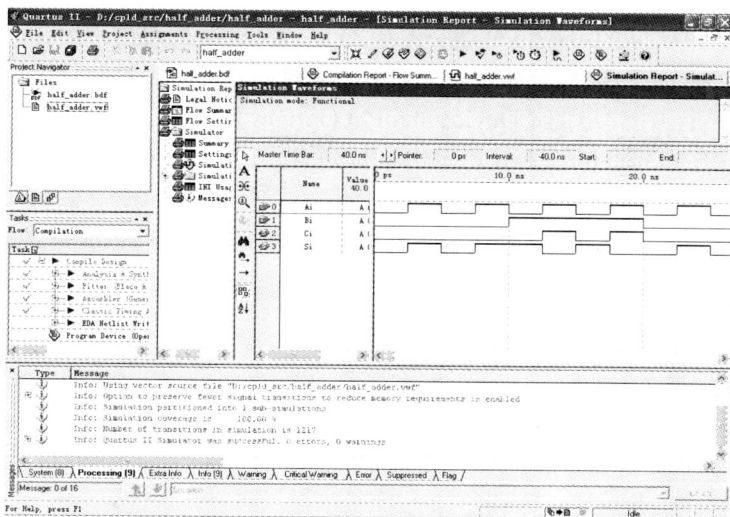

图 6-29 功能仿真结果

2. 时序仿真

选择 Quartus II 的菜单栏中【Assignments】/【Setting】，弹出设置仿真类型窗口，单击【Simulator Settings】选项，在【simulation mode】中，选择【Timing】命令，然后单击工具栏的 按钮，开始时序仿真，通常输出波形会产生延时。

6.4.6 I/O 引脚分配

I/O 引脚分配是将输入/输出引脚信号锁定在目标器件的引脚上。单击菜单栏【Assignments】/【Pins】选项，弹出【Pin Planner】引脚分配窗口，在下方的列表中列出了本设计的所有输入/输出引脚名，双击相应输入/输出端的【Location】选项，从引脚列表中选择合适的 I/O 引脚，完成引脚的分配，如图 6-30 所示。

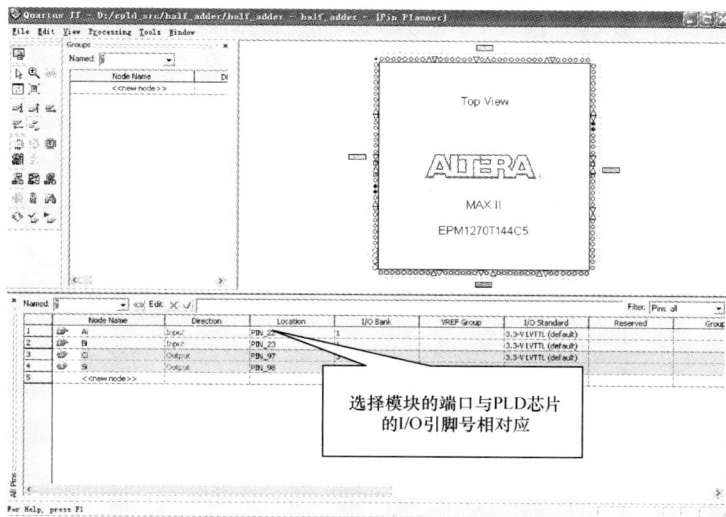

图 6-30 I/O 引脚分配

对 PLD 芯片中未使用的 I/O 引脚应设置为高阻，这一点非常重要，如果设置成输出，那么 I/O 引脚与外部电路间的电平很可能会发生冲突，容易引起短路，烧坏芯片。单击菜单栏【Assignments】/【Device】选项，在弹出的如图 6-31 所示的器件设置窗口中，单击【Device and Pin Options…】按钮，在弹出的【Device and Pin Options】窗口中，单击【Unused Pins】选项卡，在【Reserve all unused pins：】处，单击下拉列表，选择【As input tri-stated】选项，将全部未使用的引脚设置为输入三态，如图 6-32 所示。

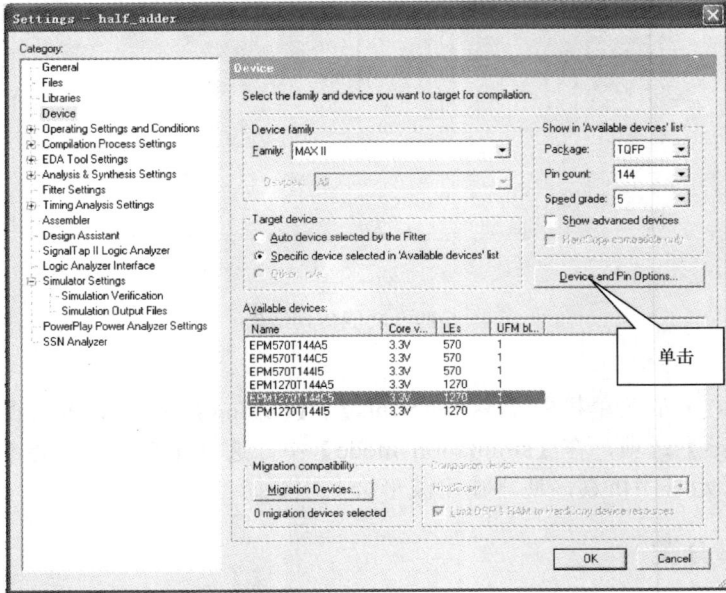

图 6-31   器件设置窗口

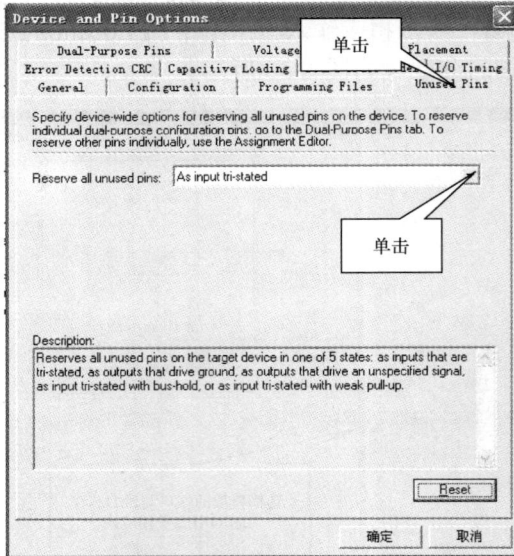

图 6-32   【Device and Pin Options】窗口

此外，I/O 引脚也可以用 tcl 脚本的方法进行分配，建立一个文件，取名为 epm1270.tcl，文件内容如下。

set_global_assignment -name FAMILY "MAX II"

set_global_assignment -name DEVICE EPM1270T144C5

set_global_assignment -name RESERVE_ALL_UNUSED_PINS "AS INPUT TRI-STATED"

set_location_assignment PIN_22 -to Ai

set_location_assignment PIN_23 -to Bi

set_location_assignment PIN_98 -to Si

set_location_assignment PIN_97 -to Ci

第 1 行设置 PLD 系列为 MAX II

第 2 行设置 PLD 型号为 EPM1270T144C5

第 3 行设置所有未用的引脚为三态输入

第 4 行把 Ai 信号分配到第 22 脚上

第 5 行把 Bi 信号分配到第 23 脚上

第 6 行把 Si 信号分配到第 98 脚上

第 7 行把 Ci 信号分配到第 97 脚上

将建好的 tcl 脚本文件 epm1270.tcl 复制到当前工程文件目录下，并导入到 Quartus II 中，导入方法如下。

选择 Quartus II 菜单栏中【Tools】/【Tcl Scripts】，在弹出的【Tcl Scripts】窗口【Libraries】下，选择 tcl 脚本文件 epm1270.tcl，单击【Run】即可完成 I/O 引脚的分配。

I/O 引脚分配完后，必须经过重新编译，这样才能存储锁定 I/O 引脚分配的信息，单击编译按钮 ▶ 重新执行编译操作。

6.4.7 下载验证

下载验证是利用 Quartus II 提供的独立编程配置软件，将编译生成的编程文件，下载到实验电路板上 PLD 芯片或配置芯片中，对电路进行实际的功能验证。

下载验证前先接通实验电路板的电源，通过 Altera USB-Blaster 下载器将实验电路板的 JTAG 接口连接到计算机的 USB 接口，安装 USB-Blaster 下载器的驱动程序。单击【Tools】/【Progammer】或单击工具栏上的 按钮，打开下载窗口，如图 6-33 所示。

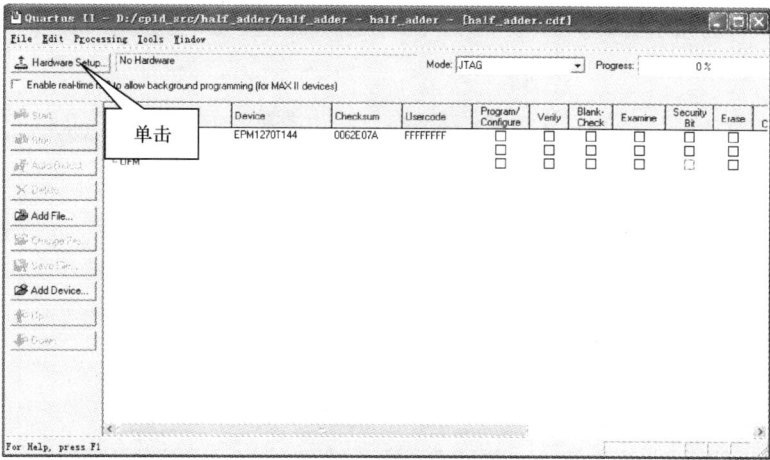

图 6-33　未经配置的下载窗口

单击【Hardware Setup】按钮，弹出【Hardware Setup】窗口，如图 6-34 所示。

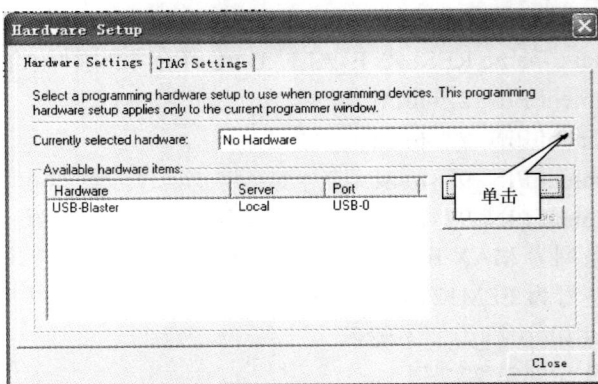

图 6-34　Hardware Setup 窗口

在【Currently selected hardware:】处，单击下拉列表，选择【USB-Blaster】选项，如图 6-35 所示，单击【Close】按钮，返回下载窗口， Quartus II 软件默认下载模式是 JTAG 模式，下载文件格式为 sof，勾选【Program/Configure】下方的小方框，完成设置，如图 6-36 所示。如果下载电缆一直保持不变，则不必每次进行设置。

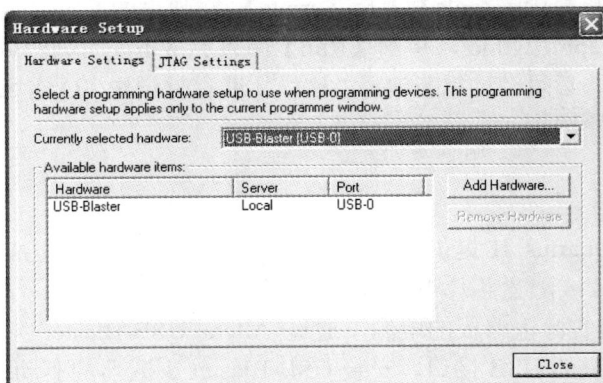

图 6-35　下载电缆选择窗口

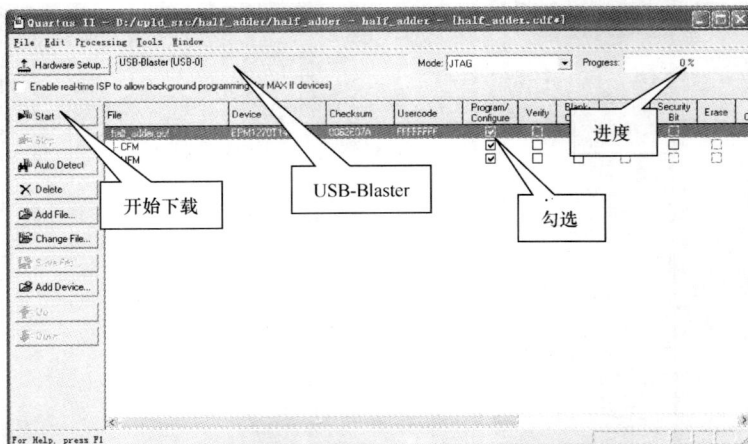

图 6-36　配置后的下载窗口

6.5 文本编辑设计方法

Quartus II 软件可用 VHDL、Verilog-HDL 等语言以文本编辑的方法进行设计，本节以简单的十进制计数器为例，说明如何用 VHDL 语言进行文本编辑的设计方法。

6.5.1 新建工程文件

参考"6.3 用 Quartus II 软件新建工程"一节，新建一个名为 cnt4.qpf 的工程文件。

6.5.2 新建文本文件

在 cnt4.qpf 工程文件中，再新建一个名为 cnt4.vhd 的 VHDL 文本形式的源文件，方法如下。

在菜单栏中，单击【File】/【New】，或使用快捷键 Ctrl+N，弹出新建文件窗口，选择【VHDL File】选项，如图 6-37 所示。

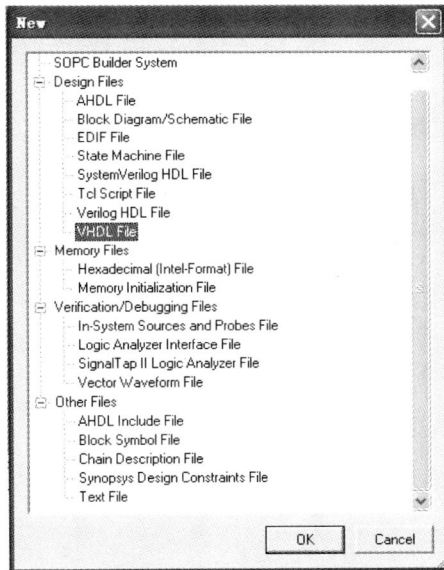

图 6-37　建立 VHDL 文本文件

单击【OK】，弹出文本文件编辑窗口，在编辑窗口内即可输入 VHDL 源程序。cnt4.vhd 源程序的功能是十进制计数器，即在时钟驱动下循环产生 0~9 的 BCD 数，代码如下：

```
LIBRARY IEEE;
USE IEEE.STD_LOGIC_1164.ALL;
USE IEEE.STD_LOGIC_UNSIGNED.ALL;
ENTITY CNT4 IS
PORT (CLK:IN STD_LOGIC;
    EN: IN STD_LOGIC;
    RST: IN STD_LOGIC;
    Q: OUT STD_LOGIC_VECTOR(3 DOWNTO 0) );
END CNT4;
```

```
ARCHITECTURE  ART OF CNT4 IS
SIGNAL CNT: STD_LOGIC_VECTOR(3 DOWNTO 0) ;
BEGIN
PROCESS(CLK,EN,RST)
  BEGIN
       IF RST='1' THEN CNT<="0000";
       ELSIF CLK'EVENT AND CLK='1' THEN
          IF EN='1' THEN
               IF CNT<9 THEN  CNT<=CNT+1;
               ELSE CNT<="0000";
               END IF;
          END IF;
       END IF;
END PROCESS;
    Q<=CNT;
END ART;
```

输入代码的文本编辑窗口如图 6-38 所示。

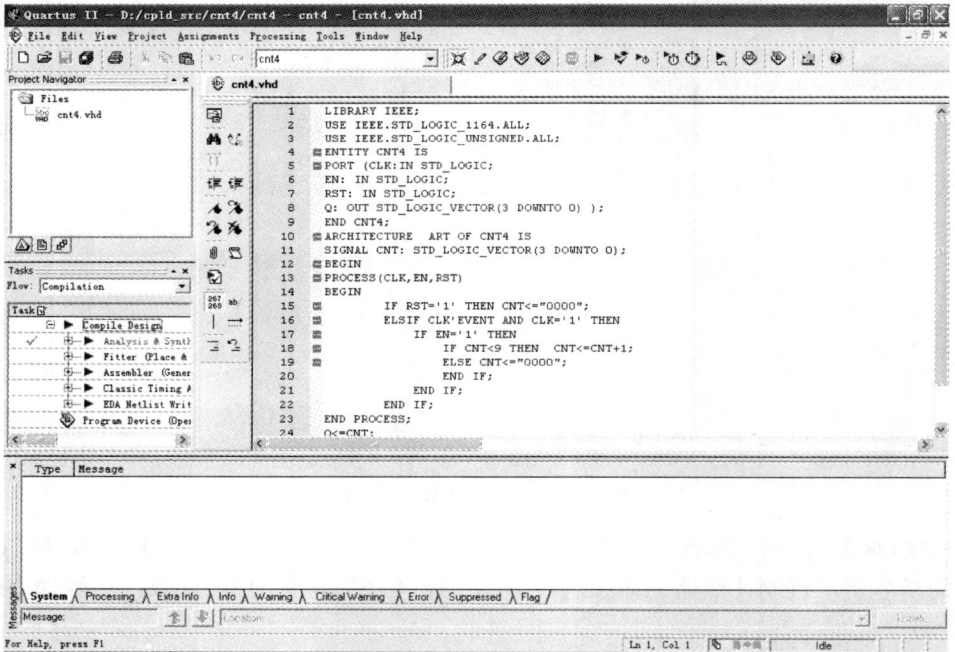

图 6-38　文本编辑窗口

在 VHDL 源程序文本编辑完成后，选择 【File】/【Save As】选项或单击 💾 保存文件，弹出 Save As 窗口，在 Save As 窗口内输入文件名 cnt4.vhd，然后选择【保存】即可。

该源程序经编译仿真正确后，还可建立图元符号。单击【File】/【Create/Update】/【Symbol Files for Current File】，即可生成.bsf 格式的图元文件 cnt4.bsf，生成的图元符号如图 6-39 所示。

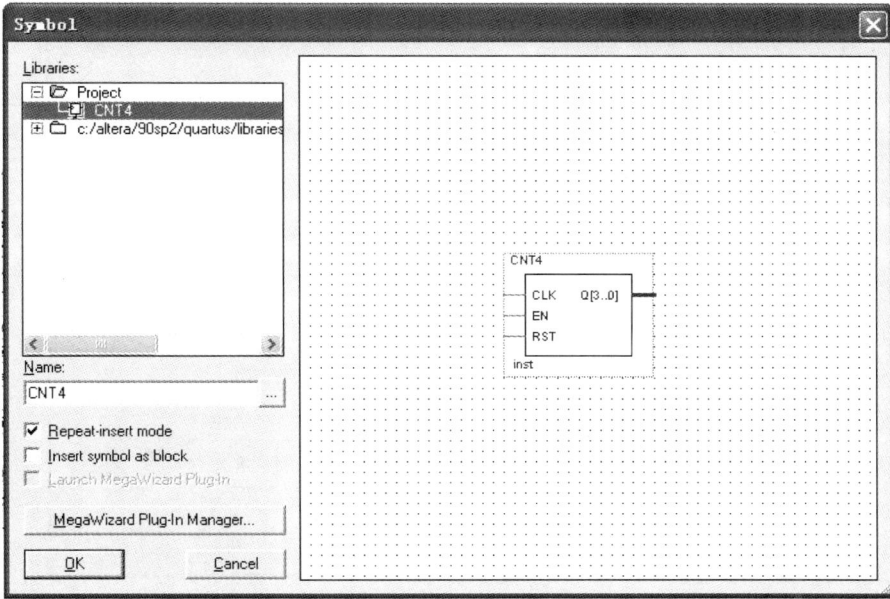

图 6-39　生成的 cnt4 图元符号

另外，为了提高代码输入的效率，Quartus II 软件提供了多种输入模版（简称模板），在模板上给出了源程序的框架，在源程序框架内可以填入用户的代码。

单击【Edit】/【Insert Template...】，弹出插入模板窗口，在插入模板窗口的【Language template:】下的窗口内，选择所要插入的模板类型，如图 6-40 为实体的模板，如图 6-41 为结构体的模板。

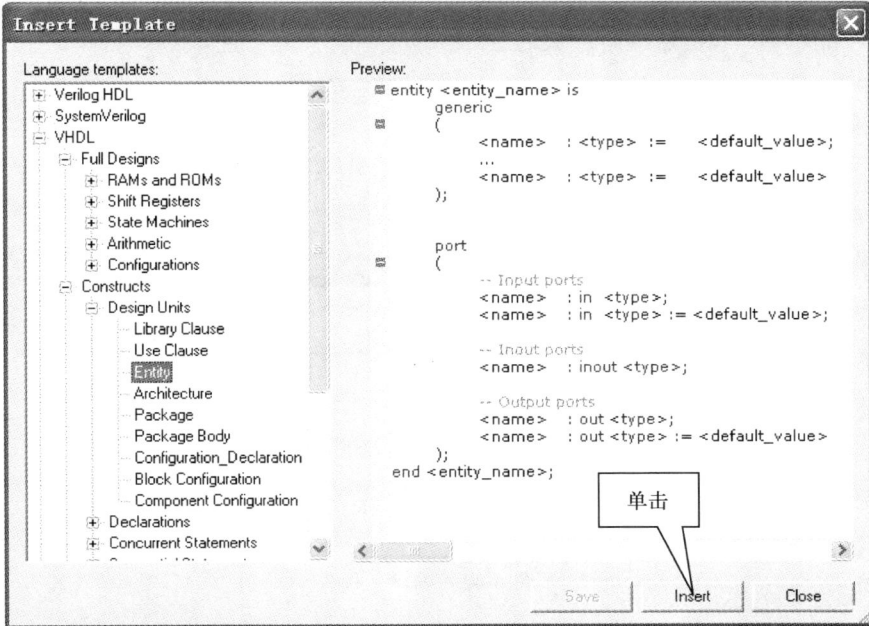

图 6-40　实体的模板

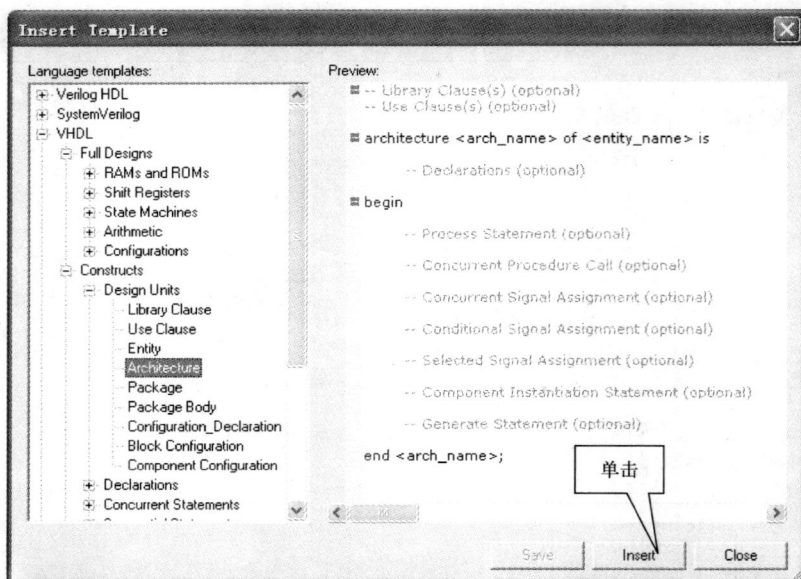

图 6-41　结构体的模板

单击【Insert】即可在文本编辑窗口中插入所选模板的内容，删除不需要的部分，添加自己的源程序。

6.5.3　编译工程

选择【Processing】/【Start Compilation】或单击工具栏上的 ▶ 按钮，对工程文件进行编译，编译结束后的窗口如图 6-42 所示。

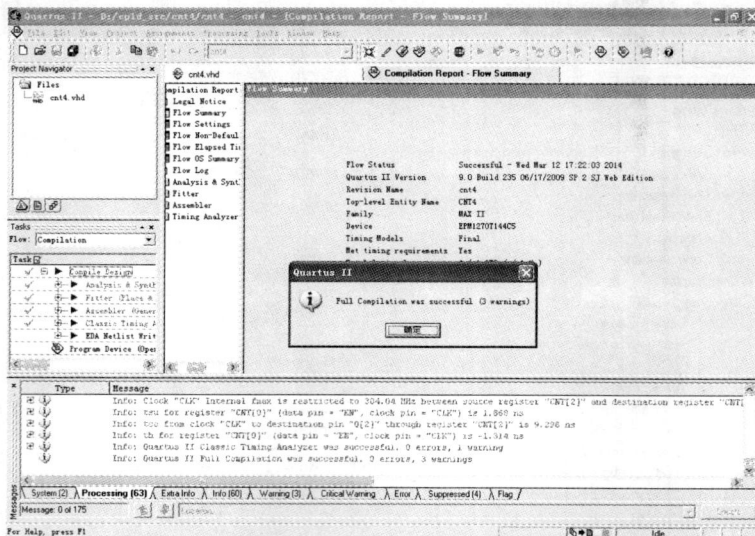

图 6-42　编译工程

6.5.4　新建仿真矢量波形文件

新建仿真矢量波形文件可参考"6.4.4　新建仿真矢量波形文件"节的内容。在【Node

Finder】窗口内，单击【Filter】栏的下拉菜单选择【Pins:all】选项后，单击【List】按钮，弹出设计文件引脚列表窗口，在【Node Found】栏中列出了设计文件的输入/输出引脚列表。单击 >> 按钮，将全部引脚节点放置到右侧，如图 6-42 所示。

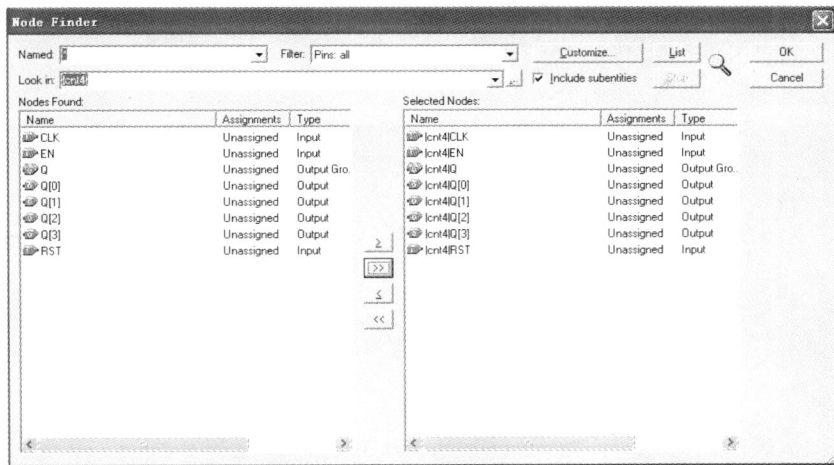

图 6-43   选择输入/输出引脚节点

单击【OK】按钮，返回【insert Node or Bus】窗口，再次单击【OK】按钮后，选中的输入/输出引脚节点就出现在波形编辑窗口的【Name】栏下，引脚节点添加成功，如图 6-44 所示。

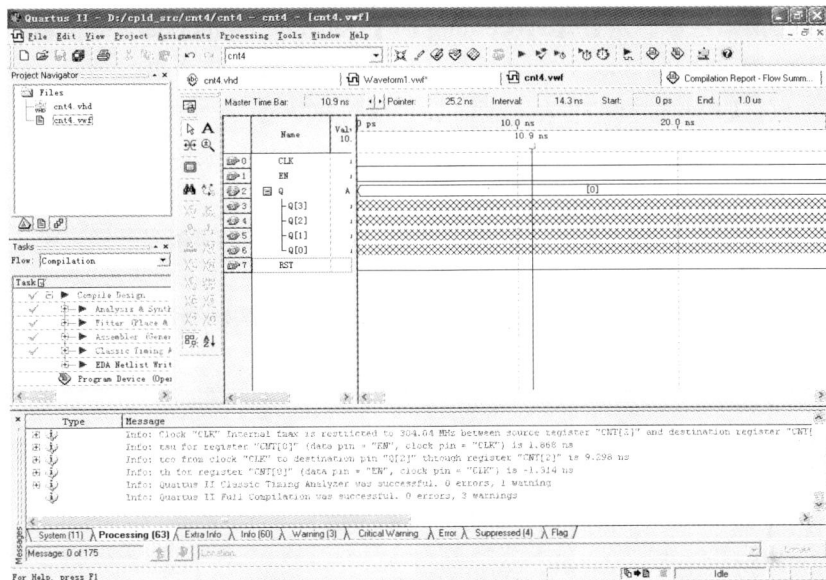

图 6-44   添加引脚节点后的矢量波形编辑窗口

波形观察窗的左边是输入引脚，同一行的右边是可以编辑的波形。使用时，先选中左边的输入引脚名，再在右边用鼠标在输入波形上拖一条需要改变的黑色区域，然后单击左边工具栏的有关按钮，即可进行低电平、高电平、任意、高阻态、反相和总线数据等各种设置。若是时钟信号，用鼠标点时钟信号的 ，出现时钟信号设置窗口，按下【OK】即可设置时钟信号。这时时钟信号的波形区域全部变成黑色，按集成环境窗左边上的时钟按钮，根据要求设置各输入信号

CLK、EN、RST 的波形，如图 6-45 所示。然后单击 ▣ 保存文件，文件命名为 cnt4 .vwf。

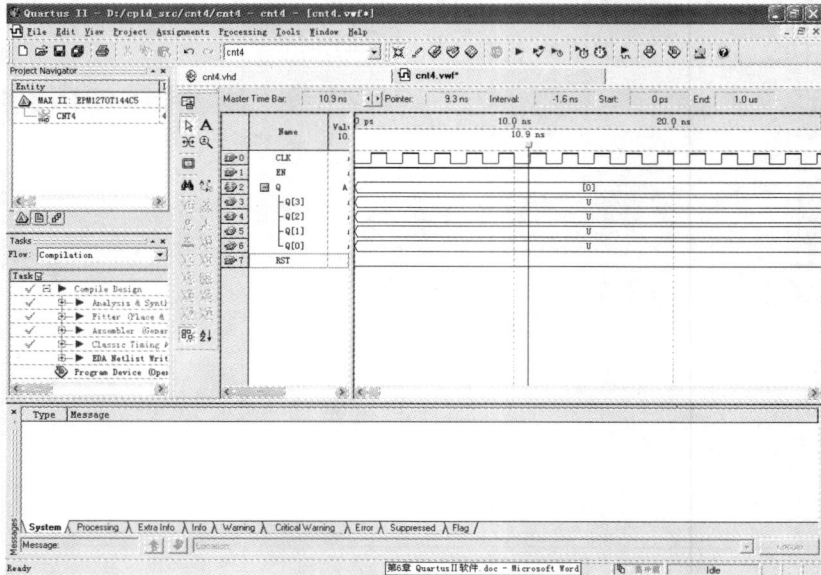

图 6-45　编辑输入信号波形

6.5.5　波形仿真

在 Quartus II 菜单栏中，选择【Processing】/【Generate Functional Simulation Netlist】，生成功能仿真网表，然后选择【Assignments】/【Setting】，弹出设置仿真类型窗口，单击【Simulator Settings】选项，在【simulation mode】中，选择【Functional】命令。然后，在 Quartus II 菜单栏中，选择【Processing】/【Start Simulation】，或单击 按钮进行功能仿真，检查设计的逻辑错误，仿真结果如图 6-46 所示。

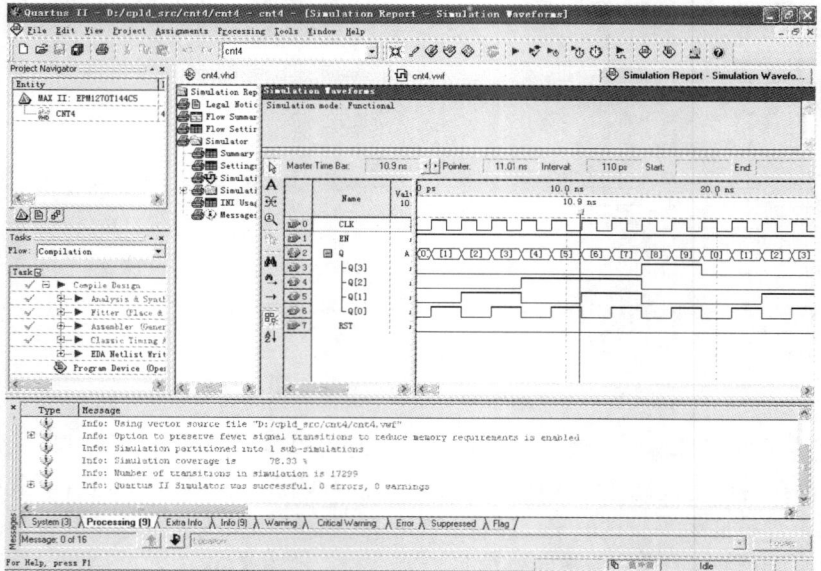

图 6-46　功能仿真结果

6.5.6 I/O 引脚分配

I/O 引脚分配是将输入/输出引脚信号锁定在目标器件的引脚上。单击菜单栏【Assignments】/【Pins】选项，弹出【Pin Planner】引脚分配窗口，在下方的列表中列出了本设计的所有输入/输出引脚名，双击相应输入/输出端的【Location】选项，从引脚列表中选择合适的 I/O 引脚，完成引脚的分配，如图 6-47 所示。

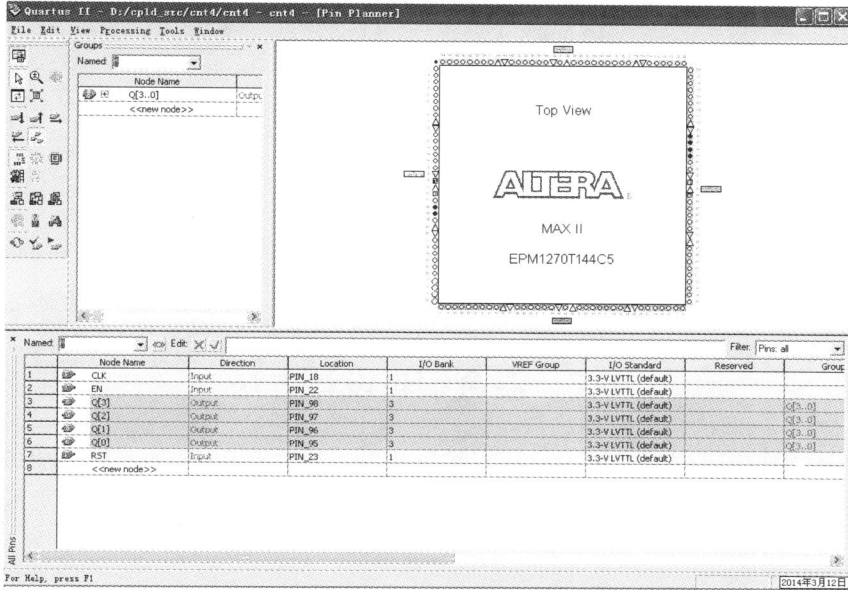

图 6-47　I/O 引脚分配

对 PLD 芯片中未使用的 I/O 引脚应设置为高阻，这一点非常重要，如果设置成输出，那么 I/O 引脚与外部电路间的电平很可能会发生冲突，容易引起短路，烧坏芯片。单击菜单栏【Assignments】/【Device】选项，在弹出的器件设置窗口中，单击【Device and Pin Options...】按钮，在弹出的【Device and Pin Options】窗口中，单击【Unused Pins】选项卡，在【Reserve all unused pins:】处，单击下拉列表，选择【As input tri-stated】选项，将全部未使用的引脚设置为输入三态。

用 tcl 脚本进行 I/O 引脚分配可参考"6.4.6　I/O 引脚分配"一节的内容。

I/O 引脚分配完后，必须经过重新编译，这样才能存储锁定 I/O 引脚分配的信息，单击编译按钮 ▶ 重新执行编译操作。

6.5.7 下载验证

下载验证是利用 Quartus II 提供的独立编程配置软件，将编译生成的编程文件，下载到实验电路板上 PLD 芯片或配置芯片中，对电路进行实际的功能验证。

下载验证前先接通实验电路板的电源，通过 Altera USB-Blaster 下载器将实验电路板的 JTAG 接口连接到计算机的 USB 接口（USB-Blaster 下载器驱动程序的安装可参考"6.4.7 下载验证"一节），下载窗口如图 6-48 所示，单击【Start】开始下载，并验证其逻辑功能。

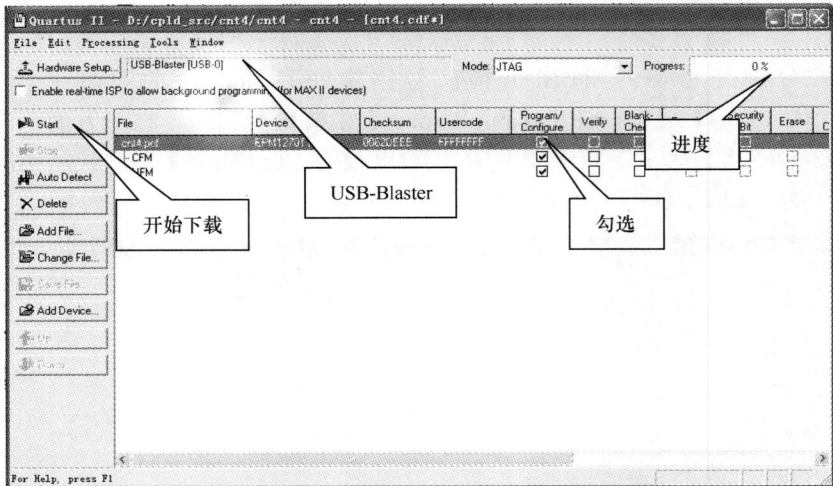

图 6-48　下载窗口

6.6　混合编辑设计方法

Quartus II 软件可以用混合编辑设计方法设计复杂的数字系统，即可以用原理图和文本编辑的方法进行设计（模块化设计），本节以 0~9 十进制秒计数器为例，说明如何用混合编辑的设计方法。

6.6.1　新建工程文件

参考"6.3 用 Quartus II 软件新建工程"一节，新建一个名为 cnts.qpf 的工程文件。

6.6.2　新建文本文件

首先将"6.5 文本编辑设计方法"一节所创建的文本文件 cnt4.vhd 和生成的图元文件 cnt4.bsf 复制到当前工程文件夹中。在 cnts.qpf 顶层工程文件中，再创建一个名为 clk.vhd 的 VHDL 的源文件，并生成相应的图元文件 clk. bsf，。

clk.vhd 源程序的功能是将 50MHz 频率分频为 1 秒信号，作为十进制秒计数器的计数信号，代码如下。

```
LIBRARY IEEE;
USE IEEE.STD_LOGIC_1164.ALL;
USE IEEE.STD_LOGIC_ARITH.ALL;
USE IEEE.STD_LOGIC_UNSIGNED.ALL;
ENTITY CLK IS
PORT (CLK: IN STD_LOGIC;—50M 时钟
    CLK1:OUT STD_LOGIC);
END CLK;
ARCHITECTURE BEHAVIORAL OF CLK IS
SIGNAL CLK1S: STD_LOGIC;—秒信号
SIGNAL COUNT:INTEGER RANGE 0 TO 50000;—时钟计数
```

```
SIGNAL CLK1MS:INTEGER RANGE 0 TO 1000;一毫秒计数
BEGIN
PROCESS(CLK)一产生 1 秒信号 CLK1S
    BEGIN
        IF RISING_EDGE (CLK) THEN
            COUNT<=COUNT+1;
            IF COUNT=50000 THEN
                COUNT<=0;
                CLK1MS<=CLK1MS+1;
            END IF;
            IF CLK1MS=500 THEN
                CLK1MS<=0;
                CLK1S<=NOT CLK1S;一产生 1 秒信号 CLK1S
                CLK1<=CLK1S;
            END IF;
        END IF;
    END PROCESS;
END BEHAVIORAL;
```

输入代码的文本编辑窗口如图 6-49 所示。

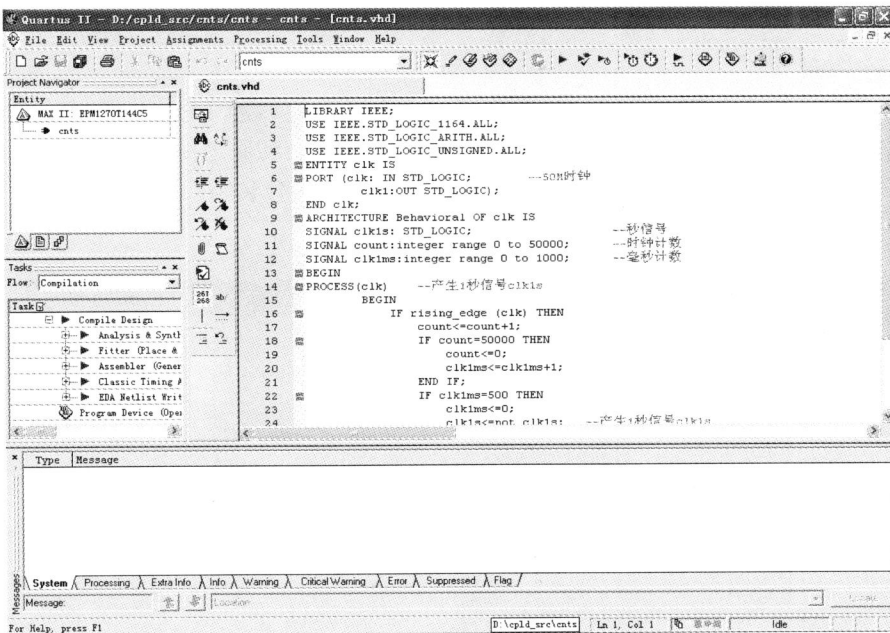

图 6-49　文本编辑窗口

在 VHDL 源程序文本编辑完成后，选择【File】/【Save As】选项或单击 █ 保存文件，弹出 Save As 窗口，在 Save As 窗口内输入文件名 clk.vhd，然后选择【保存】即可。

该源程序经编译仿真正确后，还可建立图元符号。单击【File】/【Create/Update】/【Symbol Files for Current File】，即可生成.bsf 格式的图元文件 clk. bsf，生成的图元符号如图 6-50 所示。

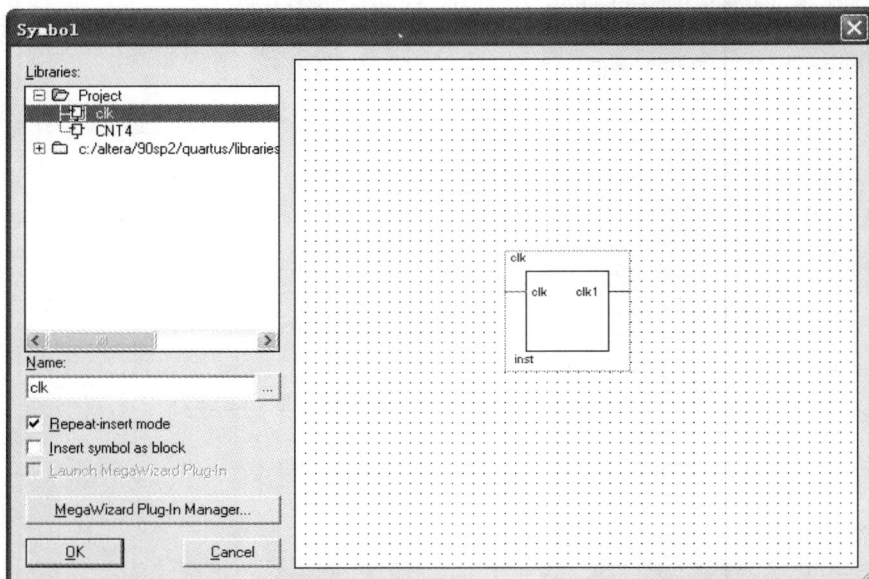

图 6-50　生成的 clk 图元符号

6.6.3　新建原理图文件

新建名为 cnts.bdf 的原理图文件，双击鼠标后在弹出窗口的【Project】栏中选择生成的图元符号，如图 6-51 所示。将 clk 和 cnt4 两个图元符号添加到原理图编辑窗口中，同时放置 3 个输入和一个输出引脚，进行连线，并 3 个输入引脚分别命名为：clk、en、rst，一个输出引脚命名为：Q[3..0]，完成的原理图如图 6-52 所示。

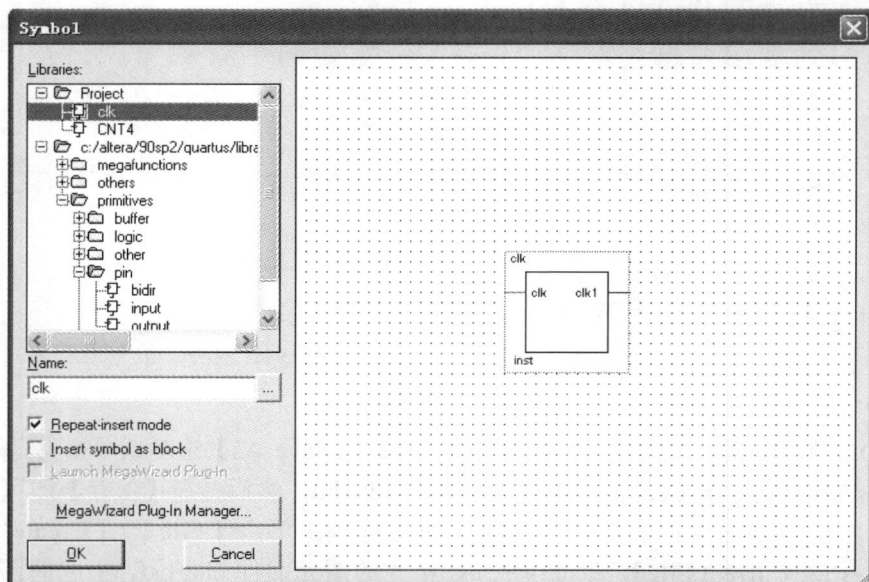

图 6-51　选择生成的图元符号

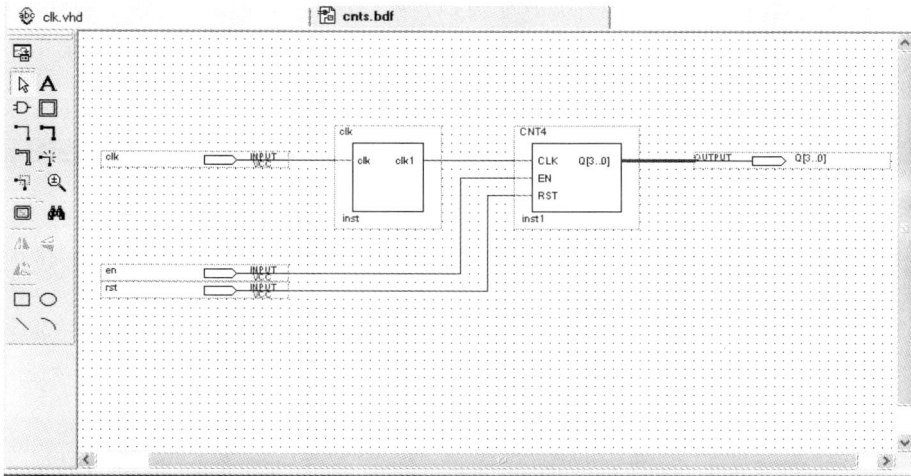

图 6-52　完成的原理图

6.6.4　编译工程

选择【Processing】/【Start Compilation】或单击工具栏上的 ▶ 按钮，对工程文件进行编译，编译结束后的窗口如图 6-53 所示。

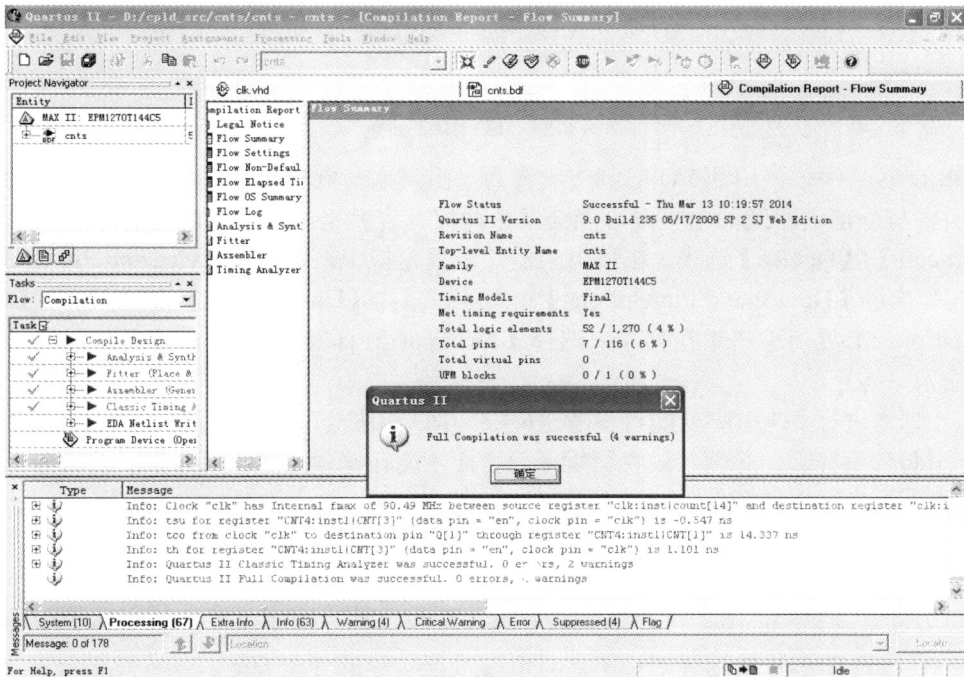

图 6-53　编译工程

6.6.5　I/O 引脚分配

I/O 引脚分配是将输入/输出引脚信号锁定在目标器件的引脚上。单击菜单栏【Assignments】/

【Pins】选项，弹出【Pin Planner】引脚分配窗口，在下方的列表中列出了本设计的所有输入输出引脚名，双击相应输入/输出端的【Location】选项，从引脚列表中选择合适的 I/O 引脚，完成引脚的分配，如图 6-54 所示。

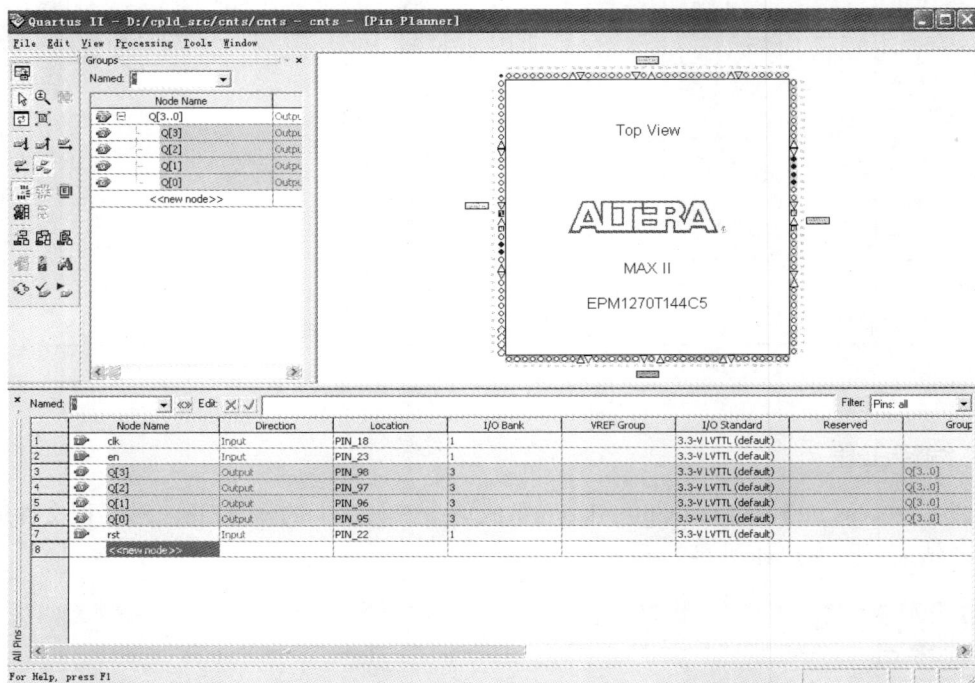

图 6-54　I/O 引脚分配

对 PLD 芯片中未使用的 I/O 引脚应设置为高阻，这一点非常重要，如果设置成输出，那么 I/O 引脚与外部电路间的电平很可能会发生冲突，容易引起短路，烧坏芯片。单击菜单栏【Assignments】/【Device】选项，在弹出的器件设置窗口中，单击【Device and Pin Options...】按钮，在弹出的【Device and Pin Options】窗口中，单击【Unused Pins】选项卡，在【Reserve all unused pins:】处，单击下拉列表，选择【As input tri-stated】选项，将全部未使用的引脚设置为输入三态。

用 tcl 脚本进行 I/O 引脚分配可参考"6.4.6　I/O 引脚分配"一节的内容。

I/O 引脚分配完后，必须经过重新编译，这样才能存储锁定 I/O 引脚分配的信息，单击编译按钮 ▶ 重新执行编译操作。

6.6.6　下载验证

下载验证是利用 Quartus II 提供的独立编程配置软件，将编译生成的编程文件，下载到实验电路板上 PLD 芯片或配置芯片中，对电路进行实际的功能验证。

下载验证前先接通实验电路板的电源，通过 Altera USB-Blaster 下载器将实验电路板的 JTAG 接口连接到计算机的 USB 接口（USB-Blaster 下载器驱动程序的安装可参考"6.4.7 下载验证"一节），下载窗口如图 6-55 所示，单击【Start】开始下载，并验证其逻辑功能。

188

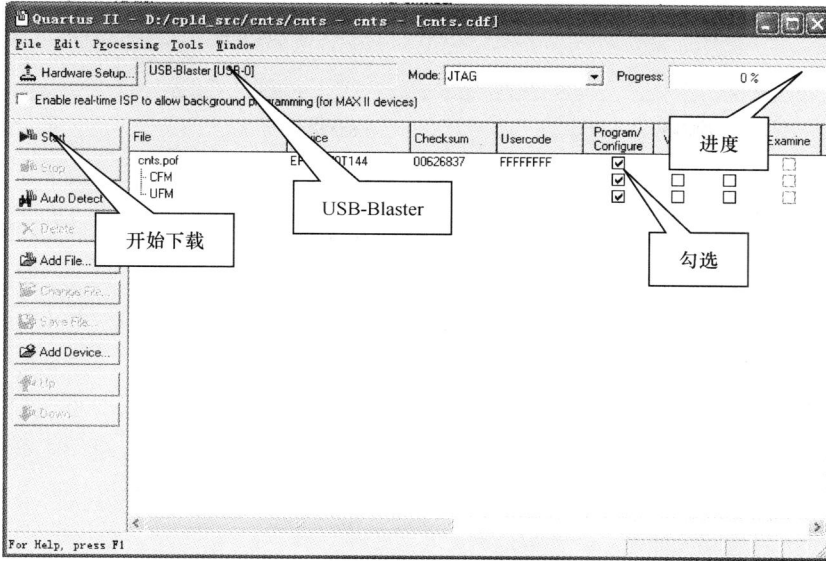

图 6-55　下载窗口

第7章 SOPC 设计入门

Quartus II 内嵌了 SOPC Builder 的设计工具,配合 NiosII 集成开发环境,能进行基于 NiosII 软核嵌入式处理器的 SOPC 设计,可用于嵌入式系统的开发。

7.1 SOPC 概述

SOPC 继承着了 SOC 的各种特性,同时兼具 FPGA 的优点,其主要特点如下。

(1)包含一个或多个嵌入式处理器内核;

(2)具有小容量片内高速 RAM 资源;

(3)丰富的 IP 核资源可供选择;

(4)足够的片上可编程逻辑资源;

(5)处理器调试接口和 FPGA 编程接口;

(6)单芯片、低功耗、微封装。

7.1.1 片上系统

片上系统(System on Chip,SOC),其将一个完整的系统功能集成在一个芯片中,包括处理器、存储器、硬件加速单元(AV 处理器、DSP、浮点协处理器等)、通用 I/O(GPIO)、UART 接口和模数混合电路(放大器、比较器、A/D、D/A、射频电路、锁相环等),甚至延伸到传感器、微光电单元电路等。SOC 从系统的整体角度出发,以 IP(Intellectual property)核为基础,以硬件描述语言作为系统功能和结构的描述,用 EDA 工具进行开发。SOC 基于 IP 核的多层次、高度复用,可实现软硬件的无缝结合,其综合性高,是一种具有一定优势的嵌入式系统的解决方案。

SOC 虽然优势明显,但由于是基于 ASIC 实现 SOC 系统,因此,其设计周期长、成功率不高,而且产品不能修改,系统的灵活性差,费用高昂,往往使得设计人员难以承受。

7.1.2 可编程片上系统

可编程片上系统(System on a Programmable Chip,SOPC),采用了 FPGA 与 SOC 技术的融合,是基于 FPGA 解决方案的 SOC。SOPC 将处理器、存储器、I/O 口等系统所需要的功能模块集成到一个 FPGA 芯片内,构成了一个可编程的 SOC。由于 SOPC 是可编程系统，具有灵活的设计方式，可裁减、可扩充、可升级，并具备软硬件可编程的功能。SOPC 基于 FPGA 可重构的设计技术，不仅保持了 SOC 以系统为中心、基于 IP 模块多层次、高度复用的特点，而且具有设计周期短、风险投资小和设计成本低的优势。相对 ASIC 定制技术来说，FPGA 是一种通用器件，通过设计软件的综合、分析、裁减，可灵活地重构所需要的 SOPC，是一种灵活、高效的、极具优势的嵌入式系统的解决方案。构成 SOPC 有如下 3 种方案。

1. FPGA 嵌入 IP 硬核

基于 FPGA 嵌入处理器 IP 硬核的 SOPC 系统，是在 FPGA 中以 IP 硬核的方式预先植入处理器（其可以是 ARM 或其他处理器的 IP 核），然后利用 FPGA 中的可编程逻辑资源和 IP 核来实现其他的外围器件和接口，使得 FPGA 灵活的硬件设计和实现与处理器强大的运算功能很好地结合。但嵌入处理器 IP 硬核的 SOPC 系统有如下缺点。

（1）嵌入式处理器硬核多来自第三方公司，FPGA 厂商需要支付知识产权费用，这导致 FPGA 器件价格相对偏高。

（2）由于处理器硬核是预先植入的，设计者无法根据实际需要改变处理器结构，如总线宽度、接口方式等，更不能将 FPGA 逻辑资源构成的硬件模块以指令的形式形成内置嵌入式系统的硬件加速模块。

（3）无法根据实际需要在同一个 FPGA 中使用多个嵌入式处理器核。

（4）无法裁剪处理器硬件资源以降低 FPGA 成本。

（5）只能在特定的 FPGA 中使用嵌入式处理器硬核。

2. FPGA 嵌入 IP 软核

鉴于 FPGA 嵌入 IP 硬核所存在的缺点，在实际应用中，通常采用 FPGA 嵌入处理器 IP 软核的 SOPC 系统，Altera 公司的 NiosII 和 Xilinx 公司的 MicroBlaze 是目前最具代表性的软核嵌入式处理器。

3. HardCopy 技术

HardCopy 技术即利用 FPGA 和 HardCopy 器件设计 ASIC。首先用 Altera Stratix 系列 FPGA 器件对 SOPC 系统用 Quartus II 进行原型设计，然后将设计无缝移植到 Altera HardCopy 系列 ASIC 器件上。HardCopy 技术把 FPGA 的灵活性和 ASIC 的低成本优势结合起来，实现 FPGA 向 ASIC 的无缝转化，避开了直接设计 ASIC 的困难，从而克服传统 ASIC 设计中普遍存在的问题，迅速实现系统设计从原型开发到量产。

7.2　NiosII 嵌入式处理器简介

NiosII 是 Altera 公司 2004 年 6 月发布的第二代用可编程逻辑器件配置的软核嵌入式处理器，Altera 把 NiosII 嵌入到公司所有的 FPGA 中（如：StratixII、CycloneII 等系列器件），见表 7-1 所列，并利用 FPGA 的通用逻辑资源实现，NiosII 软核嵌入式处理器和外设都是用 HDL 语言编写的，所实现的软核嵌入式处理器具有极大的灵活性。随着 NiosII 的成功，Altera 公司 SOPC 的概念也广泛被用户所接受。

表 7-1 支持 Nios II 的部分 Altera FPGA

器　件	说　明	设计软件
Stratix	高性能，高密度，特性丰富，并带有大量存储器	
Stratix II	很高性能，很高密度，特性丰富，并带有大量存储器	
Stratix GX	高性能的结构，内置高速串行收发器	
Stratix II GX	Altera 第三代带有嵌入式收发器的 FPGA	Quartus II
Cyclone	低成本的 ASIC 替代方案，适合价格敏感的应用	
Cyclone II	低成本，超过 68000 个 LE 和 1.1Mbit 存储器	
HardCopy Stratix	业界第一个结构化 ASIC，是传统 ASIC 的替代方案	

7.2.1 Nios II 嵌入式处理器主要特性

Nios II 是 32 位 RISC 软核嵌入式处理器，由于处理器是软核的形式，用户可以在多种系统设置组合中灵活进行选择，以达到最适合的性能、特性和低成本的目标。采用 Nios II 嵌入式处理器进行 SOPC 设计，可以帮助用户将产品迅速推向市场，防止出现处理器逐渐过时的现象，延长产品的生命周期。

Nios II 嵌入式处理器与第一代 Nios 相比，最大处理性能提高了 3 倍，处理器内核部分的面积最大可缩小 1/2（Nios 处理器占用 1500 个 LE，NiosII 处理器只占用 600 个 LE），其主要特性见表 7-2 所列。

表 7-2 Nios II 嵌入式处理器主要特性

种　类	特　性
处理器结构	32bit 指令集
	32bit 数据宽度线
	32 个通用寄存器
	2G Byte 寻址空间
片内调试	基于边界扫描测试（JTAG）的调试逻辑，支持硬件断点、数据触发以及片外和片内的调试跟踪
定制指令	最多达到 256 个用户定义的处理器指令
软件开发工具	NiosII IDE（集成开发环境）
	基于 GNU 的编译器
	硬件辅助的调试模块

Nios II 嵌入式处理器提供 3 种不同的内核，以满足系统对不同性能和成本的需求，3 种内核的二进制代码完全兼容，具有灵活的性能，当处理器内核改变时，无须改变软件。

（1）快速内核 Nios II /f（性能最优，性能超过 200DMIPS，仅占用 1800 个 LE）

（2）标准内核 Nios II /s（性能、占用 LE 适中）

（3）经济内核 Nios II /e（性能最低，占用 LE 最少）。

Nios II 嵌入式处理器系统由 Nios II 处理器和一系列外设构成，Nios II 处理器、片内外设、片内存储器和片外外设的接口都在 Altera 公司的芯片上实现。由于 FPGA 是可编程的，在 FPGA 上实现 Nios II 嵌入式处理器，可以根据设计者的需要对其特性进行裁剪，使其符合性能和成本的要求。因此，Nios II 是一个可配置的软核处理器，可配置是指设计者可以根据自己的标准定制处理器，按照需要选择合适的外设、存储器和接口，还可以轻松集成自己专有的功能使设计具有独特的竞争优势。为了满足设计升级的需求，设计人员可以加入多个

Nios II 处理器、定制指令集、硬件加速器，还可以通过 Avalon 交换架构来调整系统性能。软核意味着 Nios II 嵌入式处理器不像 ARM 那样是由固定的硬芯片来实现，而是由软件处理器来实现，然后用设计文件来配置 FPGA 芯片。

一个典型 Nios II 嵌入式处理器系统如图 7-1 所示，它包括 Nios II 处理器内核（Nios II Processor Core），Avalon 系统互连结构（Avalon System Interconnect Fabric）和系统外设。系统外设包括片内 ROM（On-Chip ROM）、两个定时器（Timer1，Timer2）、URAT、SDRAM 控制器（SDRAM Controller）、LCD 显示驱动（LCD Display Driver）、GPIO 接口（General-Purpose I/O）、以太网接口（Ethernet Interface）、SD 卡接口（Compact Flash Interface）、连接外部 FLASH（Flash Memory）和 SRAM（SRAM Memory）的三态桥（Tristate bridge to off-chip memory），系统中还配置了一个用于调试的 JTAG 调试模块（JTAG Debug Module）。

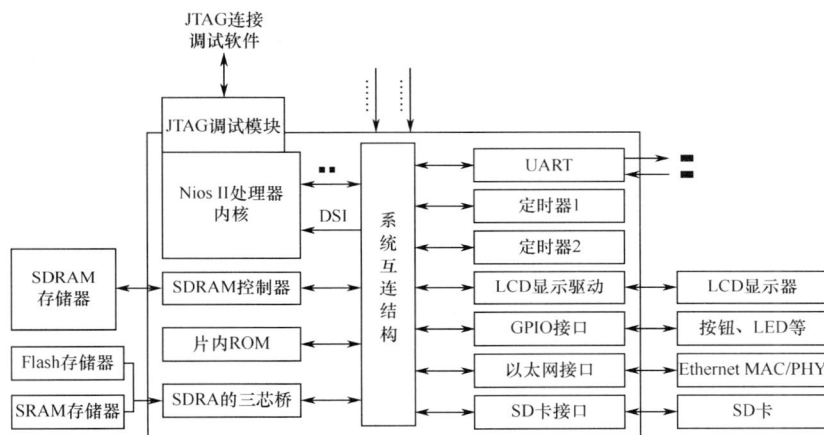

图 7-1　典型 Nios II 嵌入式处理器系统

Nios II 嵌入式处理器系统的开发任务包括两方面的内容：一是使用 SOPC Builder 进行硬件设计（定制）；二是使用 Nios II IDE 进行软件设计。QuartsII 软件通过 SOPC Builder 工具定制 Nios II 嵌入式处理器，在设计中对 Nios II 软核处理器进行例化，并自动生成该处理器系统的低层驱动程序。

7.2.2　Nios II 嵌入式处理器结构

Nios II 嵌入式处理器即用 IP 软核的方案实现 Nios II 结构，Nios II 结构是一个指令集结构，Nios II 嵌入式处理器并不包括外设及处理器与外部的连接电路，而只包括实现指令集结构的电路，Nios II 嵌入式处理器结构如图 7-2 所示。Nios II 结构所定义的可见单元电路包括：程序控制器和地址发生器（Program Controller & Address Generation）、异常控制器（Exception Controller）、内部中断控制器（Internal Interrupt Controller）、外部中断控制接口（External Interrupt Controller Interface）、JTAG 调试模块（JTAG Debug Module）、控制寄存器组（Control Registers）、通用寄存器组（General Purpose Registers）、存储器保护单元（Memory Protection Unit）、算术逻辑单元（Arithmetic Logic Unit）、自定义指令逻辑（Custom Instruction Logic）、存储器管理单元（Memory Management Unit）、指令缓存（Instruction Cache）、数据缓存（Data Cache）、紧耦合指令存储器（Tightly Coupled Instruction Memory）、紧耦合数据存储器（Tightly Coupled Data Memory）、指令总线（Instruction Bus）和数据总线（Data Bus）等。

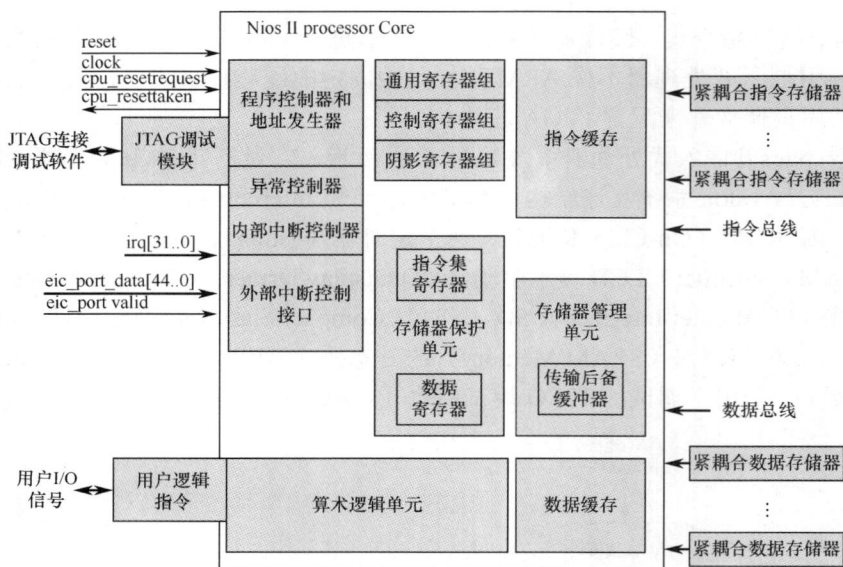

图 7-2　Nios II 嵌入式处理器结构

7.2.3　Nios II 嵌入式处理器运行模式

Nios II 嵌入式处理器有 3 种运行模式：调试模式（Debug Mode），该模式拥有最大的访问权限，可以无限制地访问所有的功能模块；超级用户模式（Supervisor Mode），该模式除了不能访问与调试有关的寄存器（bt、ba 和 bstatus）外，无其他访问限制；用户模式（User Mode），它是超级用户模式的一个子集，它不能访问控制寄存器和一些通用寄存器。

7.2.4　寄存器文件

Nios II 嵌入式处理器中有一个较大的寄存器组，也称寄存器文件（Register file），它由控制寄存器组（6 个寄存器）和通用寄存器组（32 个寄存器）组成。其中控制寄存器的读/写访问只能在超级用户模式（Supervisor Mode）下，由专用的控制寄存器读/写指令（rdctl 和 wrctl）实现。控制寄存器组各位的定义见表 7-3 所列，通用寄存器组各位的定义见表 7-4 所列。

表 7-3　控制寄存器组各位的定义

寄存器	名　字	bit 位意义:31···2		1	0
ctl0	status	保留		U	PIE
ctl1	estatus	保留		EU	EPIE
ctl2	bstatus	保留		BU	BPIE
ctl3	ienable	中断允许位			
ctl4	ipending	中断发生标志位			
ctl5	cpuid	唯一的 CPU 序列号			

表 7-4　通用寄存器组各位的定义

寄存器	助记符	功　能	寄存器	助记符	功　能
r0	zero	清 0	r16		子程序要保存的寄存器
r1	at	汇编中的临时变量	r17		子程序要保存的寄存器

寄存器	助记符	功　能	寄存器	助记符	功　能
r2		函数返回值（低 32 位）	r18		子程序要保存的寄存器
r3		函数返回值（高 32 位）	r19		子程序要保存的寄存器
r4		传递给函数的参数	r20		子程序要保存的寄存器
r5		传递给函数的参数	r21		子程序要保存的寄存器
r6		传递给函数的参数	r22		子程序要保存的寄存器
r7		传递给函数的参数	r23		子程序要保存的寄存器
r8		调用者要保存的寄存器	r24	et	为异常处理保留
r9		调用者要保存的寄存器	r25	bt	为程序断点保留
r10		调用者要保存的寄存器	r26	gp	全局指针
r11		调用者要保存的寄存器	r27	sp	堆栈指针
r12		调用者要保存的寄存器	r28	fp	帧指针
r13		调用者要保存的寄存器	r29	ea	异常返回地址
r14		调用者要保存的寄存器	r30	ba	断点返回地址
r15		调用者要保存的寄存器	r31	ra	函数返回地址

（1）status 状态寄存器：只有第 1 位和第 0 位有意义。第 1 位（U）反映计算机当前状态 1 表示处于用户态（User-mode），1 表示允许外设中断；第 0 位（PIE）外设中断允许位，0 表示处于超级用户态（Supervisor Mode），0 表示禁止外设中断。

（2）estatus、bstatus 为 status 的影子寄存器：发生者异常时，保存 status 寄存器的值；异常处理返回时，恢复 status 寄存器的值 。

（3）ienable 中断允许寄存器：每一位控制一个中断通道，如：第 0 位为 1，允许第 0 号中断发生；第 0 位为 0，禁止第 0 号中断发生。

（4）ipending 中断发生寄存器：每一位反映一个中断发生，如第 0 位为 1，表示第 0 号中断发生；第 0 位为 0 表示第 0 号中断未发生。

（5）cpuid 寄存器：装载着处理器的 id 号，该 id 号在生成 Nios II 系统时产生 id 号在多处理器系统中可以作为区分处理器的标识。

7.2.5　算术逻辑单元 ALU

Nios II 嵌入式处理器的算术逻辑单元 ALU 可对通用寄存器中的数据进行操作。ALU 操作时从寄存器中取 1 个或 2 个操作数，并将运算结果存回寄存器中，Nios II 处理器 ALU 支持的运算操作见表 7-5 所列。有些情况下处理器不提供硬件来实现乘法和除法，但能用软件模拟指令，如：mul，muli，div，divu 等指令，当处理器遇到未实现的指令时，会产生一个异常，异常管理器调用相应软件来模拟该指令的操作。

表 7-5　Nios II 处理器 ALU 支持的运算操作

种　类	描　述
算术运算	支持有符号和无符号数的算术运算（加、减、乘、除）
关系运算	支持有符号和无符号数的关系运算（等于、不等于、大于等于、小于等于）
逻辑运算	支持 AND、OR、NOR、XOR 的逻辑运算
移位运算	支持移位和循环移位运算，可将数据移 0~31 位。支持算术右移和算术左移，支持左、右循环移位

Nios Ⅱ 处理器支持用户定制指令，Nios Ⅱ 处理器 ALU 直接和定制指令逻辑相连，使用户指令和 Nios Ⅱ 处理器指令一样被访问和使用，另外，浮点指令以定制指令的方式实现。

7.2.6 异常和中断控制

Nios Ⅱ 处理器结构提供一个简单的非向量异常控制器来处理所有类型的异常，Nios Ⅱ 嵌入式处理器异常分为软件异常和硬件中断。软件异常包括软件陷阱异常、未定义指令异常、其他异常。

软件陷阱异常：当程序遇到软件陷阱指令时，将产生软件陷阱异常，这在程序需要操作系统服务时常用到。操作系统的异常处理程序判断产生软件陷阱异常的原因，然后执行相应任务。

未定义指令异常：当处理器执行未定义指令时产生未定义指令异常。异常处理可以判断哪个指令产生异常，如果指令不能通过硬件执行，可以在一个异常服务程序中通过软件方式仿真执行。

其他异常：其他异常类型是为今后使用保留。

Nios Ⅱ 处理器结构支持 32 个外部硬件中断，即 irq0~irq31。每个中断对应一个独立的中断通道 IRQ，IRQ 的优先级由软件决定。

要实现异常嵌套，需在用户 ISR 中打开外部中断允许（PIE=1），在处理异常事件的过程中，可以响应由 trap 指令引起的软件陷阱异常和未实现指令异常。在异常嵌套之前，为了确保异常能正确返回，必须保存 estatus 寄存器（ctl1）的 ea 寄存器（r29）。当执行异常返回指令（eret）后，处理器会把 estatus 寄存器（ctl1）内容复制到 status 寄存器（ctl0）中，恢复异常前的处理器状态，然后把异常返回地址从 ea 寄存器（r29）写入程序计数器。异常发生时，ea 寄存器（r29）保存了异常发生处下一条指令所在的地址。当异常从软件陷阱异常或未定义指令异常返回时，程序必须从软件陷阱指令 trap 或未定义指令后执行，因此 ea 寄存器（r29）就是异常返回地址。如果是硬件中断异常，程序必须从硬件中断异常发生处继续执行，因此必须将 ea 寄存器（r29）中的地址减去（ea- 4）作为异常返回地址。

7.2.7 存储器与 I/O 组织

Nios Ⅱ 嵌入式系统结构中，存储器与 I/O 组织的具有很大的灵活性，这是 Nios Ⅱ 嵌入式处理器与传统的微处理器最为显著的区别。因为 Nios Ⅱ 嵌入式系统是可配置的，对于不同系统，存储器和外设都不一样，所以每个系统的存储器与 I/O 组织都不一样。Nios Ⅱ 嵌入式系统结构的硬件细节对于编程人员而言是透明的，一个 Nios Ⅱ 嵌入式系统的存储器与 I/O 组织如图 7-3 所示。

图 7-3 中，Ⓜ表示 Avalon 主端口，Ⓢ表示 Avalon 从端口。Nios Ⅱ 与存储器、I/O 外设所构成的系统，除 Nios Ⅱ 处理器核（NiosII Processor Core ）外，还包括：程序计数器（Program Counter）、通用寄存器文件（General Purpose Register File）、指令总线选择逻辑（Instruction Bus Selector Logic）、数据总线选择逻辑（Data Bus Selector Logic）、指令缓存（Instruction Cache）、数据缓存（Data Cache）、紧耦合指令存储器（Tightly Coupled Instruction Memory）、紧耦合数据存储器（Tightly Coupled Data Memory）、Avalon 系统互连结构（Avalon System Interconnect Fabric）、片外的存储器（Memory）、从外设（Slave Peripheral）等部分。

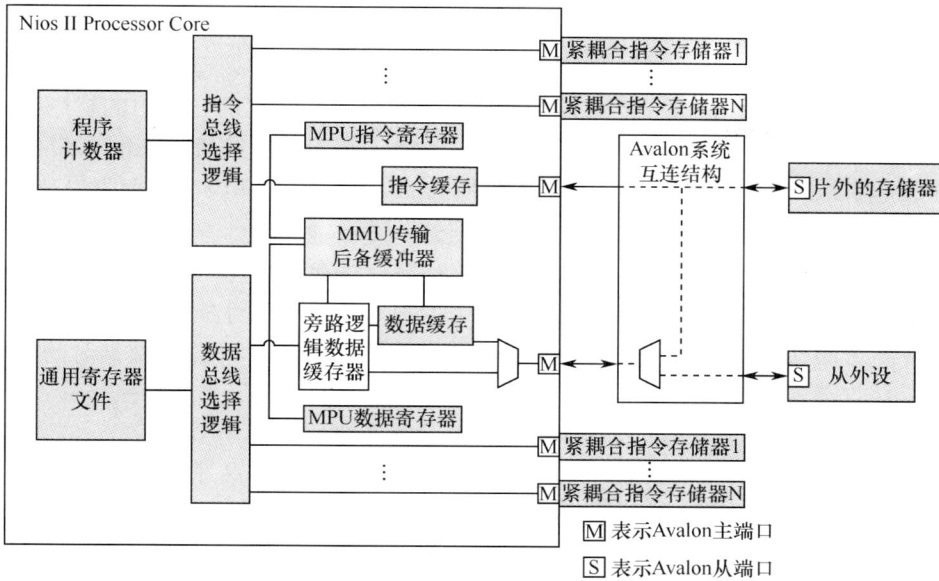

图 7-3　NiosⅡ嵌入式系统的存储器与 I/O 组织

1. 指令与数据总线

NiosⅡ处理器结构为哈佛结构，支持独立的指令和数据总线。指令和数据总线均用 Avalon 主端口实现，并遵循 Avalon 接口规范。数据主端口连接存储器和外设，指令主端口仅连接存储器。

（1）小端对齐的存储器组织方式

NiosⅡ结构的存储器采用小端对齐的方式，在存储器中，字和半字最高有效位字节存储在较高的地址单元中，即低地址存储值的低字节，高地址存储值的高字节。

（2）存储器与外设访问

NiosⅡ结构提供映射为存储器的 I/O 访问，数据存储器和外设都被映射到数据主端口的地址空间。存储器系统中，处理器数据总线低 8 位分别连接存储器数据线 7~0 位。

（3）指令主端口

NiosⅡ结构的指令总线用 32 位 Avalon 主端口来实现，通过 Avalon 交换结构连接到指令存储器的 Avalon 主端口。指令主端口只执行一个功能：对处理器将要执行的指令进行取指操作。指令主端口是具有流水线属性的 Avalon 主端口，它依赖 Avalon 交换结构中的动态总线对齐逻辑始终能接收 32 位数据。NiosⅡ结构既支持片内高速缓存的访问，还支持对紧耦合存储器的访问，指令主端口不执行任何写操作。动态总线对齐逻辑不管目标存储器的宽度如何，每次取指都会返回一个完整的指令字，因而程序员不需要知道 NiosⅡ嵌入式处理器系统中的存储器宽度。

（4）数据主端口

NiosⅡ结构的数据总线用 32 位 Avalon 主端口来实现。数据主端口执行两个功能：当处理器执行装载指令时，从存储器或外设中读数据；当处理器执行存储指令时，将数据写入存储器或外设，数据主端口不支持 Avalon 流水线传输。数据主端口中存储器流水线延迟被看作等待周期，当数据主端口连接到零等待存储器时，装载和存储操作能够在一个时钟周期内完成。

（5）指令和数据共享的存储器

指令和数据主端口共享含有指令和数据的存储器，当 Nios II 处理器内核使用独立的指令总线和数据总线时，整个 Nios II 嵌入式处理器系统对外呈现独立的、共用的指令/数据总线。数据和指令主端口从来不会出现一个端口使用，另一个端口处于等待状态的停滞状况。为获得最高性能，对于指令和数据主端口共享的任何存储器，数据主端口被指定为更高的优先级。

2. 高速缓存（Cache）

Nios II 结构的指令主端口和数据主端口都支持高速缓存。作为 NiosII 处理器组成部分的高速缓存在 SOPC Builder 中是可选的，这取决于用户对系统存储性能以及 FPGA 资源的使用要求。包含高速缓存不会影响程序的功能，但会影响处理器取指和读/写数据时的速度。

高速缓存改善性能的功效需基于以下前提。

（1）常规存储器位于片外，访问时间比片内存储器要长。

（2）循环执行的最大的、关键性能的指令序列长度小于指令高速缓存。

（3）关键性能数据的最大模块小于数据高速缓存。

3. 紧耦合存储器

紧耦合存储器是 Nios II 嵌入式处理器内核上的一个独立的主端口，与指令或数据主端口类似，Nios II 结构指令和数据访问都支持紧耦合存储器。Nios II 处理器内核可以不包含紧耦合存储器，也可以包含一个或多个紧耦合存储器。每个紧耦合存储器端口直接与具有固定的低延迟的存储器相连，该存储器在 Nios II 处理器内核的外部，通常使用 FPGA 片内存储器。紧耦合存储器与其他通过 Avalon 交换结构连接的存储器件一样，占据标准的地址空间。它的地址范围在生成系统时确定。系统在访问指定的代码或数据时，能够使用紧耦合存储器来获得最高性能。例如，中断频繁的应用能够将异常处理代码放在紧耦合存储器中来降低中断延迟。类似的，计算密集型的数字信号处理（DSP）应用能够将紧耦合存储器指定为数据缓存区，实现最快的数据访问。

4. 处理器系统地址映射

在 Nios II 嵌入式处理器系统中，存储器和外设的地址映射是与设计相关的，由设计人员在系统生成时指定。特别指出 3 个处理器相关的地址：复位地址、异常地址和断点处理（Break Handler）程序的地址。程序员通过使用宏和驱动程序来访问存储器和外设，灵活的地址映射并不会影响应用设计。

7.3　Avalon 系统互连结构总线

Avalon 系统互连结构总线（Avalon 总线）由 Altera 公司提出，用于 SOPC 中连接 Nios II 嵌入式处理器和片内外设的总线结构，连接到 Avalon 总线的设备分为主设备和从设备，并各有其工作模式。

Avalon 总线本身是一个数字逻辑系统，它在实现总线功能的同时，还增加了许多内部功能模块，引用了很多新的方法，比如从端仲裁模式，多主端工作方式，延时数据传输，这些功能使得在可编程逻辑器件中可以灵活的实现系统增减和 IP 复用。

Avalon 总线规范是为 SOPC 系统的外设开发而设计的，为 SOPC 设计者描述外设端口提供了基础。一个 SOPC 系统包括一些主外设和从外设，如微处理器、存储器、UART 和定时器等，系统会自动为这些外设分配地址空间。

7.3.1 Avalon 总线基本概念

Nios Ⅱ 系统的所有外设都是通过 Avalon 总线与 Nios Ⅱ 处理器相连接的，Avalon 总线是一种协议较为简单的片内系统，Nios Ⅱ 通过 Avalon 总线与外界进行数据交换。在 SOPC Builder 中添加外设之后会自动生成 Avalon 总线，并且会随着外设的添加和删减而自动调整，最终的 Avalon 总线结构是针对外设配置而生成的一个最佳结构。所以对于用户来说，如果只是使用已经定制好的符合 Avalon 总线规范的外设来构建系统，不需要了解 Avalon 总线规范的细节。但是对于要自己设计外设的用户来说，开发的外设必须要符合相应的 Avalon 总线的规范，否则设计的外设也无法集成到系统中去。

Avalon 总线可使用最少的逻辑资源来支持数据总线的复用、地址译码、等待周期的产生、外设的地址对齐（包括支持静态和动态地址对齐）、中断优先级的指定以及高级的交换式总线传输。Avalon 总线所定义的内连线策略使得任何一个 Avalon 总线上的主外设都可以与任何一个从外设进行通信。

Avalon 总线结构构成的基本原则是：所有外设的接口与 Avalon 总线的时钟同步，并与 Avalon 总线的握手/应答信号一致；同时所有信号均为高电平或低电平，并由多路选择器完成选择功能，它没有三态信号，地址、数据和控制信号使用分离的专用端口，外设无须识别总线地址周期和数据总线周期。

1. Avalon 外设和互连结构

基于 Avalon 总线的系统会包含很多功能模块，这些功能模块就是 Avalon 存储器映射外设，通常简称 Avalon 外设，如图 7-4 所示。所谓存储器映射外设是指外设和存储器使用相同的总线来寻址，并且处理器使用访问存储器的指令来访问 I/O 设备。为了能够使用 I/O 设备，处理器的地址空间必须为 I/O 设备保留地址。

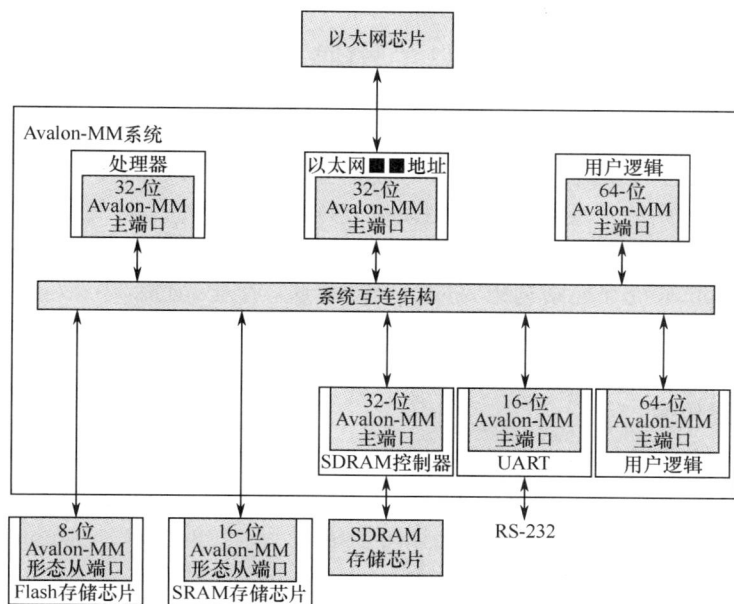

图 7-4 Avalon 系统互连结构总线

Avalon 外设分为主外设和从外设，能够在 Avalon 总线上发起总线传输的外设是主外设，只能响应 Avalon 总线传输，而不能发起总线传输。主外设至少拥有一个连接在 Avalon 互连结构上的主端口，主外设也可以拥有从端口，使得该外设也可以响应总线上其他主外设发起的总线传输。

Avalon 外设包括存储器、处理器、UART、PIO、定时器和总线桥等。还可以有用户自定义的 Avalon 外设，用户自定义的外设要能称为 Avalon 外设，要有连接到 Avalon 结构的 Avalon 信号。

Avalon 互连结构就是将 Avalon 外设连接起来，构成一个大系统的片上互连逻辑，Avalon 是一种可自动调整的结构，随着设计者不同设计而做出最优的调整。由图7-4可见，外设和存储器可以拥有不同的数据宽度，并且这些外设可以工作在不同的时钟频率。Avalon 互连结构支持多个主外设，允许多个主外设同时与不同的从外设进行通信，增加了系统的带宽。这些功能的实现都是靠 Avalon 互连结构中的地址译码、信号复用、仲裁、地址对齐等逻辑实现的。

2. Avalon 总线信号

Avalon 总线定义了一组信号（片选、读使能、写使能、地址、数据等），用于描述主/从外设上基于地址的读写接口。Avalon 外设只使用和其核逻辑进行接口的必需的信号，而省去其他不必要的信号。

Avalon 总线信号的可配置特性是 Avalon 总线与传统总线的主要区别之一。Avalon 外设可以使用一小组信号来实现简单的数据传输，或者使用更多的信号来实现复杂的传输类型。如 ROM 接口只需要地址、数据和和片选信号就可以了，而高速的存储控制器可能需要更多的信号来支持流水线的突发传输。

Avalon 总线的信号类型为其他的总线接口提供了一个超集，例如大多数分离的 SRAM、ROM 和 Flash 芯片上的引脚都能映射成 Avalon 信号类型，这样就能使 Avalon 系统直接与这些芯片相连接。

3. Avalon 主端口和从端口

Avalon 端口就是完成通信传输的接口所包含的一组 Avalon 信号。Avalon 端口分为主端口和从端口，主端口可以在 Avalon 总线上发起数据传输，一个 Avalon 外设可能有一个或多个主端口，一个或多个从端口，也可能既有多个主端口，又有多个从端口。从端口在 Avalon 总线上响应主端口发起的数据传输。Avalon 的主端口和从端口之间没有直接的连接，主、从端口都连接到 Avalon 系统互连结构上，由系统互连结构来完成信号的传递。

Avalon 总线的主端口和从端口之间没有直接的连接，主、从端口都连接到 Avalon 系统互连结构上，由 Avalon 系统互连结构来完成信号的传递。在传输过程中，Avalon 系统互连结构和主端口之间传递的信号，与 Avalon 系统互连结构和从端口之间传递的信号是不同的。所以，在分析 Avalon 总线传输的时候，必须区分主、从端口。

4. Avalon 总线传输

Avalon 总线传输是指在 Avalon 总线端口和系统互连结构间数据单元的读/写操作。Avalon 总线传输一次可以传输高达 1024 位的数据，需要一个或多个时钟周期来完成。在一次传输完成之后，Avalon 总线端口在下一个时钟周期可以进行下一次的传输。Avalon 总线的传输分为主传输和从传输。

Avalon 总线主端口发起对系统互连结构的主传输，Avalon 总线从端口响应来自系统互连结构的传输请求，传输是和端口相关的：主端口只能执行主传输，从端口只能执行从传输。

5. Avalon 总线周期

Avalon 总线周期是时钟的基本单位，定义为特定端口的时钟信号的一个上升沿到下一个上升沿之间的时间，完成一次传输最少要一个时钟周期。

7.3.2 Avalon 总线特点

（1）所有外设的接口与 Avalon 总线时钟同步，不需要复杂的握手/应答机制。这样就简化了 Avalon 总线的时序行为，而且便于集成高速外设。Avalon 总线以及整个系统的性能可以采用标准的同步时序分析技术来评估。

（2）所有的信号都是高电平或低电平有效，便于信号在总线中高速传输。在 Avalon 总线中，由数据选择器（而不是三态缓冲器）决定哪个信号驱动哪个外设。因此外设即使在未被选中时也不需要将输出置为高阻态。

（3）为了方便外设的设计，地址、数据和控制信号使用独立的、专用的端口。外设不需要识别地址总线周期和数据总线周期，也不需要在未被选中时使输出无效。独立的地址、数据和控制通道还简化了与片上用户自定义逻辑的连接。

（4）Avalon 总线还包括许多其他特性和约定，用以支持 SOPC Builder 软件自动生成系统、总线和外设，包括：

①最大 4GB 的地址空间，存储器和外设可以映像到 32 位地址空间中的任意位置；

②内置地址译码，Avalon 总线自动产生所有外设的片选信号，极大地简化了基于 Avalon 总线的外设的设计工作；

③多主设备总线结构，Avalon 总线上可以包含多个主外设，并自动生成仲裁逻辑；

④采用向导帮助用户配置系统，SOPC Builder 提供图形化的向导帮助用户进行总线配置（添加外设、指定主从关系、定义地址映像等），Avalon 总线结构将根据用户在向导中输入的参数自动生成；

⑤动态地址对齐，如果参与传输的双方总线宽度不一致，Avalon 总线自动处理数据传输的细节，使得不同数据总线宽度的外设能够方便连接。

7.3.3 Avalon 总线为外设提供的服务

（1）数据通道多路转换：Avalon 总线模块的多路复用器从被选择的从外设向相关主外设传输数据。

（2）地址译码：地址译码逻辑为每一个外设提供片选信号。这样，单独的外设不需要对地址线译码以产生片选信号，从而简化了外设的设计。

（3）产生等待状态（Wait-State）：等待状态的产生拓展了一个或多个周期的总线传输，这有利于满足某些特殊的同步外设的需要。当从外设无法在一个时钟周期内应答的时候，产生的等待状态可以使主外设进入等待状态。在读使能及写使能信号需要一定的建立时间/保持时间要求的时候也可以产生等待状态。

（4）动态总线宽度：动态总线宽度隐藏了窄带宽外设与较宽的 Avalon 总线（或者 Avalon 总线与更高带宽的外设）相接口的细节问题。如一个 32 位的主设备从一个 16 位的存储器中读数据的时候，动态总线宽度可以自动的对 16 位的存储器进行两次读操作，从而传输 32 位的数据。这更减少了主设备的逻辑及软件的复杂程度，因为主设备不需要关心外设的物理特性。

（5）中断优先级（Interrupt-Priority）分配：当一个或者多个从外设产生中断的时候，Avalon

总线模块根据相应的中断请求号（IRQ）来判定中断请求。

（6）延迟传输（Latent Transfer）能力：在主、从设备之间进行带有延迟传输的逻辑包含于 Avalon 总线模块的内部。

（7）流式读写（Streaming Read and Write）能力：在主、从设备之间进行流传输使能的逻辑包含于 Avalon 总线模块的内部。

7.3.4 Avalon 总线传输模式

Avalon 总线拥有多种传输模式，以适应不同外设要求。基本的 Avalon 总线传输可以在主、从设备之间传送一个字节，半字或字（8、16 或 32 位）。当一次传输完成后，总线可以迅速地在下一个时钟到来的时候在相同的主，从设备之间或其他的主，从设备间开始新的传输。Avalon 总线也支持一些高级功能，如延迟型（Latency-aware）外设，流（Streaming）外设及多总线主设备并发访问。这些高级功能使其允许在一个总线传输中进行外设间的多数据传输。多主设备结构为构建 SOPC 系统及高带宽外设提供了很大程度上的稳定性。如一个主外设可以进行直接存储器访问（DMA），而不需要处理器的参与。

7.4 HAL 系统库简介

硬件抽象层 HAL（Hardware Abstraction Layer）提供了简单的设备驱动程序接口，应用程序可以使用设备驱动程序接口同底层硬件之间进行通信，HAL API（Application Program Interface）应用程序接口同 ANSI C 标准库结合在一起。HAL API 使得用户可以使用熟悉的 C 语言的库函数来访问硬件设备或文件，如 printf（）、fopen（）、fwrite（）等函数。

HAL 系统库作为 Nios II 处理器系统的设备驱动程序软件包，为系统中的外设提供了相匹配的接口。SOPC Builder 和 Nios II IDE 软件开发工具之间的紧密集成，使得特定硬件系统的 HAL 系统库可以自动产生，当 SOPC Builder 产生硬件系统的同时，Nios II IDE 软件可以生成和硬件系统相匹配的、定制的 HAL 系统库或板支持包（BSP）。如果系统底层硬件发生了变动，则 HAL 系统库设备驱动配置会自动地更新，避免底层硬件的改动产生 Bug 的可能。

HAL 系统库设备驱动抽象使得应用程序和驱动程序之间很明显地区分开来。驱动抽象促进了应用程序代码的可重用性，应用程序和底层硬件的通信依靠统一的接口函数，底层硬件的改动对应用程序的代码没有影响。而且，HAL 标准使得和已有外设相匹配的新外设的驱动程序编写起来更加简单。

7.4.1 HAL SOPC 系统的层次结构

在设计者使用 Nios II IDE 创建新工程的时候，也同时创建了 HAL 系统库。设计者不必创建或复制 HAL 文件，也不必编辑任何 HAL 的源代码，Nios II IDE 会为用户产生和管理 HAL 系统库。HAL 是基于一个特定的 SOPC 系统硬件，SOPC 系统硬件即 Nios II 处理器核、外设和存储器等集成在一起的系统（用 SOPC Builder 软件生成），HAL 提供以下的服务。

（1）与 ANSI C 集成：为用户提供熟悉的 C 标准库函数。

（2）驱动程序：提供对系统中每个设备的访问。

（3）HAL API：为 HAL 的服务提供了一个统一的、标准的接口，如设备访问、中断处理等。

（4）系统初始化：在 main（）执行之前，执行处理器和运行环境的初始化的任务。

（5）设备初始化：在 main（）执行之前，例化和初始化系统中的每个设备。

基于 HAL SOPC 系统的层次结构如图 7-5 所示，由图可见，HAL 将硬件层和应用程序层联系起来了。

应用程序			
C标准库			
HAL系统库			
设备驱动	设备驱动	······	设备驱动
SOPC系统硬件			

图 7-5　基于 HAL SOPC 系统的层次结构

SOPC 系统的软件分为应用程序和设备驱动程序两部分。其中应用程序的设计占很大的工作量，包括系统主函数 main（）及其他子程序的设计，应用程序对系统硬件资源的访问是通过 C 标准库函数或 HAL API 调用实现的。驱动程序即 HAL 定义的一套用来初始化和访问外设的函数，提供给应用程序设计者使用。

7.4.2　HAL 系统库的特点

基于 HAL 系统库设计程序，使用 ANSI C 标准库函数和运行环境，HAL API 的规范遵照 ANSI C 标准库的函数，尽管 ANSI C 标准库和 HAL 系统库是相互独立的。ANSI 标准库和 HAL 系统库的紧密集成使得用户设计程序时，可以不用直接调用 HAL 系统库的函数，而可以使用 ANSI C 标准库的 I/O 函数。

应用程序设计者可以用 HAL API 的通用设备模型来访问硬件，对于应用程序设计者而言，不必针对这些设备编写与硬件建立基本通信的低层的程序，不管设备的底层硬件是如何实现的，HAL API 都是统一的。例如，要访问字符型的设备和文件子系统，设计者可以使用 C 的标准库 fopen（）、printf（）和 scanf（）等函数来控制字符型的设备。

每一个设备模型均要定义一套管理特定设备的驱动函数，用户可以使用已有的 HAL 系统库函数来访问设备，这样就节省了软件设计的工作量。

HAL 系统库同 ANSI C 标准库集成到一个运行环境，HAL 系统库使用的 C 标准库是针对嵌入式系统应用的开源版本 newlib，newlib 能够与 HAL 系统库及 Nios II 处理器很好地匹配，用户发布自己的应用程序，不需要授权，也不需要为此支付版税。

Altera 在 Nios II 处理器的系统中，提供很多外设供设计者使用，大多数 Altera 外设均提供了 HAL 设备驱动程序，使得用户可以通过 HAL API 来访问硬件，以下 Altera 外设提供完整的 HAL 支持。

字符型设备：UART 核、JTAG UART 核、LCD 16207 显示控制器。

Flash 存储设备：Flash 芯片的通用 flash 接口、Altera's EPCS 串口配置设备控制器。

文件子系统：Altera 的文件系统、Altera 压缩只读文件子系统。

定时器设备：定时器核。

DMA 设备：DMA 控制器核。

Scatter-gather DMA 控制器核。

以太网设备：三速 Ethernet 宏核、LAN91C111 Ethernet MAC/PHY 控制器。

7.4.3 基于 HAL 系统库设计应用程序

基于 HAL 系统库进行应用程序的设计是在 Nios II IDE 软件环境下实现，应用程序设计时，要创建和管理 Nios II IDE 工程，Nios II IDE 工程结构如图 7-6 所示。

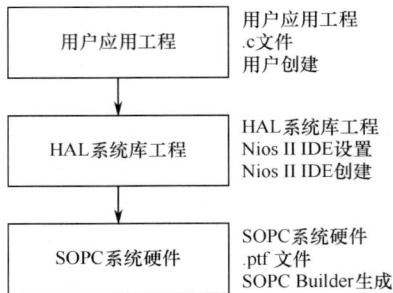

图 7-6 基于 HAL SOPC 系统的层次结构

基于 HAL 的应用程序包含两个工程，应用程序是在用户应用工程中，应用程序依赖于独立的 HAL 系统库工程。当设计者创建应用工程时，Nios II IDE 同时创建 HAL 系统库工程，HAL 系统库工程包含所有的用户程序与硬件的接口的必要信息。生成可执行文件时，所有的和用户的 SOPC 系统硬件相关的 HAL 驱动程序都被加入到系统库工程，HAL 设置作为系统库的属性被保存。HAL 系统库工程依赖 SOPC 系统硬件，SOPC 系统硬件由.ptf 文件定义，该文件由 SOPC Builder 生成。

Nios II IDE 管理 HAL 系统库并且更新驱动程序的配置以准确地反映系统硬件的变化，如果 SOPC 硬件系统发生了改动（即.ptf 文件更新了），Nios II IDE 会在下次用户生成和运行应用程序时重新生成 HAL 系统库。这种工程之间的依赖结构使得用户程序不用随着硬件改动而进行修改，用户开发和调试代码时不用担心自己的程序是否和目标硬件相匹配，基于 HAL 系统库的应用程序总是和目标硬件同步的。

另外，system.h 文件是 HAL 系统库的基础，system.h 文件提供了完整的 Nios II 系统硬件的软件描述，它的作用是将硬件和软件设计连接起来。对应用程序设计者来说，system.h 中并不是所有信息都是有用的，极少的情况下需要设计者进行编辑。system.h 能反映的主要问题是系统中有哪些硬件，system.h 文件描述了系统中的每个外设，并提供如下的细节：外设的硬件配置、外设的基地址、中断请求优先级、外设的符号名等。在 Nios II IDE 工程第一次编译的时候，Nios II IDE 为 HAL 系统库工程生成 system.h，system.h 内容取决于硬件配置和用户设置的 HAL 系统库的属性。

7.5 SOPC 设计流程

完整的基于 NiosII 的 SOPC 系统是一个软硬件结合的系统，SOPC 的设计既要涉及到基于 FPGA 的硬件设计，又要涉及到基于 NiosII 嵌入式处理器的软件设计。设计时可根据具体情况对系统结构进行裁剪和升级，整个系统的设计非常灵活，SOPC 设计流程如图 7-7 所示。

SOPC 设计分硬件设计和软件设计两个流程，采用软、硬件协同设计。SOPC 设计过程中，使用的工具软件有：Quartus II 、SOPC Builder 和 Nios II IDE 软件（Quartus II 软件参考"第 6 章 Quartus II 软件入门"的内容）。

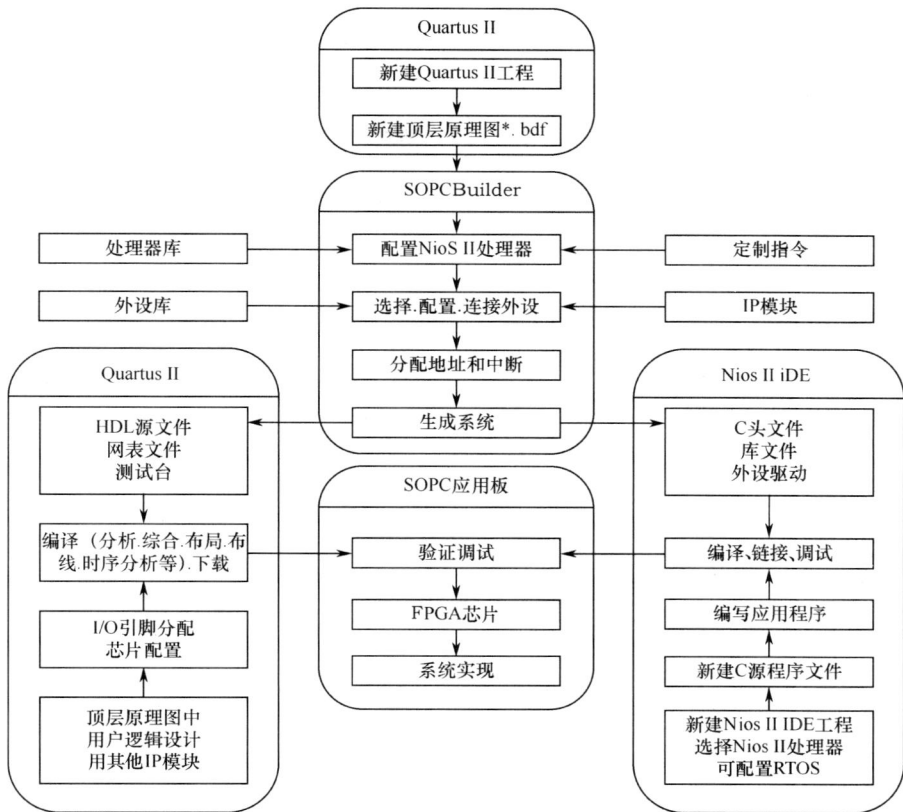

图 7-7　SOPC 设计流程

　　SOPC Builder 软件为设计者提供一个快速设计、验证 SOPC 系统的开发平台，用于构建基于总线的 SOPC 系统。其内置了一系列的模块（如 Nios II 处理器、外设、存储器、DSP 等 IP 核），为了将 Nios II 处理器、外围设备等 IP 核连接起来，SOPC Builder 能够自动生成片上 Avalon 总线和总线仲裁器等所需的逻辑，并生成完整硬件系统的 HDL 源代码。此外，SOPC Builder 还可以生成软件开发工具包 SDK（如：头文件、通用外设驱动程序、自定义软件库、实时操作系统等），在生成硬件系统的同时为 Nios II IDE 提供完整的软件设计环境。

　　Nios II IDE 软件是一个基于 Eclipse IDE 架构的集成开发环境，它包括：GNU 开发工具（标准 GCC 编译器、连接器、汇编器和 makefile 工具等）、GDB 的调试器（包括软件仿真和硬件调试）、硬件抽象层 HAL、实时操作系统 MicroC/OS-II、TCP/IP 库、Altera 压缩文件系统、快速入门的软件模板等。用户可以在 SOPC Builder 软件生成的 SDK 基础上，进入软件设计流程，使用汇编、C/C++来进行程序设计，使用 GNU 开发工具进行程序的编译连接以及调试。

7.5.1　SOPC 硬件设计流程

　　SOPC 硬件设计是为了定制合适的处理器和外设，需在 QuartusII 和 SOPC Builder 软件中协同完成。

　　（1）用 Quartus II 软件新建 Quartus II 工程（选择 FPGA 器件等）、新建顶层原理图文件*.bdf（参考"6.4 原理图编辑设计方法"的内容），在 Quartus II 软件环境下，启动 SOPC Builder 软件。

　　（2）在 SOPC Builder 软件中，配置 Nios II 处理器、选择配置外设（存储器、并口、串

205

口等外围器件)、连接模块,分配地址和中断、生成系统硬件对应的 HDL 源文件、网表文件等,并返回 Quartus II 软件环境下。

(3)在 Quartus II 软件中,打开顶层原理图文件,将 SOPC Builder 生成的系统模块、LPM 功能模块、用户自定义功能模块添加到顶层原理图中,进行用户逻辑设计、I/O 引脚分配、芯片配置、编译(分析、综合、布局布线、时序分析等)、下载等,完成系统的硬件设计与实现。

7.5.2 SOPC 软件设计流程

使用 SOPC Builder 软件生成系统硬件后,就可以使用 Nios II IDE 软件设计 C/C++应用程序代码了。

(1)在 SOPC Builder 软件环境下,启动 Nios II IDE 软件,新建 Nios II IDE 工程、选择 Nios II 处理器,在工程属性中还可配置 RTOS。

(2)Nios II IDE 软件会根据 SOPC Builder 对系统的硬件配置自动生成一个定制的 HAL 系统库,该库能为应用程序和底层硬件的通信提供接口驱动,使用户能够快速编写与低层硬件细节无关的 Nios II 应用程序。

(3)新建 C/C++源程序文件,编写基于系统硬件的应用程序。当然,在使用 SOPC Builder 进行硬件设计的同时,也可以编写独立于硬件的 C/C++软件(如:算法或控制程序等)。

(4)使用 Nios II IDE 软件对工程进行编译、链接,生成可执行代码.elf 文件,每次编译前 Nios II IDE 软件会自动检测 SOPC 生成的 Nios II 系统.ptf 文件,如果当前的.ptf 文件发生了变化,则对应的工程就必须重新编译。

(5)在系统的硬件设计下载到 SOPC 应用板后,就可以将应用程序代码下载到 SOPC 应用板上运行。Nios II IDE 提供了完整的代码运行与调试工具,既可以直接在 SOPC 应用板上运行和调试,也可以在 Nios II 指令模拟器中运行与调试。

7.6　SOPC 设计举例

本节将以一个简单的基于 Nios II 核的双向流水 LED 为例,说明 SOPC 设计的过程,该系统仅具有 Nios II 核、4 位 I/O 并口。

7.6.1　用 Quartus II 软件新建文件

1. 新建工程文件

参考"6.3 用 Quartus II 软件新建工程"一节,用 Quartus II 软件新建 Quartus II 工程,工程名为 niosled4.qpf,选择 FPGA 器件为 EP2C5Q208C8。

2. 新建顶层原理图文件

参考"6.4 原理图编辑设计方法"一节,在工程 niosled4.qpf 中,新建顶层原理图文件,顶层原理图文件名为 niosled4.bdf。

7.6.2　用 SOPC Builder 软件生成硬件系统

1. 创建新系统

在 Quartus II 软件环境下,单击【Tools】/【SOPC Builder】,启动 SOPC Builder 软件,【Create

New System】窗口如图 7-8 所示，按图 7-9 选择后，单击【OK】。

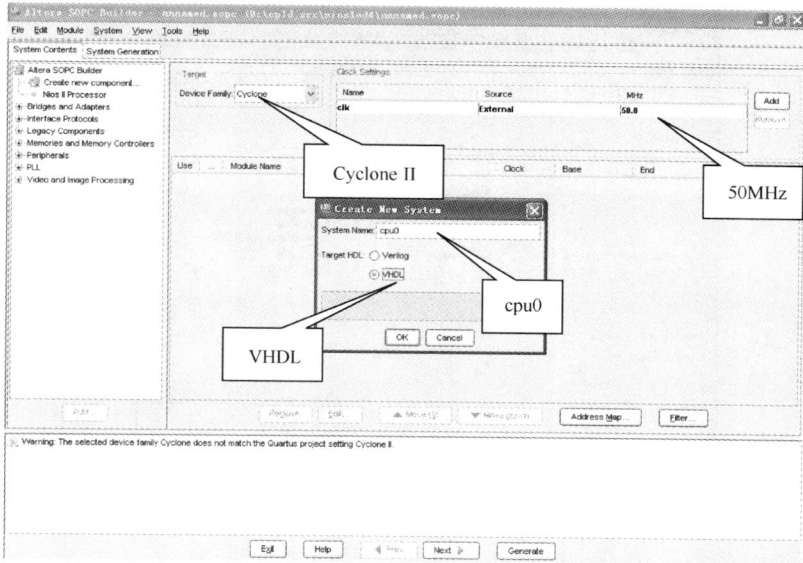

图 7-8　【Create New System】窗口

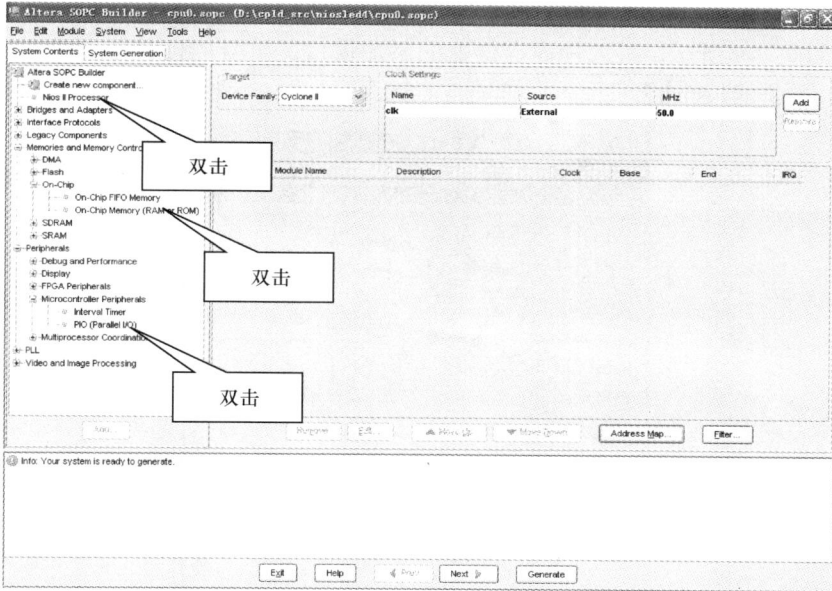

图 7-9　【SOPC Builder】主窗口

2. 添加 NiosII 处理器

在【SOPC Builder】主窗口的【System Contents】中，首先双击【Nios Ⅱ Processor】，如图 7-9 所示，进入 NiosII 处理器添加窗口，如图 7-10 所示。

选择 CPU 核的类型为【NiosII/e】，而后单击【JTAG Debug Module】，选择调试等级为 Level1，单击【Finish】。

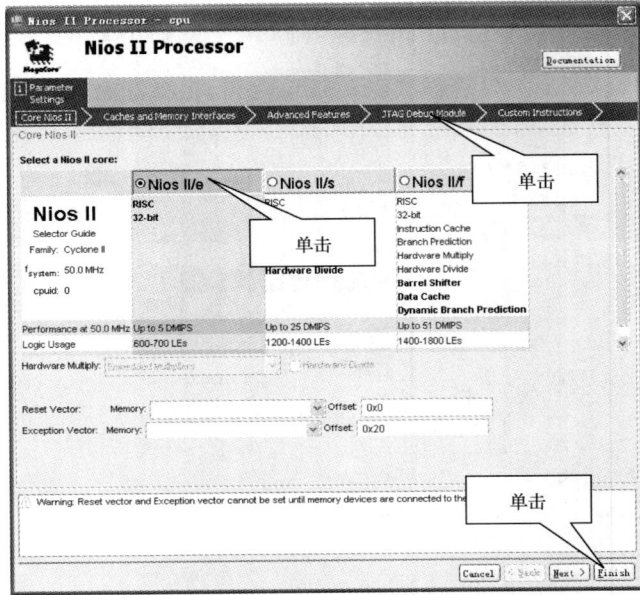

图 7-10　NiosII 处理器添加窗口

3. 添加片内存储器

然后，在【SOPC Builder】主窗口的【System Contents】中，双击【On-Chip Memory（RAM or ROM）】，如图 7-9 所示，进入片内存储器的添加窗口，如图 7-11 所示，片内 RAM 的容量采用默认值，单击【Finish】。

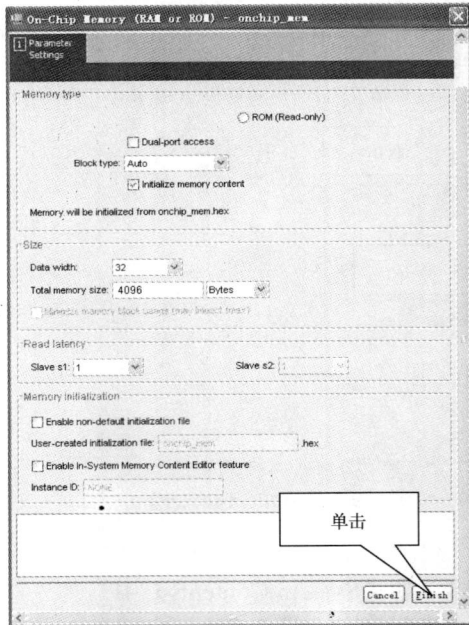

图 7-11　片内存储器的添加窗口

4. 添加 PIO

继续在【SOPC Builder】主窗口的【System Contents】中，双击【PIO（Parallel I/O）】，

如图 7-9 所示，进入 PIO 的添加窗口，如图 7-12 所示。

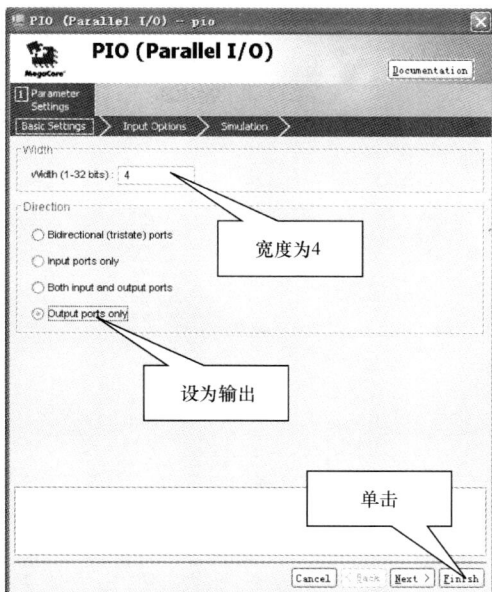

图 7-12　PIO 添加窗口

在 PIO 的添加窗口中，设置 I/O 并口宽度为 4（驱动 4 个 LED），I/O 口的【Direction】为【Output ports only】（输出），单击【Finish】，返回【SOPC Builder】主窗口，添加过 Nios Ⅱ 处理器、存储器、PIO 模块的【SOPC Builder】主窗口如图 7-13 所示。

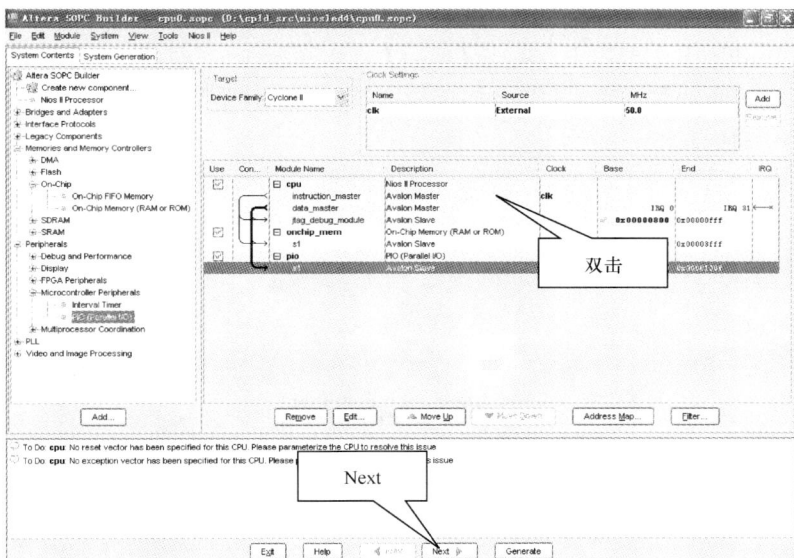

图 7-13　添加过模块的【SOPC Builder】主窗口

5.【Vector】设置

在图 7-13【SOPC Builder】主窗口中，双击【Nios Ⅱ Processor】（CPU），再次打开 Nios Ⅱ 处理器添加窗口，进行【Vector】设置，在【Reset Vector】和【Exception Vector】的下拉列表中，

选择 onchip_mem，【Vector】设置如图 7-14 所示，单击【Finish】返回【SOPC Builder】主窗口。

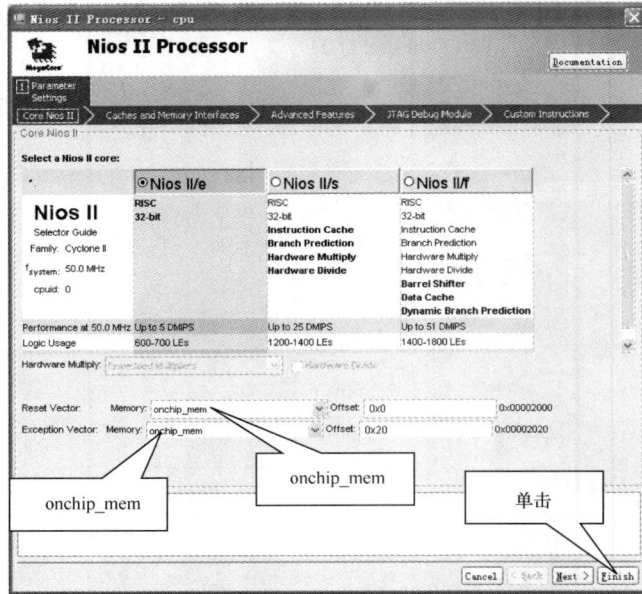

图 7-14　【Vector】设置

6. 自动分配基地址和中断

在【SOPC Builder】主窗口中，单击【System】/【Auto-Assign Base Addresses】自动为 RAM 和 PIO 分配基地址；单击【System】/【Auto-Assign IRQs】自动为系统分配中断。

7. 硬件系统生成

在【SOPC Builder】主窗口中，单击【Next】进入系统生成窗口，系统生成窗口如图 7-15 所示，单击【Generation】，单击【Save】开始生成。数分钟后完成硬件系统的生成，系统生成提示信息如图 7-16 所示。

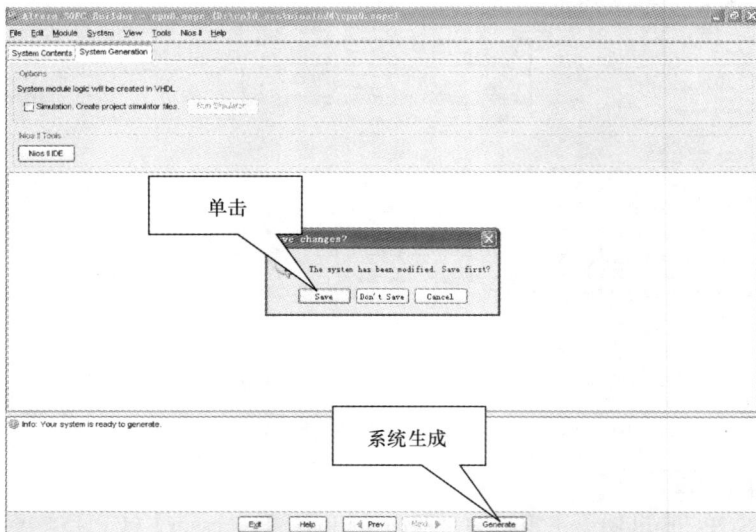

图 7-15　系统生成窗口

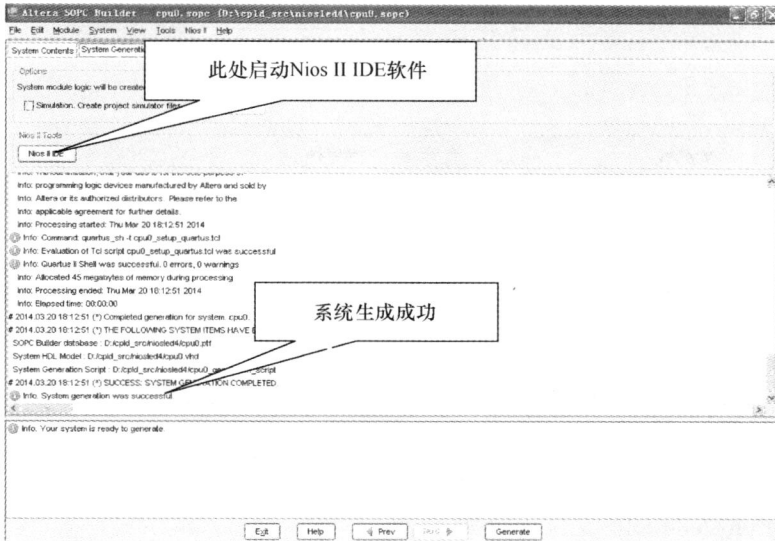

图 7-16　系统生成提示信息

.6.3　用 Quartus II 软件处理硬件系统

1. 编辑顶层原理图文件

在顶层原理图文件 niosled4.bdf 中，双击空白区域弹出【Symbol】窗口，打开【Symbol】窗口左边的元件库【Libraries】，选择【Project】下的【cpu0】，【cpu0】即前述生成的硬件系统元件，【cpu0】元件如图 7-17 所示。

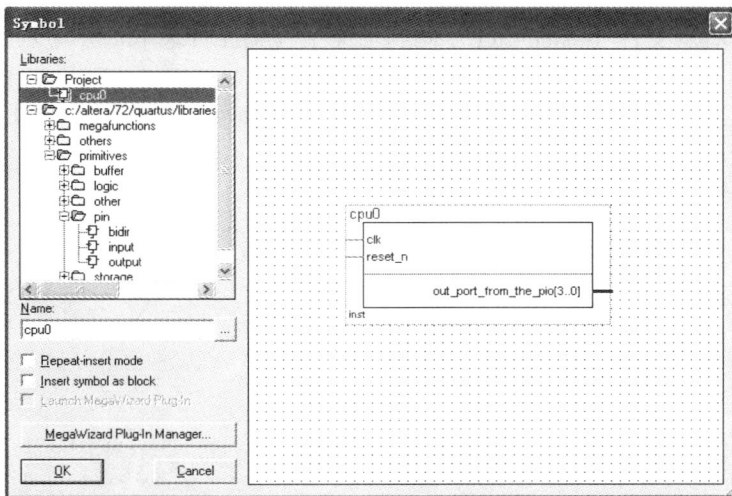

图 7-17　【cpu0】元件

将【cpu0】元件添加到顶层原理图编辑窗口中；继续在【Libraries】中，选择【primitives】【pin】/【input】，放置两个输入引脚到编辑窗口，分别命名为 CLK 和 RESET；选择【primitives】【pin】/【output】，放置一个输出引脚到编辑窗口，命名为 LED[3..0]，并完成连线，完成的顶层原理图如图 7-18 所示。

211

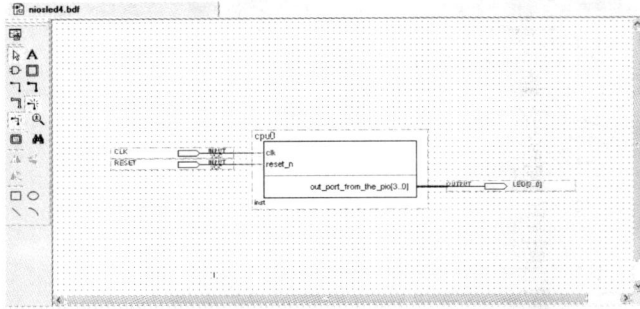

图 7-18　完成的顶层原理图

2. 引脚分配和存储芯片配置

1）引脚分配

针对 EP2C5Q208 核心板和 MAGIC3200 扩展板构成的实验系统，用记事本建立一个 tcl 脚本文件，名为 niosled4.tcl，文件内容如下。

```
set_global_assignment -name RESERVE_ALL_UNUSED_PINS "AS INPUT TRI-STATED"
set_global_assignment -name ENABLE_INIT_DONE_OUTPUT OFF
set_location_assignment PIN_129 -to RESET
set_location_assignment PIN_132 -to CLK
set_location_assignment PIN_72 -to LED\[0\]
set_location_assignment PIN_70 -to LED\[1\]
set_location_assignment PIN_69 -to LED\[2\]
set_location_assignment PIN_68 -to LED\[3\]
```

其中，tcl 脚本文件第 1 行，将所有未用的引脚设置为三态输入。

将建好的 tcl 脚本文件 niosled4.tcl 复制到当前工程文件目录下，并导入到 Quartus II 中，导入方法如下。

选择 Quartus II 菜单栏中【Tools】/【Tcl Scripts】，在弹出的【Tcl Scripts】窗口【Libraries】下，选择 tcl 脚本文件 niosled4.tcl，单击【Run】即可完成 I/O 引脚的分配，完成引脚分配的顶层原理图如图 7-19 所示。

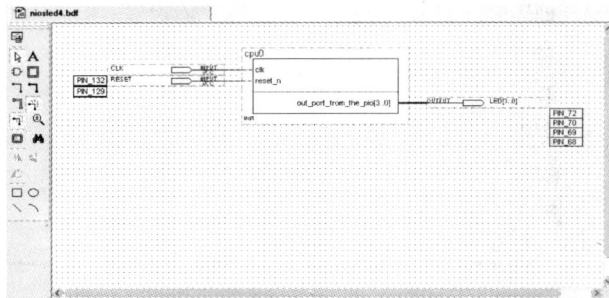

图 7-19　完成引脚分配的顶层原理图

2）存储芯片配置

单击菜单栏【Assignments】/【Device】选项，在弹出的器件设置窗口中，单击【Device and Pin Options…】按钮，在弹出的【Device and Pin Options】窗口中，单击【Configuration】选项卡，FPGA 存储芯片配置选项如图 7-20 所示，按图 7-20 进行设置即可。

212

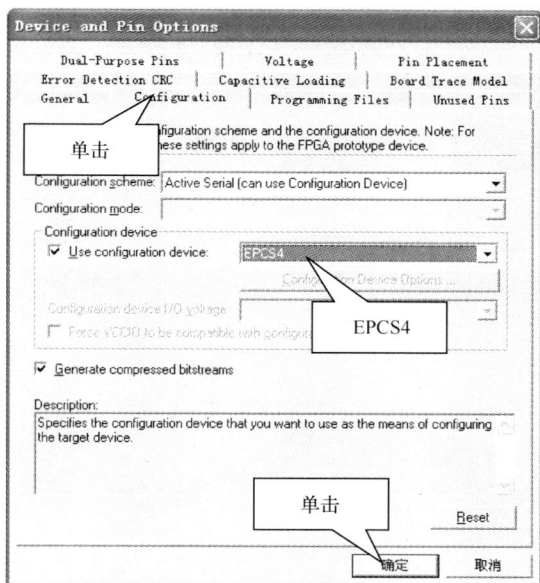

图 7-20　存储芯片配置选顶

3. 编译工程文件

选择【Processing】菜单中的【Start Compilation】或单击工具栏上的 ▶ 按钮，对工程文件进行编译，编译结束后的窗口如图 7-21 所示。

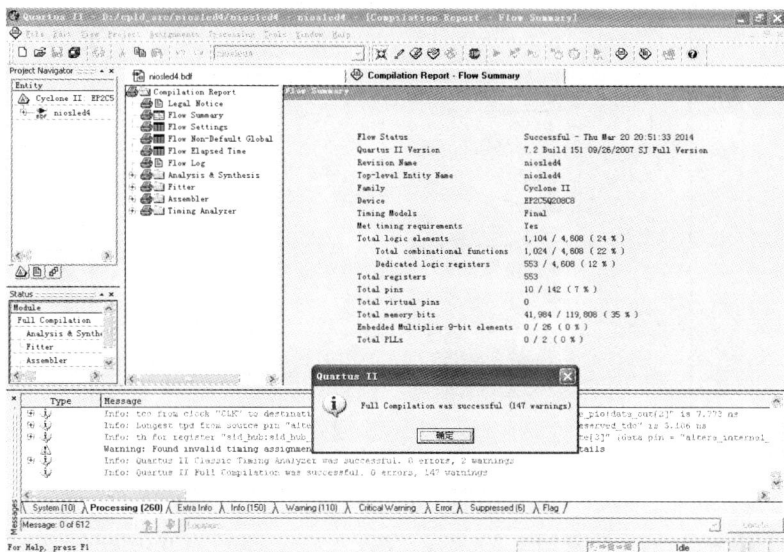

图 7-21　编译结束时窗口

7.6.4　用 Nios II IDE 软件设计应用程序

1. 新建 Nios II IDE 工程文件

在 SOPC Builder 软件中（见图 7-16），打开 Nios II IDE 软件。单击【File】菜单，在弹出的菜单中，单击【New】/【Project】菜单，打开【New Project】窗口（1），如图 7-22 所示，

按图 7-22 选择后，单击【Next】，进入【New Project】窗口（2），如图 7-23 所示。

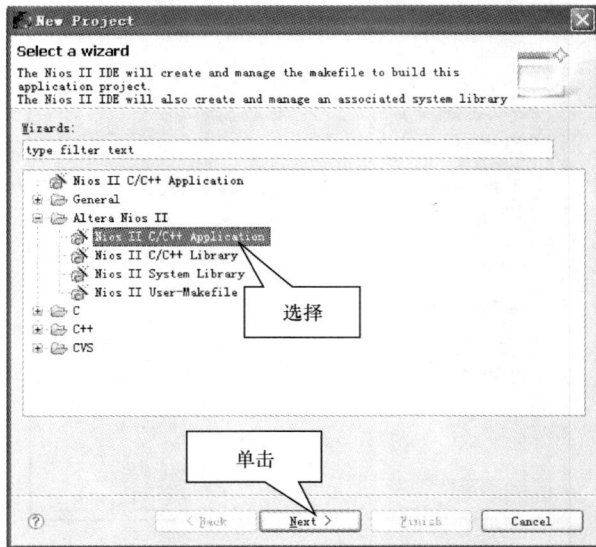

图 7-22　【New Project】窗口（1）

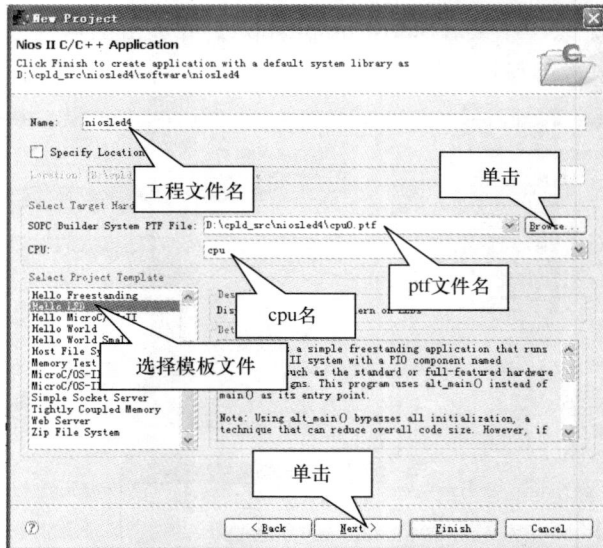

图 7-23　【New Project】窗口（2）

在图 7-23【New Project】窗口（2）中，设置工程文件名为 niosled4，单击【Browse】选择前述建立的硬件系统文件 cpu0.ptf（cpu 名为 cpu），因为 NiosII IDE 必须从该文件获取硬件系统的相关信息，选择工程模板文件为【Hello LED】，单击【Next】，进入【New Project】窗口（3），如图 7-24 所示。

选择创建一个新的系统库，该系统库包含了硬件系统的相关信息及硬件系统的驱动函数，单击【Finish】，完成名为 niosled4 的 Nios II IDE 工程文件的建立，niosled4 工程文件窗口如图 7-25 所示。

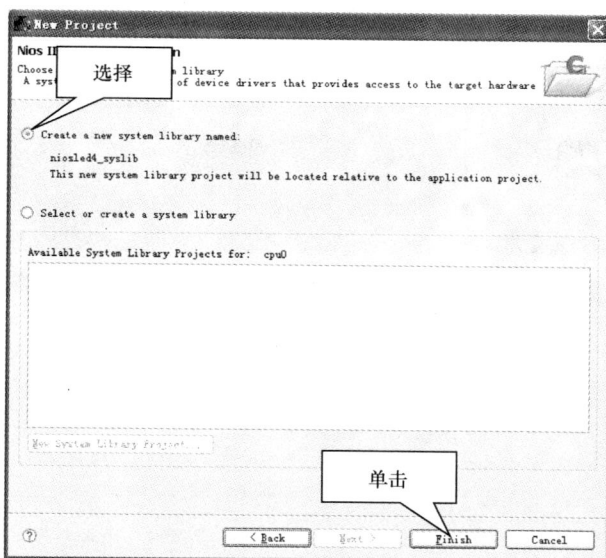

图 7-24　【New Project】窗口（3）

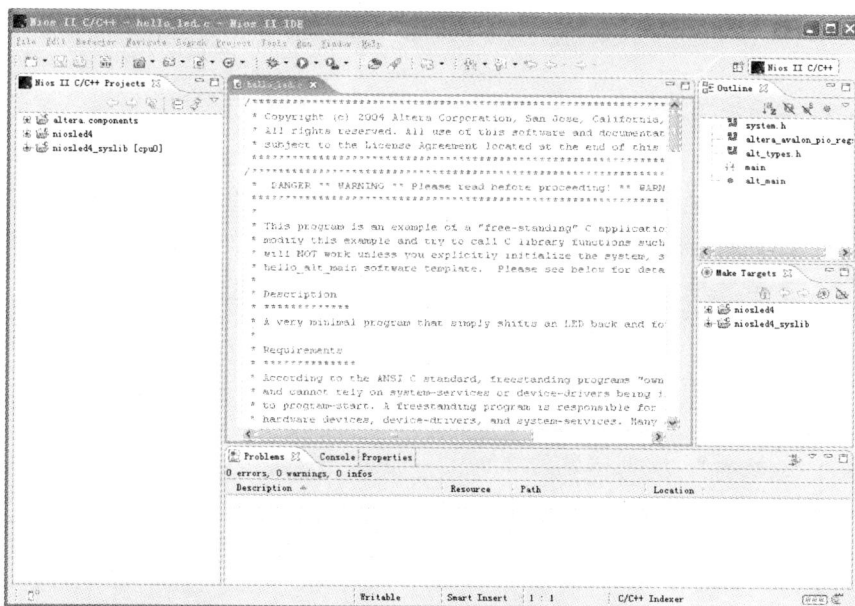

图 7-25　niosled4 工程文件窗口

2. 新建 C 源程序文件

利用【Hello LED】模板新建 Nios II IDE 工程文件后，在该工程文件下，已包含 hello_led.c 的 C 源程序文件：

```
#include "system.h"
#include "altera_avalon_pio_regs.h"
#include "alt_types.h"
int main (void) __attribute__ ((weak, alias ("alt_main")));
int alt_main (void)
```

```
{
    alt_u8 led = 0x2;
    alt_u8 dir = 0;
    volatile int i;
    while (1)
    {
        if (led & 0x81)
        {
            dir = (dir ^ 0x1);
        }
        if (dir)
        {
            led = led >> 1;
        }
        else
        {
            led = led << 1;
        }
        IOWR_ALTERA_AVALON_PIO_DATA(LED_PIO_BASE, led);
        i = 0;
        while (i<200000)
            i++;
    }
    return 0;
}
```

单击【File】菜单，在弹出的菜单中，单击【Save As】菜单，以名 niosled4.c 保存源程序文件，并将工程文件中的模板源程序文件 hello_led.c 删除，C 源程序编辑窗口如图 7-26 所示。

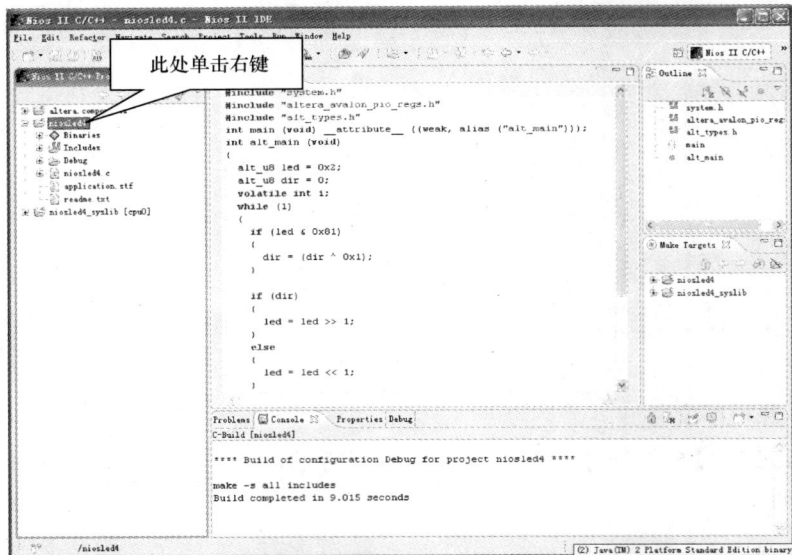

图 7-26　C 源程序编辑窗口

3. 编译 Nios II IDE 工程

图 7-26 C 源程序编辑窗口中，在工程文件 niosled4 处单击右键，在弹出的菜单中，单击

【Build Project】菜单（构建工程），开始首次编译 Nios II IDE 工程 niosled4，编译 Nios II IDE 工程菜单如图 7-27 所示。

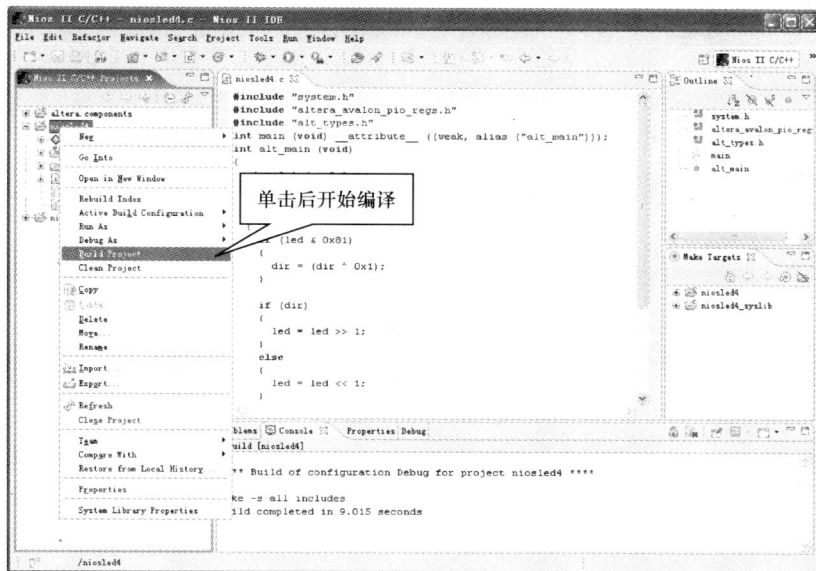

图 7-27　编译 Nios II IDE 工程菜单

注意：新建 Nios II IDE 工程及新建 C 源程序后，很多文件还没有生成，所以不管工程是否正确，都需要先编译一次。

一般情况下，利用【Hello LED】模板新建 Nios II IDE 工程文件，在首次编译时，通常都会出错，因为每个生成的硬件系统是有差异的，工程模版只是一个基本结构，需要适当进行修改。首次编译 Nios II IDE 工程结果如图 7-28 所示。

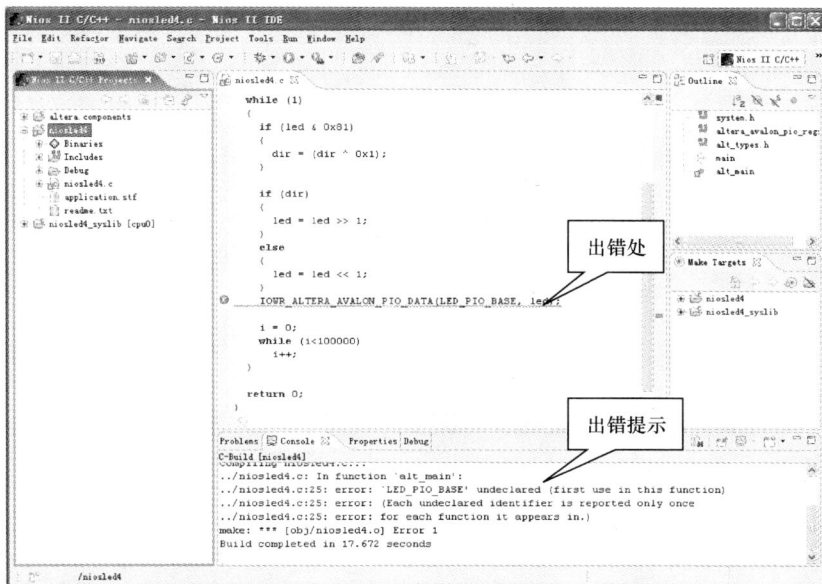

图 7-28　首次编译 Nios II IDE 工程结果

图 7-28 中，提示 LED_PIO_BASE 没有定义，打开 system.h 系统头部文件，找到 I/O 基地址定义处，正确的定义为 PIO_BASE，system.h 系统头部文件如图 7-29 所示。

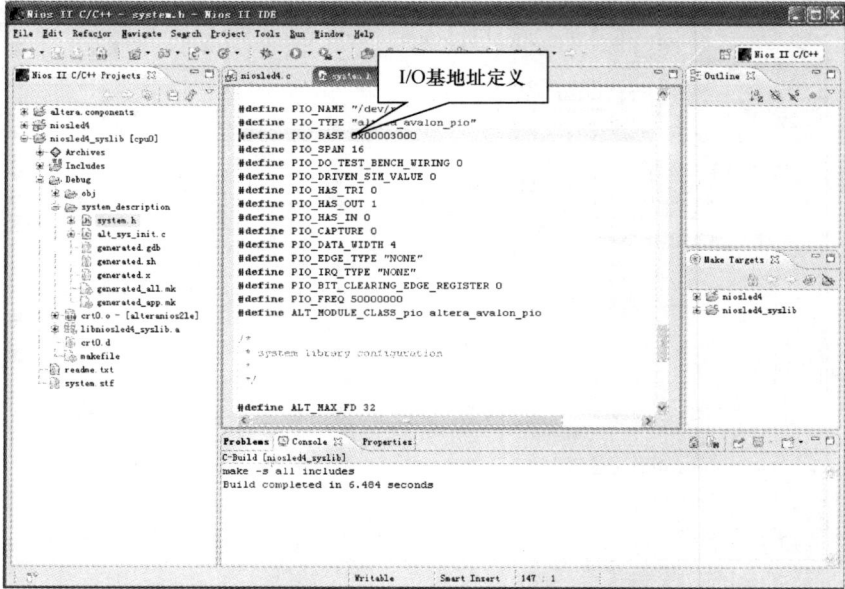

图 7-29　system.h 系统头部文件

修改源程序文件后，保存文件，然后重新编译，再次编译 Nios II IDE 工程结果如图 7-30 所示。

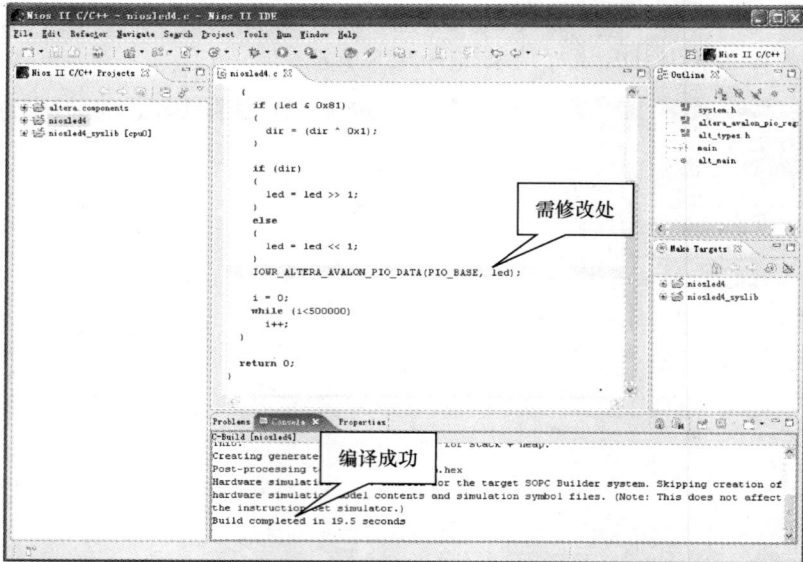

图 7-30　再次编译 Nios II IDE 工程结果

4. 重新编译工程文件

软件设计完成后，需重新编译 Quartus II 工程 niosled4.qpf，将 Nios II IDE 生成的 onchip_mem.hex 文件编译到 Quartus II 工程里面去，形成最终的编程文件。选择 Quartus II

软件的【Processing】菜单，单击【Start Compilation】或单击工具栏上的 ▶ 按钮，对工程文件重新进行编译，重新编译 Quartus II 工程结果如图 7-31 所示。

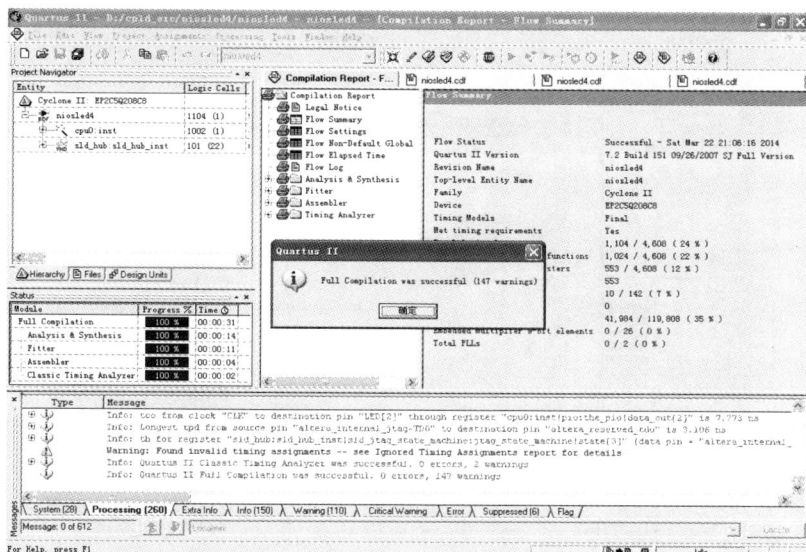

图 7-31　重新编译 Quartus II 工程结果

5. 下载验证

利用 Quartus II 提供的独立编程配置软件，将编译生成的编程文件，下载到 SOPC 应用板上 FPGA 的配置芯片 EPCS4 中，对系统进行实际功能的验证。

下载验证前，先将 Altera USB-Blaster 下载器从 SOPC 应用板的 AS 接口连接到计算机的 USB 接口（USB-Blaster 下载器驱动程序的安装可参考"6.4.7 下载验证"一节）。接通 SOPC 应用板的电源，选择 AS 主从模式，添加编程文件，下载窗口如图 7-32 所示。

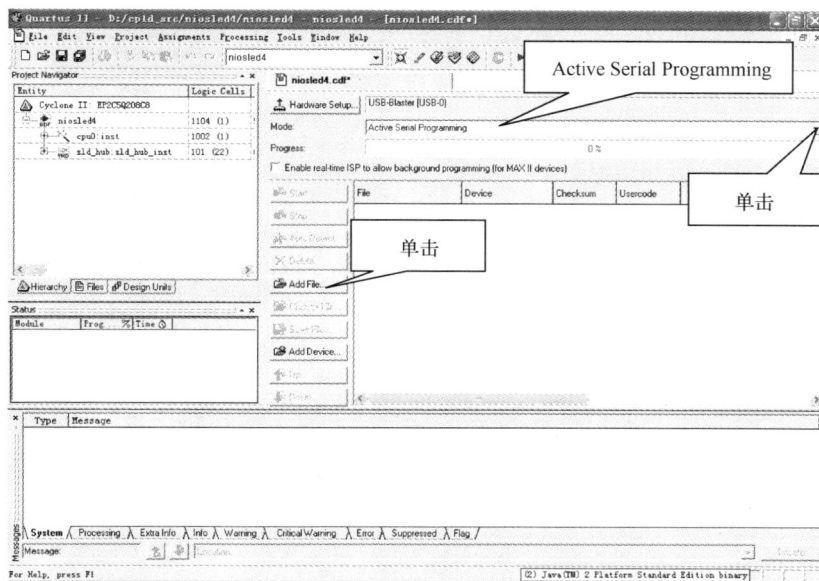

图 7-32　下载窗口

在图 7-32 中，单击【Add File…】，打开选择编程文件窗口，选择编程文件为 niosled4.pof，选择编程文件窗口如图 7-33 所示。

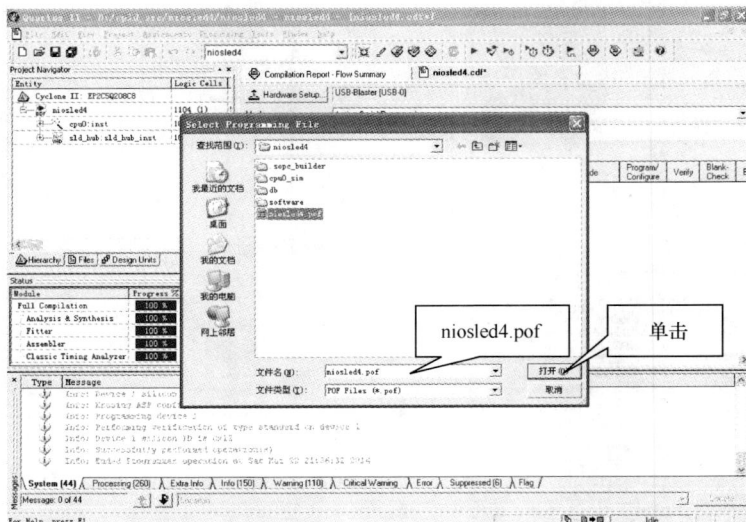

图 7-33　选择编程文件窗口

选择编程文件后，单击【打开】，打开如图 7-34 所示配置后的下载窗口，勾选编程和校验功能，单击【Start】开始下载，将编程文件代码下载到 EPC4 配置芯片中，并验证系统功能。

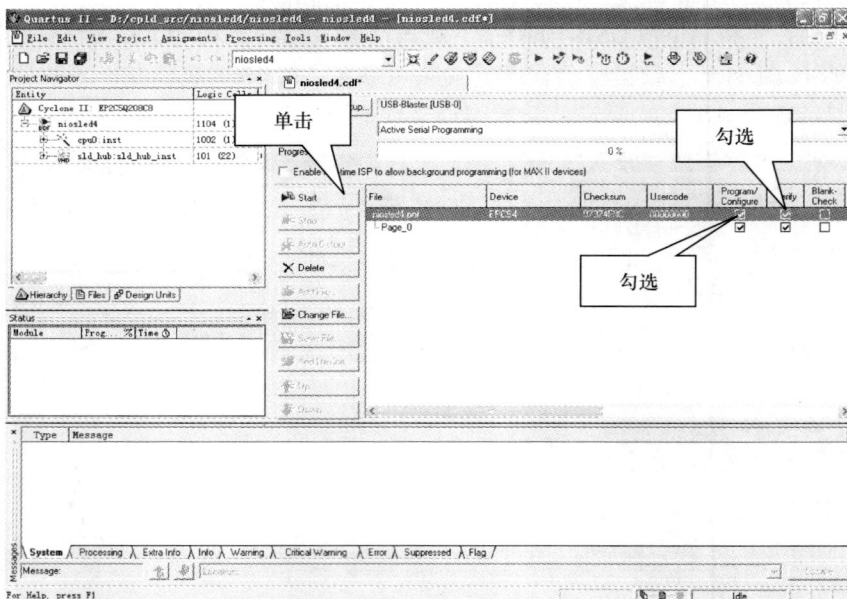

图 7-34　配置后的下载窗口

第 8 章

PLD 开发实验系统

8.1 PLD 开发实验系统的结构

PLD 系统的设计实践离不开硬件电路的支持，成都云智优创科技有限公司的 PLD 开发实验系统采用了核心板加扩展板的结构，整个 PLD 开发实验系统由两块印制电路板组成，PLD 开发实验系统结构如图 8-1 所示。

图 8-1　PLD 开发实验系统结构

图 8-1 中，上方的小块印制电路板即为核心板，核心板的主控芯片是 CPLD 或 FPGA，当需要使用不同型号的 CPLD 或 FPGA 芯片时，只需更换核心板即可，常用的核心板如下。

（1）EPM1270 核心板；

（2）XC95288XL 核心板；

（3）EP2C5Q208 核心板。

图 8-1 中，下方的大块印制电路板即为 MAGIC3200 扩展板，MAGIC3200 扩展板是 PLD 开发实验系统的基础部分，实验时，将所需的核心板插接在 MAGIC3200 扩展板上即可。

8.2 EPM1270 核心板

EPM1270 核心板采用了 ALTERA 公司的 MAX II 器件系列的 EPM1270 作为主控芯片，EPM1270 核心板结构如图 8-2 所示。

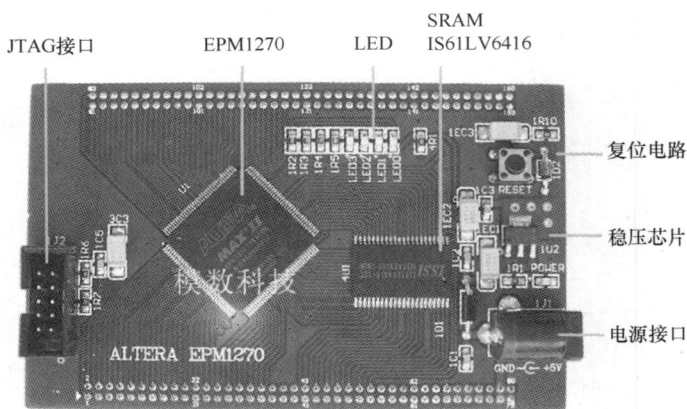

图 8-2　EPM1270 核心板结构

EPM1270 核心板主要由 EPM1270 主控芯片、电源电路、JTAG 接口、时钟电路、复位电路、LED 显示电路、SRAM 接口电路等部分组成。

8.3　XC95288XL 核心板

XC95288XL 核心板采用了 XILINX 公司的 XC9500XL 器件系列的 XC95288XL 作为主控芯片，XC95288XL 核心板结构如图 8-3 所示。

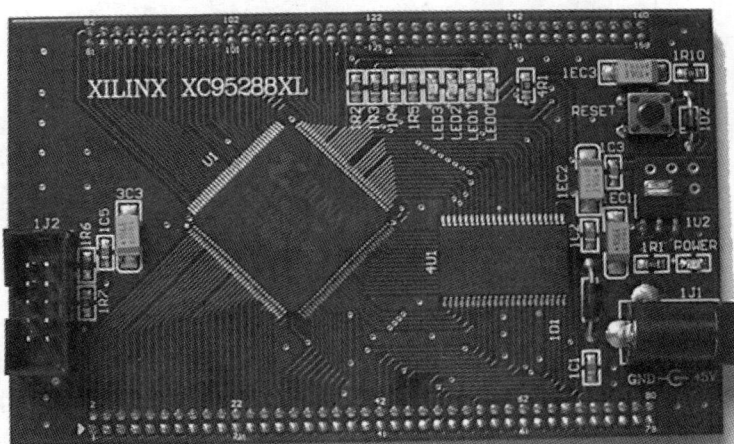

图 8-3　XC95288XL 核心板结构

XC95288XL 核心板主要由 XC95288XL 主控芯片、电源电路、JTAG 接口、时钟电路、复位电路、LED 显示电路、SRAM 接口电路等部分组成。

8.4　EP2C5Q208 核心板

EP2C5Q208 核心板采用了 ALTERA 公司的 CycloneII 器件系列的 EP2C5Q208 作为主控芯片，EP2C5Q208 核心板结构如图 8-4 所示。

222

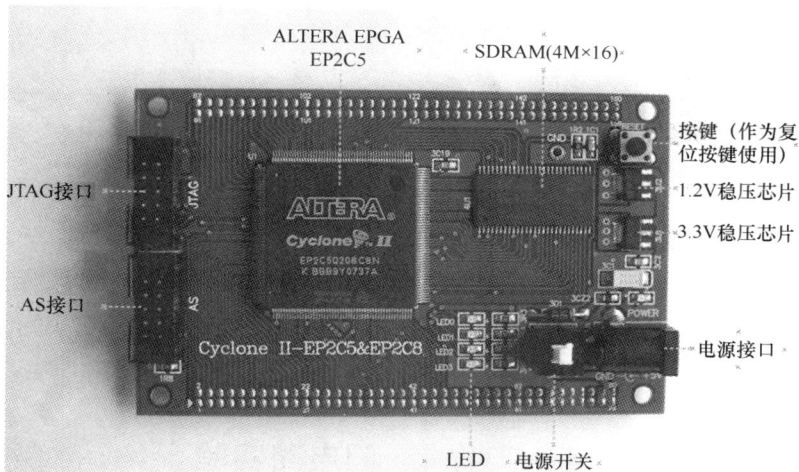

图 8-4　EP2C5Q208 核心板结构

EP2C5Q208 核心板主要由 EP2C5Q208 主控芯片、电源电路、JTAG 接口、AS 接口、时钟电路、复位电路、LED 显示电路、EPCS4 配置芯片接口、SRAM 接口电路等部分组成。

8.5　MAGIC3200 扩展板

MAGIC3200 扩展板如图 8-5 所示，扩展板上设置了多种单元电路和简单外设，用于系统功能的扩展和人机交互。

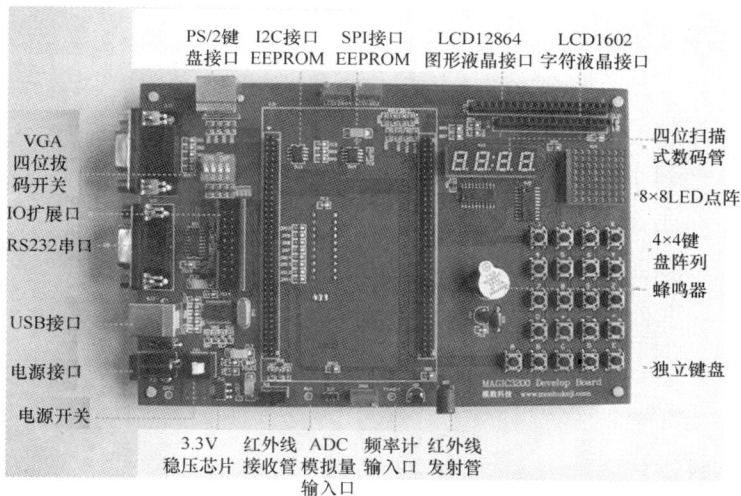

图 8-5　MAGIC3200 扩展板

MAGIC3200 扩展板上的单元电路主要包括：PS/2 键盘接口、EEPROM 接口（I²C）、EEPROM 接口（SPI）、LCD128*64 图形液晶接口、LCD1602 字符液晶接口、四位数码管接口、8*8LED 点阵接口、4*4 键盘接口、蜂鸣器接口、5 个独立键盘开关、VGA 接口、四位拨码开关、IO 扩展接口、RS232 串口、USB 接口、电源接口、电源开关、3.3V 稳压芯片、红外线发射、接收接口、ADC 模拟输入接口、频率计输入接口等。

第9章

组合逻辑电路实验

9.1　实验 1　门电路实验

9.1.1　实验目的

（1）熟悉用 PLD 设计数字系统的流程；

（2）熟悉 Quartus II 或 ISE 软件环境；

（3）掌握用硬件描述语言设计门电路的方法。

9.1.2　实验设备

（1）微型计算机　　　　　　　　　　　　　　　1 台

（2）EPM1270 或 XC95288XL 核心板　　　　　　1 块

（3）MAGIC3200 扩展板　　　　　　　　　　　　1 块

（4）Quartus II 或 ISE 软件　　　　　　　　　　1 套

9.1.3　实验原理

门电路的输入端 A 和 B，与非输出端 YNAND、或非输出端 YNOR、异或输出端 YXOR，如图 9-1 所示。

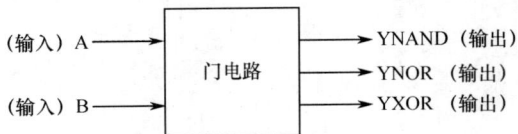

图 9-1　门电路

门电路真值表见表 9-1。

表 9-1　门电路真值表

输　入		输　出		
A	B	YNAND	YNOR	YXOR
0	0	1	1	0
0	1	1	0	1

输　入		输　出		
1	0	1	0	1
1	1	0	0	0

逻辑函数表达式为

$$YNAND=\overline{A\ B}$$
$$YNOR=\overline{A+B}$$
$$YXOR=A\oplus B$$

9.1.4　实验步骤

门电路的两个输入 A、B 分别与 MAGIC3200 扩展板的按键 A、B 相连，YNAND、YNOR 和 YXOR 分别与核心板的 LED0 、LED1 和 LED2 相连，按以下步骤进行实验。

（1）启动 Quartus II 或 ISE 软件，新建工程文件，并为工程文件命名；

（2）选择器件为 Altera 的 MAX II 系列，型号为 EPM1270T144C5；或为 Xilinx 的 XC9500XL CPLDs 系列，型号为 XC95288XL；

（3）新建 VHDL 或 Verilog HDL 源程序文件，并为源程序文件命名；

（4）写出源程序文件代码，并保存；

（5）对工程文件进行编译处理，如在编译过程中发现错误，则进行查错修改，直至编译成功为止；

（6）对引脚进行约束处理，并对未用引脚设置为三态输入，重新进行编译处理；

（7）对器件进行编程下载，运行程序。

9.1.5　实验结果

按表 9-2 所列不同的输入值，按下 A、B 键（1 未按键，0 按键），观察 LED0、LED1 和 LED2 的变化（0 亮，1 灭），并将实验结果记录于表 9-2 中。

表 9-2　实验结果

输　入		输　出			实验结果		
A	B	YNAND	YNOR	YXOR	YNAND LED0	YNOR LED1	YXOR LED2
0	0	1	1	0			
0	1	1	0	1			
1	0	1	0	1			
1	1	0	0	0			

9.1.6　参考程序及引脚分配

1. 参考程序（VHDL）

```
LIBRARY  IEEE;
```

```
USE IEEE.STD_LOGIC_1164.ALL;
ENTITY GATE IS
PORT (A,B:IN STD_LOGIC;
YNAND,YNOR,YXOR:OUT STD_LOGIC);
END ENTITY GATE;
ARCHITECTURE ART OF GATE IS
BEGIN
  YNAND<=A NAND B;        —与非门输出
  YNOR<=A NOR B;          —或非门输出
  YXOR<=A XOR B;          —异或门输出
END ARCHITECTURE ART;
```

2. 引脚分配（EPM1270 核心板）

```
SET_LOCATION_ASSIGNMENT PIN_22 -TO A
SET_LOCATION_ASSIGNMENT PIN_23 -TO B
SET_LOCATION_ASSIGNMENT PIN_98 -TO YNAND
SET_LOCATION_ASSIGNMENT PIN_97 -TO YNOR
SET_LOCATION_ASSIGNMENT PIN_96 -TO YXOR
```

9.2　实验 2　全加器实验

9.2.1　实验目的

（1）熟悉用 PLD 设计数字系统的流程；

（2）熟悉 Quartus II 或 ISE 软件环境；

（3）掌握用硬件描述语言设计全加器的方法。

9.2.2　实验设备

（1）微型计算机　　　　　　　　　　　　　　　　1 台

（2）EPM1270 或 XC95288XL 核心板　　　　　　　1 块

（3）MAGIC3200 扩展板　　　　　　　　　　　　 1 块

（4）Quartus II 或 ISE 软件　　　　　　　　　　 1 套

9.2.3　实验原理

能对两个 1 位二进制数进行相加并考虑低位来的进位，即相当于 3 个 1 位二进制数相加求得和及进位的逻辑电路称为全加器。计算机中用多个全加器来构成多位加法器。全加器有三个输入、两个输出，如图 9-2 所示。

（加数）A_i → 全加器 → S_i（本位和）

（被加数）B_i →

（进位入）C_{i-1} → → C_i（进位出）

图 9-2　全加器

图 9-2-1 中的"进位入"C_{i-1} 指的是从低位来的进位，"进位出"C_i 即本位的进位输出，

全加器真值表见表 9-3 所列。

表 9-3　全加器真值表

输　入			输　出	
C_{i-1}	B_i	A_i	S_i	C_i
0	0	0	0	0
0	0	1	1	0
0	1	0	1	0
0	1	1	0	1
1	0	0	1	0
1	0	1	0	1
1	1	0	0	1
1	1	1	1	1

根据全加器真值表可写出逻辑函数表达式：

$$S_i = m_1 + m_2 + m_4 + m_7 = \overline{A_i}\,\overline{B_i}C_{i-1} + \overline{A_i}B_i\overline{C_{i-1}} + A_i\overline{B_i}\,\overline{C_{i-1}} + A_iB_iC_{i-1}$$
$$= \overline{A_i}(\overline{B_i}C_{i-1} + B_i\overline{C_{i-1}}) + A_i(\overline{B_i}\,\overline{C_{i-1}} + B_iC_{i-1}) = \overline{A_i}(B_i \oplus C_{i-1}) + A_i\overline{(B_i \oplus C_{i-1})}$$
$$= A_i \oplus B_i \oplus C_{i-1}$$

$$C_i = m_3 + m_5 + A_iB_i = \overline{A_i}B_iC_{i-1} + A_i\overline{B_i}C_{i-1} + A_iB_i = (\overline{A_i}B_i + A_i\overline{B_i})C_{i-1} + A_iB$$
$$= (A_i \oplus B_i)C_{i-1} + A_iB_i$$

9.2.4　实验步骤

全加器的三个输入 A_i、B_i、C_{i-1} 分别与 MAGIC3200 扩展板的按键 A、B、C 相连，S_i 和 C_i 分别与核心板的 LED0 和 LED1 相连，按以下步骤进行实验。

（1）启动 QuartusⅡ或 ISE 软件，新建工程文件，并为工程文件命名；

（2）选择器件为 Altera 的 MAX Ⅱ系列，型号为 EPM1270T144C5；或为 Xilinx 的 XC9500XL CPLDs 系列，型号为 XC95288XL；

（3）新建 VHDL 或 Verilog HDL 源程序文件，并为源程序文件命名；

（4）写出源程序文件代码，并保存；

（5）对工程文件进行编译处理，如在编译过程中发现错误，则进行查错修改，直至编译成功为止；

（6）对引脚进行约束处理，并对未用引脚设置为三态输入，重新进行编译处理；

（7）对器件进行编程下载，运行程序。

9.2.5　实验结果

按表 9-4 所列不同的输入值，按下 A、B、C 键（1 未按键，0 按键），观察 LED0 和 LED1 的变化（1 灭，0 亮），并将实验结果记录于表 9-4 中。

表 9-4　实验结果

输　入			输　出		实验结果	
C_{i-1}	B_i	A_i	S_i	C_i	S_i LED0	C_i LED1
0	0	0	0	0		
0	0	1	1	0		
0	1	0	1	0		
0	1	1	0	1		
1	0	0	1	0		
1	0	1	0	1		
1	1	0	0	1		
1	1	1	1	1		

9.2.6　参考程序及引脚分配

（1）参考程序（Verilog HDL）

```
module full_adder(ai,bi,ci_1,si,ci);
input ai,bi,ci_1;
output si,ci;
assign si = ai ^ bi ^ ci_1;
assign ci = ((ai ^ bi) & ci_1)|(ai & bi);
endmodule
```

（2）引脚分配（EPM1270 核心板）

```
SET_LOCATION_ASSIGNMENT PIN_22 -TO ai
SET_LOCATION_ASSIGNMENT PIN_23 -TO bi
SET_LOCATION_ASSIGNMENT PIN_24 -TO ci_1
SET_LOCATION_ASSIGNMENT PIN_97 -TO ci
SET_LOCATION_ASSIGNMENT PIN_98 -TO si
```

9.3　实验 3　2-4 译码器实验

9.3.1　实验目的

（1）熟悉用 PLD 设计数字系统的流程；

（2）熟悉 Quartus Ⅱ 或 ISE 软件环境；

（3）掌握用硬件描述语言设计 2-4 译码器的方法。

9.3.2　实验设备

（1）微型计算机　　　　　　　　　　　　　　　　　　1 台

（2）EPM1270 或 XC95288XL 核心板　　　　　　　　　1 块

（3）MAGIC3200 扩展板　　　　　　　　　　　　　　1 块

（4）Quartus II 或 ISE 软件　　　　　　　　　　　　1 套

9.3.3　实验原理

二进制译码器输入一组二进制码，输出是一组与输入二进制码相对应的高、低电平信号。2-4 译码器有 2 个输入端和 4 个输出端，2-4 译码器如图 9-3 所示。

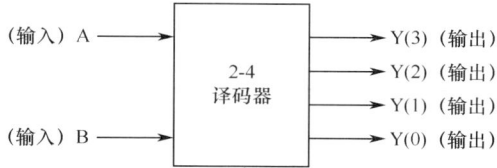

图 9-3　2-4 译码器

2-4 译码器真值表见表 9-5 所列。

表 9-5　2-4 译码器真值表

输　　入		输　　出			
A	B	Y（3）	Y（2）	Y（1）	Y（0）
0	0	1	1	1	0
0	1	1	1	0	1
1	0	1	0	1	1
1	1	0	1	1	1

9.3.4　实验步骤

2-4 译码器的两个输入 A、B 分别与 MAGIC3200 扩展板的按键 A、B 相连，4 个输出 Y（3）、Y（2）、Y（1）和 Y（0）分别与核心板的 LED0 、LED1、 LED2 和 LED3 相连，按以下步骤进行实验。

（1）启动 Quartus II 或 ISE 软件，新建工程文件，并为工程文件命名；

（2）选择器件为 Altera 的 MAX II 系列，型号为 EPM1270T144C5；或为 Xilinx 的 XC9500XL CPLDs 系列，型号为 XC95288XL；

（3）新建 VHDL 或 Verilog HDL 源程序文件，并为源程序文件命名；

（4）写出源程序文件代码，并保存；

（5）对工程文件进行编译处理，如在编译过程中发现错误，则进行查错修改，直至编译成功为止；

（6）对引脚进行约束处理，并对未用引脚设置为三态输入，重新进行编译处理；

（7）对器件进行编程下载，运行程序。

9.3.5　实验结果

按表 9-6 所列不同的输入值，按下 A、B 键（1 未按键，0 按键），观察 LED0 、LED1、LED2 和 LED3 的变化（1 灭，0 亮），并将实验结果记录于表 9-6 中。

表 9-6 实验结果

输　入		输　　出				实验结果			
A	B	Y（3）	Y（2）	Y（1）	Y（0）	Y（3） LED3	Y（2） LED2	Y（1） LED1	Y（0） LED0
0	0	1	1	1	0				
0	1	1	1	0	1				
1	0	1	0	1	1				
1	1	0	1	1	1				

9.3.6 参考程序及引脚分配

1. 参考程序（VHDL）

```
LIBRARY  IEEE;
USE IEEE.STD_LOGIC_1164.ALL;
ENTITY DECODER IS
PORT (A,B:IN STD_LOGIC;
Y:OUT STD_LOGIC_VECTOR(3 DOWNTO 0));
END ENTITY DECODER;
ARCHITECTURE ART OF DECODER IS
SIGNAL S: STD_LOGIC_VECTOR(1 DOWNTO 0);
BEGIN
      S<=A&B;
      PROCESS(A,B)
      BEGIN
         CASE S IS
             WHEN "00" => Y<="1110";
             WHEN "01" => Y<="1101";
             WHEN "10" => Y<="1011";
             WHEN "11" => Y<="0111";
             WHEN OTHERS=> Y<="ZZZZ";
         END CASE;
      END PROCESS;
END ARCHITECTURE ART;
```

2. 引脚分配（EPM1270 核心板）

```
SET_LOCATION_ASSIGNMENT PIN_22 -TO A
SET_LOCATION_ASSIGNMENT PIN_23 -TO B
SET_LOCATION_ASSIGNMENT PIN_98 -TO Y[3]
SET_LOCATION_ASSIGNMENT PIN_97 -TO Y[2]
SET_LOCATION_ASSIGNMENT PIN_96 -TO Y[1]
SET_LOCATION_ASSIGNMENT PIN_95 -TO Y[0]
```

9.4　实验 4　4-2 编码器实验

9.4.1　实验目的

（1）熟悉用 PLD 设计数字系统的流程；

（2）熟悉 Quartus II 或 ISE 软件环境；

（3）掌握用硬件描述语言设计 4-2 编码器的方法。

9.4.2 实验设备

（1）微型计算机　　　　　　　　　　　　　　　　　　1 台

（2）EPM1270 或 XC95288XL 核心板　　　　　　　　　1 块

（3）MAGIC3200 扩展板　　　　　　　　　　　　　　　1 块

（4）Quartus II 或 ISE 软件　　　　　　　　　　　　　1 套

9.4.3 实验原理

实现编码操作的电路称为编码器。4-2 编码器有 4 个输入端和 2 个编码输出端，4-2 编码器如图 9-4 所示。

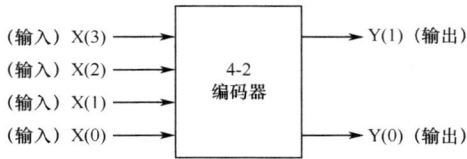

图 9-4　4-2 编码器

4-2 编码器真值表见表 9-7。

表 9-7　4-2 编码器真值表

输　入				输　出	
X（3）	X（2）	X（1）	X（0）	Y（1）	Y（0）
1	1	1	0	0	0
1	1	0	1	0	1
1	0	1	0	1	0
0	1	1	1	1	1

9.4.4 实验步骤

4-2 编码器的 4 个输入 X（3）、X（2）、X（1）和 X（0）分别与 MAGIC3200 扩展板的按键 A、B、C、D 相连，两个输出 Y（1）和 Y（0）分别与核心板的 LED0 、LED1 相连，按以下步骤进行实验。

（1）启动 Quartus II 或 ISE 软件，新建工程文件，并为工程文件命名；

（2）选择器件为 Altera 的 MAX II 系列，型号为 EPM1270T144C5；或为 Xilinx 的 XC9500XL CPLDs 系列，型号为 XC95288XL；

（3）新建 VHDL 或 Verilog HDL 源程序文件，并为源程序文件命名；

（4）写出源程序文件代码，并保存；

（5）对工程文件进行编译处理，如在编译过程中发现错误，则进行查错修改，直至编译成功为止；

（6）对引脚进行约束处理，并对未用引脚设置为三态输入，重新进行编译处理；

（7）对器件进行编程下载，运行程序。

9.4.5　实验结果

按表 9-8 所列不同的输入值，按下 A、B、C、D 键（1 未按键，0 按键），观察 LED1、LED0 的变化（1 灭，0 亮），并将实验结果记录于表 9-8 中。

表 9-8　实验结果

输　　入				输　　出		实验结果	
X（3）	X（2）	X（1）	X（0）	Y（1）	Y（0）	Y（1） LED1	Y（0） LED0
1	1	1	0	0	0		
1	1	0	1	0	1		
1	0	1	1	1	0		
0	1	1	1	1	1		

9.4.6　参考程序及引脚分配

1. 参考程序（VHDL）

```
LIBRARY IEEE;
USE IEEE.STD_LOGIC_1164.ALL;
ENTITY CODER IS
PORT(X:IN STD_LOGIC_VECTOR(3 DOWNTO 0);
     Y:OUT STD_LOGIC_VECTOR(1 DOWNTO 0)
     );
END CODER;
ARCHITECTURE ART OF CODER IS
ARCHITECTURE ART
BEGIN
    PROCESS(X)
    BEGIN
        CASE X IS
            WHEN "1110"=>Y<="00";
            WHEN "1101"=>Y<="01";
            WHEN "1011"=>Y<="10";
            WHEN "0111"=>Y<="11";
            WHEN OTHERS=>Y<="ZZ";
        END CASE;
    END PROCESS;
END ARCHITECTURE ART;
```

2. 引脚分配（EPM1270 核心板）

```
SET_LOCATION_ASSIGNMENT PIN_22 -TO X[3]
SET_LOCATION_ASSIGNMENT PIN_23 -TO X[2]
SET_LOCATION_ASSIGNMENT PIN_24 -TO X[1]
SET_LOCATION_ASSIGNMENT PIN_27 -TO X[0]
SET_LOCATION_ASSIGNMENT PIN_98 -TO Y[1]
SET_LOCATION_ASSIGNMENT PIN_97 -TO Y[0]
```

9.5 实验 5 数据选择器实验

9.5.1 实验目的

（1）熟悉用 PLD 设计数字系统的流程；
（2）熟悉 Quartus II 或 ISE 软件环境；
（3）掌握用硬件描述语言设计数据选择器的方法。

9.5.2 实验设备

（1）微型计算机　　　　　　　　　　　　　　　　1 台
（2）EPM1270 或 XC95288XL 核心板　　　　　　　1 块
（3）MAGIC3200 扩展板　　　　　　　　　　　　　1 块
（4）Quartus II 或 ISE 软件　　　　　　　　　　　1 套

9.5.3 实验原理

在地址信号的控制下，实现从多路输入数据中选择一路作为输出的电路，即数据选择器。4 选 1 数据选择器 D3、D2、D1、D0 是 4 路数据输入端，A1 和 A0 是选择地址输入端，Y 是数据输出端，4 选 1 数据选择器如图 9-5 所示。

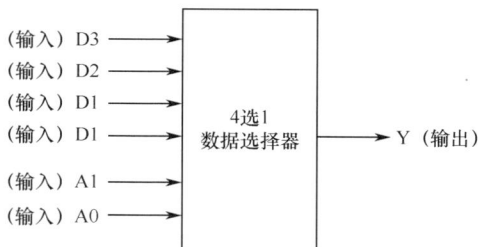

图 9-5 4 选 1 数据选择器

4 选 1 数据选择器真值表见表 9-9 所列。

表 9-9 4 选 1 数据选择器真值表

输　入			输　出
D	A1	A0	Y
D0	0	0	D0
D1	0	1	D1
D2	1	0	D2
D3	1	1	D3

9.5.4 实验步骤

4 选 1 数据选择器的 4 路数据输入 D3、D2、D1 和 D1 分别与 MAGIC3200 扩展板的按键 A、B、C、D 相连，两个选择地址输入 A1 和 A0 分别与 MAGIC3200 扩展板的拨码开关的 JUMP1 和 JUMP0 相连，输出 Y 与核心板的 LED0 相连，按以下步骤进行实验。

（1）启动 Quartus II 或 ISE 软件，新建工程文件，并为工程文件命名；

（2）选择器件为 Altera 的 MAX II 系列，型号为 EPM1270T144C5；或为 Xilinx 的 XC9500XL CPLDs 系列，型号为 XC95288XL；

（3）新建 VHDL 或 Verilog HDL 源程序文件，并为源程序文件命名；

（4）写出源程序文件代码，并保存；

（5）对工程文件进行编译处理，如在编译过程中发现错误，则进行查错修改，直至编译成功为止；

（6）对引脚进行约束处理，并对未用引脚设置为三态输入，重新进行编译处理；

（7）对器件进行编程下载，运行程序。

9.5.5 实验结果

按表 9-10 所列不同的输入值，按下 A、B、C、D 键（1 未按键，0 按键），拨动 JUMP1 和 JUMP0（0 开，1 关），观察 LED0 的变化（1 灭，0 亮），并将实验结果记录于表 9-10 中。

表 9-10 实验结果

输　入				输　出	实验结果
D		A1	A0	Y	Y LED0
D0	0	0	0	D0	
	1				
D1	0	0	1	D1	
	1				
D2	0	1	0	D2	
	1				
D3	0	1	1	D3	
	1				

9.5.6 参考程序及引脚分配

1. 参考程序（VHDL）

```
LIBRARY IEEE;
USE IEEE.STD_LOGIC_1164.ALL;
USE IEEE.STD_LOGIC_UNSIGNED.ALL;
ENTITY MUX41 IS
PORT(A,B,C,D:IN STD_LOGIC;
        S1,S0:IN STD_LOGIC;
      Y:OUT STD_LOGIC);
END ENTITY;
ARCHITECTURE ART OF MUX41 IS
SIGNAL S:STD_LOGIC_VECTOR(1 DOWNTO 0);
SIGNAL Y_TEMP:STD_LOGIC;
BEGIN
    S<=S1&S0;
```

```
      PROCESS(S,S1,S0,A,B,C,D)
      BEGIN
          CASE S IS
              WHEN "00"=>Y_TEMP<=A;
              WHEN "01"=>Y_TEMP<=B;
              WHEN "10"=>Y_TEMP<=C;
              WHEN "11"=>Y_TEMP<=D;
              WHEN OTHERS=>Y_TEMP<='X';
          END CASE;
          Y<=Y_TEMP;
      END PROCESS;
  END ARCHITECTURE ART;
```

2. 引脚分配（EPM1270 核心板）

```
SET_LOCATION_ASSIGNMENT PIN_22 -TO A
SET_LOCATION_ASSIGNMENT PIN_23 -TO B
SET_LOCATION_ASSIGNMENT PIN_24 -TO C
SET_LOCATION_ASSIGNMENT PIN_27 -TO D
SET_LOCATION_ASSIGNMENT PIN_98 -TO Y
SET_LOCATION_ASSIGNMENT PIN_8 -TO S0
SET_LOCATION_ASSIGNMENT PIN_11 -TO S1
```

9.6 实验 6 数据比较器实验

9.6.1 实验目的

（1）熟悉用 PLD 设计数字系统的流程；
（2）熟悉 Quartus II 或 ISE 软件环境；
（3）掌握用硬件描述语言设计数据比较器的方法。

9.6.2 实验设备

（1）微型计算机	1 台
（2）EPM1270 或 XC95288XL 核心板	1 块
（3）MAGIC3200 扩展板	1 块
（4）Quartus II 或 ISE 软件	1 套

9.6.3 实验原理

数据比较器能对两个多位数据进行比较，并将结果输出。A[3..0]和 B[3..0]为数据比较器的二个输入端口，Y（0）、Y（1）、Y（2）为比较结果输出端，数据比较器如图 9-6 所示。

图 9-6 数据比较器

数据比较器真值表见表 9-11 所列。

表 9-11　数据比较器真值表

输　　入		输　　出		
A[3..0]	B[3..0]	Y1	Y2	Y3
A>B		1	0	0
A=B		0	1	0
A<B		0	0	1

9.6.4　实验步骤

　　数据比较器的 4 路数据输入 A[3..0]分别与 MAGIC3200 扩展板的按键 A、B、C、D 相连，B[3..0 分别与 MAGIC3200 扩展板的拨码开关的 JUMP3、JUMP2、JUMP1 和 JUMP0 相连，输出 Y（0）、Y（1）、Y（2）与核心板的 LED0、LED1、LED2 相连，按以下步骤进行实验。

　　（1）启动 Quartus II 或 ISE 软件，新建工程文件，并为工程文件命名；

　　（2）选择器件为 Altera 的 MAX II 系列，型号为 EPM1270T144C5；或为 Xilinx 的 XC9500XL CPLDs 系列，型号为 XC95288XL；

　　（3）新建 VHDL 或 Verilog HDL 源程序文件，并为源程序文件命名；

　　（4）写出源程序文件代码，并保存；

　　（5）对工程文件进行编译处理，如在编译过程中发现错误，则进行查错修改，直至编译成功为止；

　　（6）对引脚进行约束处理，并对未用引脚设置为三态输入，重新进行编译处理；

　　（7）对器件进行编程下载，运行程序。

9.6.5　实验结果

　　按表 9-12 所列不同的输入值，拨动 JUMP3、JUMP2、JUMP1 和 JUMP0（0 开，1 关），按下 A、B、C、D 键（1 未按键，0 按键），观察 LED0、LED1、LED2 的变化（1 灭，0 亮），并将实验结果记录于表 9-12 中。

表 9-12　实验结果

输　　入		输　　出			实验结果		
A[3..0]	B[3..0]	Y（0）	Y（1）	Y（2）	Y（0） LED0	Y（1） LED1	Y（2） LED2
1111	1100	1	0	0			
1100	1100	0	1	0			
1001	1011	0	0	1			

9.6.6　参考程序及引脚分配

1. 参考程序（VHDL）

```
LIBRARY IEEE;
```

```
USE IEEE.STD_LOGIC_1164.ALL;
ENTITY COMP4 IS
PORT(A,B:IN STD_LOGIC_VECTOR(3 DOWNTO 0);
     Y:OUT STD_LOGIC_VECTOR(2 DOWNTO 0));
END COMP4;
ARCHITECTURE ART OF COMP4 IS
BEGIN
    PROCESS(A,B)
    BEGIN
      IF A>B THEN    —A>B
          Y<="100";
      ELSIF A=B THEN  —A=B
          Y<="010";
      ELSIF A<B THEN  —A<B
          Y<="001";
      END IF;
    END PROCESS;
END ARCHITECTURE ART;
```

2. 引脚分配（EPM1270 核心板）

```
SET_LOCATION_ASSIGNMENT PIN_22 -TO A[3]
SET_LOCATION_ASSIGNMENT PIN_23 -TO A[2]
SET_LOCATION_ASSIGNMENT PIN_24 -TO A[1]
SET_LOCATION_ASSIGNMENT PIN_27 -TO A[0]
SET_LOCATION_ASSIGNMENT PIN_13 -TO B[3]
SET_LOCATION_ASSIGNMENT PIN_12 -TO B[2]
SET_LOCATION_ASSIGNMENT PIN_11 -TO B[1]
SET_LOCATION_ASSIGNMENT PIN_8 -TO B[0]
SET_LOCATION_ASSIGNMENT PIN_98 -TO Y[0]
SET_LOCATION_ASSIGNMENT PIN_97 -TO Y[1]
SET_LOCATION_ASSIGNMENT PIN_96 -TO Y[2]
```

9.7　实验 7　显示译码器实验

9.7.1　实验目的

（1）熟悉用 PLD 设计数字系统的流程；
（2）熟悉 Quartus II 或 ISE 软件环境；
（3）掌握用硬件描述语言设计显示译码器的方法。

9.7.2　实验设备

（1）微型计算机　　　　　　　　　　　　　　　1 台
（2）EPM1270 或 XC95288XL 核心板　　　　　　1 块
（3）MAGIC3200 扩展板　　　　　　　　　　　　1 块
（4）Quartus II 或 ISE 软件　　　　　　　　　　1 套

9.7.3 实验原理

显示译码器能对 BCD 数据进行 7 段数字译码输出。BCD[3..0]为 BCD 数据的输入端口，LED[7..0]为 7 段译码输出端口，ROW[3..0]为数码管位选输出端口，EN1 为数码管使能控制端，显示译码器如图 9-7 所示。

图 9-7　显示译码器

显示译码器真值表（共阳数码管）见表 9-13 所列。

表 9-13　显示译码器真值表（共阳数码管）

输　入	输　出		
BCD[3..0]	EN1	ROW[3..0]	LED[7..0] abcdefgh
0000	0	0001	00000011
0001	0	0001	10011111
0010	0	0001	00100101
0011	0	0001	00001101
0100	0	0001	10011001
0101	0	0001	01001001
0110	0	0001	01000001
0111	0	0001	00011111
1000	0	0001	00000001
1001	0	0001	00001001

9.7.4 实验步骤

显示译码器的数据输入 BCD[3..0]分别与 MAGIC3200 扩展板的按键 A、B、C、D 相连，ROW [3..0]分别与 MAGIC3200 扩展板的 4 位数码管的共阳端 LEDVCC1、LEDVCC2、LEDVCC3、LEDVCC4 相连，EN1 与 MAGIC3200 扩展板的 LED_EN1 相连，按以下步骤进行实验。

（1）启动 Quartus II 或 ISE 软件，新建工程文件，并为工程文件命名；

（2）选择器件为 Altera 的 MAX II 系列，型号为 EPM1270T144C5；或为 Xilinx 的 XC9500XL CPLDs 系列，型号为 XC95288XL；

（3）新建 VHDL 或 Verilog HDL 源程序文件，并为源程序文件命名；

（4）写出源程序文件代码，并保存；

（5）对工程文件进行编译处理，如在编译过程中发现错误，则进行查错修改，直至编译成功为止；

（6）对引脚进行约束处理，并对未用引脚设置为三态输入，重新进行编译处理；

（7）对器件进行编程下载，运行程序。

9.7.5 实验结果

按表 9-14 所列不同的输入值，按下 A、B、C、D 键（1 未按键，0 按键），观察数码管显示数字的变化（数字显示），并将实验结果记录于表 9-14 中。

表 9-14 实验结果

| 输 入 | 输 出 | | | 实验结果 |
BCD[3..0]	EN1	ROW[3..0]	LED[7..0] abcdefgh	LED[7..0] （数字显示）
0000	0	0001	00000011	
0001	0	0001	10011111	
0010	0	0001	00100101	
0011	0	0001	00001101	
0100	0	0001	10011001	
0101	0	0001	01001001	
0110	0	0001	01000001	
0111	0	0001	00011111	
1000	0	0001	00000001	
1001	0	0001	00001001	

9.7.6 参考程序及引脚分配

1. 参考程序（VHDL）

```
LIBRARY IEEE;
USE IEEE.STD_LOGIC_1164.ALL;
ENTITY SEG7 IS
PORT (BCD :IN STD_LOGIC_VECTOR(3 DOWNTO 0);
      ROW :OUT STD_LOGIC_VECTOR(3 DOWNTO 0);     —数码管位选控制
      EN1:OUT STD_LOGIC;—数码管使能控制
      LED :OUT STD_LOGIC_VECTOR(7 DOWNTO 0));    —数码管段码输出
END SEG7;
ARCHITECTURE BEHAVIORAL OF SEG7 IS
BEGIN
    EN1<='0';                                    —数码管使能，低电平有效
    ROW<="0001";                                 —数码管位选，在最右位显示
—7 段译码器
—A,B,C,D,E,F,G,H
    WITH BCD SELECT
    LED<="10011111" WHEN "0001",                 —1
        "00100101" WHEN "0010",                  —2
        "00001101" WHEN "0011",                  —3
        "10011001" WHEN "0100",                  —4
        "01001001" WHEN "0101",                  —5
        "01000001" WHEN "0110",                  —6
```

239

```
            "00011111" WHEN "0111",                    —7
            "00000001" WHEN "1000",                    —8
            "00001001" WHEN "1001",                    —9
            "00000011" WHEN  OTHERS;                   —0
        END BEHAVIORAL;
```

2. 引脚分配（EPM1270 核心板）

```
    SET_LOCATION_ASSIGNMENT PIN_22 -TO BCD[3]
    SET_LOCATION_ASSIGNMENT PIN_23 -TO BCD[2]
    SET_LOCATION_ASSIGNMENT PIN_24 -TO BCD[1]
    SET_LOCATION_ASSIGNMENT PIN_27 -TO BCD[0]
    SET_LOCATION_ASSIGNMENT PIN_113 -TO ROW[3]
    SET_LOCATION_ASSIGNMENT PIN_114 -TO ROW[2]
    SET_LOCATION_ASSIGNMENT PIN_111 -TO ROW[1]
    SET_LOCATION_ASSIGNMENT PIN_112 -TO ROW[0]
    SET_LOCATION_ASSIGNMENT PIN_109 -TO LED[7]
    SET_LOCATION_ASSIGNMENT PIN_110 -TO LED[6]
    SET_LOCATION_ASSIGNMENT PIN_107 -TO LED[5]
    SET_LOCATION_ASSIGNMENT PIN_108 -TO LED[4]
    SET_LOCATION_ASSIGNMENT PIN_105 -TO LED[3]
    SET_LOCATION_ASSIGNMENT PIN_106 -TO LED[2]
    SET_LOCATION_ASSIGNMENT PIN_103 -TO LED[1]
    SET_LOCATION_ASSIGNMENT PIN_101 -TO LED[0]
    SET_LOCATION_ASSIGNMENT PIN_118 -TO EN1
```

第10章

时序逻辑电路实验

10.1 实验8 触发器实验

10.1.1 实验目的

（1）熟悉用 PLD 设计数字系统的流程；

（2）熟悉 Quartus II 或 ISE 软件环境；

（3）掌握用硬件描述语言设计触发器的方法。

10.1.2 实验设备

（1）微型计算机	1台
（2）EPM1270 或 XC95288XL 核心板	1块
（3）MAGIC3200 扩展板	1块
（4）Quartus II 或 ISE 软件	1套

10.1.3 实验原理

触发器是构成时序逻辑电路的基本逻辑部件。JK 触发器的输入端 J 和 K，时钟输入端 CLK，复位端 RST，置位端 SET，输出端 Q^n，JK 触发器如图 10-1 所示。

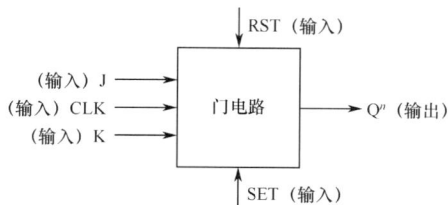

图 10-1 JK 触发器

JK 触发器的特性表见表 10-1 所列。

表 10-1 JK 触发器的特性表

CLK	RST	SET	J	K	Q^n	Q^{n+1}	功能
X	0	1	X	X	X	0	$Q^{n+1}=0$ 置 0
X	1	0	X	X	X	1	$Q^{n+1}=1$ 置 1

CLK	RST	SET	J	K	Q^n	Q^{n+1}	功能
0	1	1	X	X	X	Q^n	$Q^{n+1} = Q^n$ 保持
↑	1	1	0	0	0	0	$Q^{n+1} = Q^n$ 保持
↑	1	1	0	0	1	1	
↑	1	1	0	1	0	0	$Q^{n+1} = 0$ 置 0
↑	1	1	0	1	1	0	
↑	1	1	1	0	0	1	$Q^{n+1} = 1$ 置 1
↑	1	1	1	0	1	1	
↑	1	1	1	1	0	1	$Q^{n+1} = \overline{Q^n}$ 翻转
↑	1	1	1	1	1	0	

JK 触发器的特性方程为

$$Q^{n+1} = J\overline{Q^n} + \overline{K}Q^n$$

10.1.4 实验步骤

JK 触发器的 5 个输入端 CLK、RST、SET、J、K 分别与 MAGIC3200 扩展板的按键 A、B、C、D、E 相连，输出端 Q 与核心板的 LED0 相连，按以下步骤进行实验。

（1）启动 Quartus Ⅱ 或 ISE 软件，新建工程文件，并为工程文件命名；

（2）选择器件为 Altera 的 MAX Ⅱ 系列，型号为 EPM1270T144C5；或为 Xilinx 的 XC9500XL CPLDs 系列，型号为 XC95288XL；

（3）新建 VHDL 或 Verilog HDL 源程序文件，并为源程序文件命名；

（4）写出源程序文件代码，并保存；

（5）对工程文件进行编译处理，如在编译过程中发现错误，则进行查错修改，直至编译成功为止；

（6）对引脚进行约束处理，并对未用引脚设置为三态输入，重新进行编译处理；

（7）对器件进行编程下载，运行程序。

10.1.5 实验结果

按表 10-2 所列不同的输入值，按下 A、B、C、D、E 键（1 未按键，0 按键），观察 LED0 的变化（0 亮，1 灭），并将实验结果记录于表 10-2 中。

表 10-2 实验结果

CLK	RST	SET	J	K	Q^n	Q^{n+1}	实验结果 LED0（Q^{n+1}）
X	0	1	X	X	X	0	
X	1	0	X	X	X	1	
0	1	1	X	X	X	Q^n	
↑	1	1	0	0	0	0	
↑	1	1	0	0	1	1	

CLK	RST	SET	J	K	Q^n	Q^{n+1}	实验结果 LED0（Q^{n+1}）
↑	1	1	0	1	0	0	
↑	1	1	0	1	1	0	
↑	1	1	1	0	0	1	
↑	1	1	1	0	1	1	
↑	1	1	1	1	0	1	
↑	1	1	1	1	1	0	

10.1.6 参考程序及引脚分配

1. 参考程序（VHDL）

```
module JK(CLK,J,K,RST,SET,Q);
input CLK,J,K,SET,RST;
output Q;
reg Q;
always @(posedge CLK or negedge RST or negedge SET)
begin
        if (!RST) Q<=1'b0;
        else if (!SET) Q<=1'b1;
            else
                case({J,K})
                    2'b00:Q<=Q;
                    2'b01:Q<=1'b0;
                    2'b10:Q<=1'b1;
                    2'b11:Q<=~Q;
                    default:Q<=1'bx;
                endcase
end
endmodule
```

2. 引脚分配（EPM1270 核心板）

```
set_location_assignment PIN_22 -to CLK
set_location_assignment PIN_23 -to RST
set_location_assignment PIN_24 -to SET
set_location_assignment PIN_27 -to J
set_location_assignment PIN_28 -to K
set_location_assignment PIN_98 -to Q
```

10.2 实验 9 分频器实验

10.2.1 实验目的

（1）熟悉用 PLD 设计数字系统的流程；

（2）熟悉 Quartus II 或 ISE 软件环境；

（3）掌握用硬件描述语言设计分频器的方法。

10.2.2 实验设备

（1）微型计算机　　　　　　　　　　　　　　　1 台
（2）EPM1270 或 XC95288XL 核心板　　　　　　1 块
（3）MAGIC3200 扩展板　　　　　　　　　　　　1 块
（4）Quartus II 或 ISE 软件　　　　　　　　　　1 套

10.2.3 实验原理

分频器能对较高频率的信号进行分频，得到较低频率的信号。EPM127 核心板的系统时钟为 50MHz，经 50000 分频获得 1000Hz 信号（一次分频），再经 1000 分频可获得 1Hz 信号（二次分频）。分频器的时钟输入端 CLK，时钟输出端 CLK1，分频器如图 10-2 所示。

图 10-2　分频器

10.2.4 实验步骤

分频器的时钟输入端 CLK 与核心板 50MHz 时钟相连，时钟输出端 CLK1 与核心板的 LED0 相连，按以下步骤进行实验。

（1）启动 Quartus II 或 ISE 软件，新建工程文件，并为工程文件命名；
（2）选择器件为 Altera 的 MAX II 系列，型号为 EPM1270T144C5；或为 Xilinx 的 XC9500XL CPLDs 系列，型号为 XC95288XL；
（3）新建 VHDL 或 Verilog HDL 源程序文件，并为源程序文件命名；
（4）写出源程序文件代码，并保存；
（5）对工程文件进行编译处理，如在编译过程中发现错误，则进行查错修改，直至编译成功为止；
（6）对引脚进行约束处理，并对未用引脚设置为三态输入，重新进行编译处理；
（7）对器件进行编程下载，运行程序。

10.2.5 实验结果

按表 10-3 所列不同的分频系数修改程序，并观察 LED0 的闪烁情况（闪烁的频率），将实验结果记录于表 10-3 中。

表 10-3　实验结果

CLK	分频系数 （一次分频）	分频系数 （二次分频）	CLK1 理论值（Hz）	实验结果 LED0（Hz）
50MHz	50000	500		
50MHz	50000	1000		
50MHz	50000	2000		

244

10.2.6　参考程序及引脚分配

1. 参考程序（VHDL）

```
LIBRARY IEEE;
USE IEEE.STD_LOGIC_1164.ALL;
ENTITY CLK IS
PORT (CLK: IN STD_LOGIC;              —50M 时钟
    CLK1:OUT STD_LOGIC);
END CLK;
ARCHITECTURE BEHAVIORAL OF CLK IS
SIGNAL CLK1S: STD_LOGIC;
SIGNAL COUNT:INTEGER RANGE 0 TO 50000;       —时钟计数
SIGNAL CLK1MS:INTEGER RANGE 0 TO 1000;       —毫秒计数
BEGIN
PROCESS(CLK)      —产生 1 秒信号 CLK1S
    BEGIN
        IF RISING_EDGE (CLK) THEN
            COUNT<=COUNT+1;
            IF COUNT=50000 THEN
                COUNT<=0;
                CLK1MS<=CLK1MS+1;
            END IF;
            IF CLK1MS=500 THEN
                CLK1MS<=0;
                CLK1S<=NOT CLK1S; —产生 1 秒信号 CLK1S
                CLK1<=CLK1S;
            END IF;
        END IF;
    END PROCESS;
END BEHAVIORAL;
```

2. 引脚分配（EPM1270 核心板）

```
set_location_assignment PIN_18 -to clk
set_location_assignment PIN_98 -to clk1
```

10.3　实验 10　移位寄存器实验

10.3.1　实验目的

（1）熟悉用 PLD 设计数字系统的流程；

（2）熟悉 Quartus II 或 ISE 软件环境；

（3）掌握用硬件描述语言设计移位寄存器的方法。

10.3.2　实验设备

（1）微型计算机　　　　　　　　　　　　　　1 台

（2）EPM1270 或 XC95288XL 核心板　　　　　1 块

（3）MAGIC3200 扩展板   1 块

（4）QuartusⅡ 或 ISE 软件   1 套

10.3.3 实验原理

寄存器是由具有存储功能的触发器组合起来构成的。一个触发器可以存储 1 位二进制代码，存放 n 位二进制代码的寄存器，需用 n 个触发器来构成。移位寄存器中的数据可以在移位脉冲作用下依次逐位右移或左移，数据既可以并行输入/并行输出，也可以串行输入/串行输出，还可以并行输入/串行输出，串行输入/并行输出。

串行输入/并行输出移位寄存器，即输入的数据是一个接着一个有序地进入，输出时则一起送出。系统时钟 50MHz 经分频获得 1Hz 信号作为移位时钟脉冲，串行输入端为 DIN，4 位并行输出端分别为 Q（3）、Q（2）、Q（1）、Q（0），串行输入/并行输出移位寄存器如图 10-3 所示。

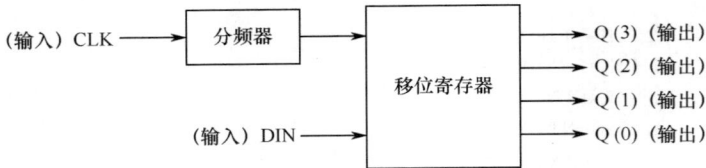

图 10-3　串行输入/并行输出移位寄存器

串行输入/并行输出移位寄存器状态表见表 10-4 所列。

表 10-4　串行输入/并行输出移位寄存器状态表

CLK	DIN	$Q_3^n\,Q_2^n\,Q_1^n\,Q_0^n$	$Q_3^{n+1}\,Q_2^{n+1}\,Q_1^{n+1}\,Q_0^{n+1}$	说明
↑	1	0　0　0　0	0　0　0　1	
↑	1	0　0　0　1	0　0　1　1	连续输入 4 个 1
↑	1	0　0　1　1	0　1　1　1	
↑	1	0　1　1　1	1　1　1　1	

10.3.4 实验步骤

串行输入/并行输出移位寄存器的时钟输入端 CLK 与核心板 50MHz 时钟相连，DIN 串行输入端与 MAGIC3200 扩展板的按键 A 相连，4 位并行输出端 Q（3）、Q（2）、Q（1）、Q（0）与核心板的 LED3、LED2、LED1、LED0 相连，按以下步骤进行实验。

（1）启动 QuartusⅡ 或 ISE 软件，新建工程文件，并为工程文件命名；

（2）选择器件为 Altera 的 MAX II 系列，型号为 EPM1270T144C5；或为 Xilinx 的 XC9500XL CPLDs 系列，型号为 XC95288XL；

（3）新建 VHDL 或 Verilog HDL 源程序文件，并为源程序文件命名；

（4）写出源程序文件代码，并保存；

（5）对工程文件进行编译处理，如在编译过程中发现错误，则进行查错修改，直至编译成功为止；

（6）对引脚进行约束处理，并对未用引脚设置为三态输入，重新进行编译处理；

（7）对器件进行编程下载，运行程序。

0.3.5 实验结果

按表 10-5 所列不同的输入值，按下 A 键（1 未按键，0 按键），CLK 为自动输入，观察ED3、LED2、LED1、LED0 的变化，并将实验结果记录于表 10-5 中。

表 10-5 实验结果

CLK	DIN	$Q_3^n Q_2^n Q_1^n Q_0^n$	$Q_3^{n+1} Q_2^{n+1} Q_1^{n+1} Q_0^{n+1}$	实验结果 LED3、LED2、LED1、LED0
↑	1	0　0　0　0	0　0　0　1	
↑	1	0　0　0　1	0　0　1　1	
↑	1	0　0　1　1	0　1　1　1	
↑	1	0　1　1　1	1　1　1　1	

0.3.6 参考程序及引脚分配

1. 参考程序（VHDL）

```
LIBRARY IEEE;
USE IEEE.STD_LOGIC_1164.ALL;
ENTITY SIPO IS
PORT(DIN:IN STD_LOGIC;
    CLK:IN STD_LOGIC;
    Q:OUT STD_LOGIC_VECTOR(3 DOWNTO 0));
END SIPO;
ARCHITECTURE ART OF SIPO IS
SIGNAL CLK1S: STD_LOGIC;
SIGNAL COUNT:INTEGER RANGE 0 TO 50000;       —时钟计数
SIGNAL CLK1MS:INTEGER RANGE 0 TO 1000;       —毫秒计数
SIGNAL Q1: STD_LOGIC_VECTOR(3 DOWNTO 0);
BEGIN
P0:PROCESS(CLK) —产生 1 秒信号 CLK1S
BEGIN
    IF RISING_EDGE (CLK) THEN
        COUNT<=COUNT+1;
        IF COUNT=50000 THEN
            COUNT<=0;
            CLK1MS<=CLK1MS+1;
        END IF;
        IF CLK1MS=500 THEN
            CLK1MS<=0;
            CLK1S<=NOT CLK1S;                 —产生 1 秒信号 CLK1S
        END IF;
    END IF;
END PROCESS P0;
P1:PROCESS(CLK1S)
BEGIN
```

```
    IF CLK1S'EVENT AND CLK1S = '1' THEN
        Q1(0) <= DIN;
        FOR I IN 1 TO 3 LOOP
            Q1(I) <= Q1(I-1);
        END LOOP;
    END IF;
END PROCESS P1;
Q <=Q1 ;
END ART;
```

2. 引脚分配（EPM1270 核心板）

```
set_location_assignment PIN_18 -to CLK
set_location_assignment PIN_22 -to DIN
set_location_assignment PIN_98 -to Q[3]
set_location_assignment PIN_97 -to Q[2]
set_location_assignment PIN_96 -to Q[1]
set_location_assignment PIN_95 -to Q[0]
```

10.4　实验 11　计数器实验

10.4.1　实验目的

（1）熟悉用 PLD 设计数字系统的流程；
（2）熟悉 Quartus II 或 ISE 软件环境；
（3）掌握用硬件描述语言设计计数器的方法。

10.4.2　实验设备

（1）微型计算机	1 台
（2）EPM1270 或 XC95288XL 核心板	1 块
（3）MAGIC3200 扩展板	1 块
（4）Quartus II 或 ISE 软件	1 套

10.4.3　实验原理

计数器能够记忆输入脉冲的个数。系统时钟 50MHz 经分频获得 1Hz 信号（CLK1S）作为计数脉冲，EN 为使能输入端，RST 为复位输入端，4 位计数输出端分别为 Q（3）、Q（2）、Q（1）、Q（0），计数器如图 10-4 所示。计数器状态表见表 10-6 所列。

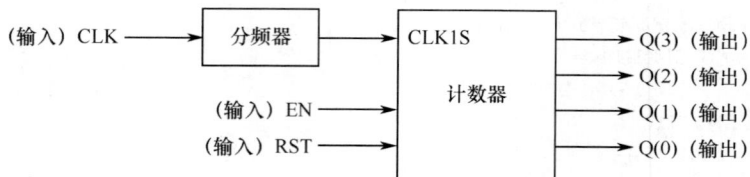

图 10-4　计数器

表 10-6 计数器状态表

CLK	EN	RST	$Q_3^n\,Q_2^n\,Q_1^n\,Q_0^n$	$Q_3^{n+1}\,Q_2^{n+1}\,Q_1^{n+1}\,Q_0^{n+1}$	说明
X	0	1	X X X X	$Q_3^n\,Q_2^n\,Q_1^n\,Q_0^n$	$Q^{n+1}=Q^n$ 保持
↑	1	0	X X X X	0 0 0 0	$Q^{n+1}=0000$
↑	1	1	0 0 0 0	0 0 0 1	
↑	1	1	0 0 0 1	0 0 1 0	
↑	1	1	0 0 1 0	0 0 1 1	
↑	1	1	0 0 1 1	0 1 0 0	
↑	1	1	0 1 0 0	0 1 0 1	
↑	1	1	0 1 0 1	0 1 1 0	
↑	1	1	0 1 1 0	0 1 1 1	
↑	1	1	0 1 1 1	1 0 0 0	加 1 计数
↑	1	1	1 0 0 0	1 0 0 1	
↑	1	1	1 0 0 1	1 0 1 0	
↑	1	1	1 0 1 0	1 0 1 1	
↑	1	1	1 0 1 1	1 1 0 0	
↑	1	1	1 1 0 0	1 1 0 1	
↑	1	1	1 1 0 1	1 1 1 0	
↑	1	1	1 1 1 0	1 1 1 1	
↑	1	1	1 1 1 1	0 0 0 0	

0.4.4 实验步骤

计数器的时钟输入端 CLK 与核心板 50MHz 时钟相连，使能输入端 EN、复位输入端 RST 与 MAGIC3200 扩展板的按键 A、B 相连，4 位计数输出端 Q（3）、Q（2）、Q（1）、Q（0）与核心板的 LED3、LED2、LED1、LED0 相连，按以下步骤进行实验。

（1）启动 Quartus II 或 ISE 软件，新建工程文件，并为工程文件命名；

（2）选择器件为 Altera 的 MAX II 系列，型号为 EPM1270T144C5；或为 Xilinx 的 XC9500XL CPLDs 系列，型号为 XC95288XL；

（3）新建 VHDL 或 Verilog HDL 源程序文件，并为源程序文件命名；

（4）写出源程序文件代码，并保存；

（5）对工程文件进行编译处理，如在编译过程中发现错误，则进行查错修改，直至编译成功为止；

（6）对引脚进行约束处理，并对未用引脚设置为三态输入，重新进行编译处理；

（7）对器件进行编程下载，运行程序。

0.4.5 实验结果

按表 10-7 所列不同的输入值，按下 A、B 键（1 未按键，0 按键），CLK 为自动输入，观察 LED3、LED2、LED1、LED0 的变化，并将实验结果记录于表 10-7 中。

表 10-7 实验结果

CLK	EN	RST	$Q_3{}^n Q_2{}^n Q_1{}^n Q_0{}^n$	$Q_3{}^{n+1} Q_2{}^{n+1} Q_1{}^{n+1} Q_0{}^{n+1}$	实验结果 LED3、LED2、LED1、LED0
X	0	1	X X X X	$Q_3{}^n Q_2{}^n Q_1{}^n Q_0{}^n$	
↑	1	0	X X X X	0 0 0 0	
↑	1	1	0 0 0 0	0 0 0 1	
↑	1	1	0 0 0 1	0 0 1 0	
↑	1	1	0 0 1 0	0 0 1 1	
↑	1	1	0 0 1 1	0 1 0 0	
↑	1	1	0 1 0 0	0 1 0 1	
↑	1	1	0 1 0 1	0 1 1 0	
↑	1	1	0 1 1 0	0 1 1 1	
↑	1	1	0 1 1 1	1 0 0 0	
↑	1	1	1 0 0 0	1 0 0 1	
↑	1	1	1 0 0 1	1 0 1 0	
↑	1	1	1 0 1 0	1 0 1 1	
↑	1	1	1 0 1 1	1 1 0 0	
↑	1	1	1 1 0 0	1 1 0 1	
↑	1	1	1 1 0 1	1 1 1 0	
↑	1	1	1 1 1 0	1 1 1 1	
↑	1	1	1 1 1 1	0 0 0 0	

10.4.6 参考程序及引脚分配

1. 参考程序（VHDL）

```
LIBRARY IEEE;
USE IEEE.STD_LOGIC_1164.ALL;
USE IEEE.STD_LOGIC_UNSIGNED.ALL;
ENTITY CNT4 IS
PORT (CLK:IN STD_LOGIC;
    EN: IN STD_LOGIC;
    RST: IN STD_LOGIC;
    Q: OUT STD_LOGIC_VECTOR(3 DOWNTO 0) );
END CNT4;
ARCHITECTURE  ART OF CNT4 IS
SIGNAL CLK1S: STD_LOGIC;
SIGNAL COUNT:INTEGER RANGE 0 TO 50000;      —时钟计数
SIGNAL CLK1MS:INTEGER RANGE 0 TO 1000;      —毫秒计数
SIGNAL CNT: STD_LOGIC_VECTOR(3 DOWNTO 0);
BEGIN
P0:PROCESS(CLK) —产生 1 秒信号 CLK1S
BEGIN
    IF RISING_EDGE (CLK) THEN
        COUNT<=COUNT+1;
```

```
            IF COUNT=50000 THEN
                COUNT<=0;
                CLK1MS<=CLK1MS+1;
            END IF;
            IF CLK1MS=500 THEN
                CLK1MS<=0;
                CLK1S<=NOT CLK1S;—产生 1 秒信号 CLK1S
            END IF;
        END IF;
    END PROCESS P0;
    P1:PROCESS(CLK1S,EN,RST)
    BEGIN
            IF RST='0' THEN CNT<="0000";
            ELSIF CLK1S'EVENT AND CLK1S='1' THEN
                IF EN='1' THEN
                    IF CNT<9 THEN  CNT<=CNT+1;
                    ELSE CNT<="0000";
                    END IF;
                END IF;
            END IF;
    END PROCESS P1;
    Q<=CNT;
    END ART;
```

2. 引脚分配（EPM1270 核心板）

```
set_location_assignment PIN_18 -to CLK
set_location_assignment PIN_98 -to Q[3]
set_location_assignment PIN_97 -to Q[2]
set_location_assignment PIN_96 -to Q[1]
set_location_assignment PIN_95 -to Q[0]
set_location_assignment PIN_23 -to EN
set_location_assignment PIN_22 -to RST
```

10.5 实验 12 数字电子钟实验

10.5.1 实验目的

（1）熟悉用 PLD 设计数字系统的流程；
（2）熟悉 Quartus Ⅱ 或 ISE 软件环境；
（3）掌握用硬件描述语言设计计数器的方法。

10.5.2 实验设备

（1）微型计算机   1 台
（2）EPM1270 或 XC95288XL 核心板   1 块
（3）MAGIC3200 扩展板   1 块
（4）Quartus Ⅱ 或 ISE 软件   1 套

10.5.3 实验原理

数字电子钟的端口控制信号如图 10-5 所示，clk 信号为核心板上的 50MHz 晶振信号，该信号需经 PLD 内部分频后产生秒信号。clr 信号为复位按键输入信号，按键按下时，clr 信号为低电平，显示小时为 1，显示分为 1。h_add 信号为小时调整按键输入信号，按键按下时，h_add 信号为低电平，小时加 1。m_add 信号为分钟调整按键输入信号，按键按下时，m_add 信号为低电平，分加 1。scanclk 信号为 LED 数码管的位选时钟信号，该信号需经 PLD 内部分频获得，频率为 500Hz。led<7:0>为 LED 数码管的段码控制信号。row<3:0>为 4 位数码管位选控制信号，决定哪一个 LED 数码管显示数字。

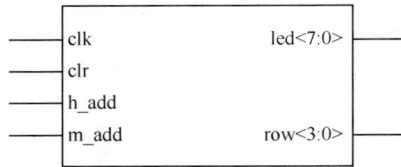

图 10-5　数字电子钟端口控制信号

用 VHDL 编写程序实现数字电子钟功能，其原理框图如图 10-6 所示，程序由多个进程组成。

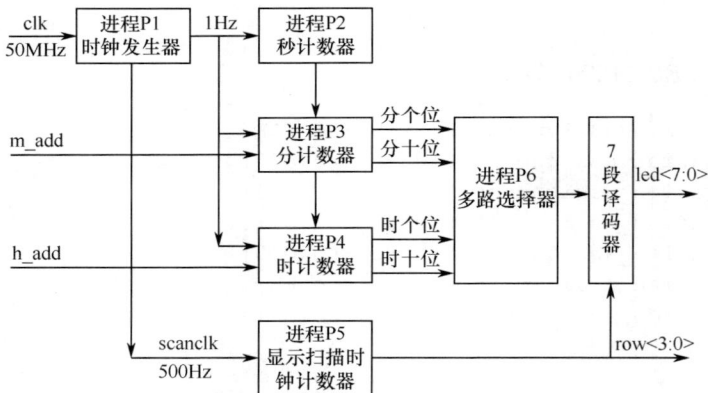

图 10-6　数字电子钟原理框图

进程 P1 将 50MHz 信号分频后，产生 1Hz 秒信号和 500Hz 显示扫描时钟信号。

进程 P2 描述 60 秒计数器，输出秒十位和秒个位的 BCD 码。

进程 P3 描述 60 分计数器，根据秒计数器的输出值，输出分钟十位和个位的 BCD 码。

进程 P4 描述 24 小时计数器，根据秒计数器和分钟计数器的输出值，输出小时十位和个位的 BCD 码。

进程 P5 和进程 P6 根据进程产生 LED 数码管的位选信号，从小时、分钟中，选择一个 BCD 码给 7 段译码器进行译码输出。

10.5.4 实验步骤

（1）启动 Quartus II 或 ISE 软件，新建工程文件，并为工程文件命名；

（2）选择器件为 Altera 的 MAX II 系列，型号为 EPM1270T144C5；或为 Xilinx 的

XC9500XL CPLDs 系列，型号为 XC95288XL；

（3）新建 VHDL 或 Verilog HDL 源程序文件，并为源程序文件命名；

（4）写出源程序文件代码，并保存；

（5）对工程文件进行编译处理，如在编译过程中发现错误，则进行查错修改，直至编译成功为止；

（6）对引脚进行约束处理，并对未用引脚设置为三态输入，重新进行编译处理；对器件进行编程下载，运行程序。

10.5.5 实验结果

系统运行后观察：

（1）在 4 位 LED 数码管上显示小时、分；

（2）LED 上进行秒闪烁；

（3）复位按键，复位后使小时为 1、分为 1；

（4）小时调整按键，每次按键使小时加 1；

（5）分钟调整按键，每次按键使分加 1。

10.5.6 数字电子钟 VHDL 参考程序

```
LIBRARY IEEE;
USE IEEE.STD_LOGIC_1164.ALL;
USE IEEE.STD_LOGIC_ARITH.ALL;
USE IEEE.STD_LOGIC_UNSIGNED.ALL;

ENTITY watch IS
PORT (clk, clr, m_add, h_add: IN STD_LOGIC;      —50M 时钟,清 0,分加 1,时加 1
     row :OUT STD_LOGIC_VECTOR(3 DOWNTO 0);      —4 位数码管位选控制
     led0:OUT STD_LOGIC;                         —核心板 LED 指示
     LED_TP:OUT STD_LOGIC;                       —数码管时间点
     LED_EN1:OUT STD_LOGIC;                      —数码管使能控制
     led :OUT STD_LOGIC_VECTOR(7 DOWNTO 0));     —4 位数码管段码输出
END watch;
ARCHITECTURE Behavioral OF watch IS
SIGNAL clk1s,scanclk: STD_LOGIC;    —秒信号,显示扫描时钟
SIGNAL h1,h0,m1,m0,s1,s0: STD_LOGIC_VECTOR(3 DOWNTO 0);      —时、分、
                                        秒十位和个位 BCD 数
SIGNAL dispcnt: STD_LOGIC_VECTOR(1 DOWNTO 0);    —显示扫描时钟计数
SIGNAL num: STD_LOGIC_VECTOR(3 DOWNTO 0);        —显示 BCD 数
SIGNAL count:integer range 0 to 50000;           —时钟计数
SIGNAL clk1ms:integer range 0 to 1000;           —毫秒计数

BEGIN
   LED_EN1<='0';
—产生 1 秒信号 clk1s
P1: PROCESS(clk)
   BEGIN
      IF rising_edge (clk) THEN
         count<=count+1;
```

```
                    IF count=50000 THEN
                        count<=0;
                        clk1ms<=clk1ms+1;
                        scanclk<=not scanclk;        —产生 500Hz 显示扫描时钟
                    END IF;
                    IF clk1ms=500 THEN
                        clk1ms<=0;
                        clk1s<=not clk1s;            —产生 1 秒信号 clk1s
                        led0<=clk1s;
                        LED_TP<=clk1s;
                    END IF;
                END IF;
        END PROCESS P1;
   —分(60 秒)计数
   P2: PROCESS(clk1s, clr)
        BEGIN
            IF (clr='0') THEN
                s0<="0000";
                s1<="0000";
            ELSIF rising_edge (clk1s) THEN
                IF s0="1001" THEN
                    s0<="0000";
                ELSE
                    s0<=s0+'1';
                END IF;
                IF ((s1="0101") AND (s0="1001")) THEN
                    s1<="0000";
                ELSIF s0="1001" THEN
                    s1<=s1+'1';
                END IF;
            END IF;
        END PROCESS P2;
   —小时(60 分)计数
   P3: PROCESS(clk1s, clr, s1, s0, m_add)
        BEGIN
            IF clr='0' THEN
                m0<="0001";
                m1<="0000";
            ELSIF rising_edge (clk1s) THEN
                IF (((s1="0101") AND (s0="1001")) OR (m_add='0')) THEN
                    IF (m0="1001") THEN
                        m0<="0000";
                    ELSE
                        m0<=m0+'1';
                    END IF;
                    IF ((m1="0101") AND (m0="1001")) THEN
                        m1<="0000";
                    ELSIF m0="1001" THEN
                        m1<=m1+'1';
                    END IF;
                END IF;
```

```
            END IF;
        END PROCESS P3;
—24 小时计数
P4: PROCESS(clk1s, clr, m1, m0, s1, s0, h_add)
    BEGIN
        IF clr='0' THEN
            h0<="0001";
            h1<="0000";
        ELSIF rising_edge (clk1s) THEN
            IF (((s1="0101") AND (s0="1001") AND (m1="0101")
                AND (m0="1001")) OR (h_add='0')) THEN
                h0<=h0+'1';
                IF ((h1="0010") AND (h0="0011"))THEN
                    h0<="0000";
                    h1<="0000";
                END IF;
                IF h0="1001" THEN
                    h1<=h1+'1';
                    h0<="0000";
                END IF;
            END IF;
        END IF;
    END PROCESS P4;
—显示扫描时钟计数
P5: PROCESS(scanclk)
    BEGIN
        IF rising_edge(scanclk) THEN
            dispcnt<=dispcnt+'1';
        END IF;
    END PROCESS P5;
—选择对应位的 BCD 码
P6: PROCESS(dispcnt)
    BEGIN
        IF dispcnt="00" THEN
            row<="1000"; num<=h1;
        ELSIF dispcnt="01" THEN
            row<="0100"; num<=h0;
        ELSIF dispcnt="10" THEN
            row<="0010"; num<=m1;
        ELSIF dispcnt="11" THEN
            row<="0001"; num<=m0;
        END IF;
    END PROCESS P6;
—7 段译码器
—a,b,c,d,e,f,g,h
    WITH num SELECT
    led<="10011111" WHEN "0001",    —1
         "00100101" WHEN "0010",    —2
         "00001101" WHEN "0011",    —3
         "10011001" WHEN "0100",    —4
         "01001001" WHEN "0101",    —5
```

```
            "01000001" WHEN "0110",      —6
            "00011111" WHEN "0111",      —7
            "00000001" WHEN "1000",      —8
            "00001001" WHEN "1001",      —9
            "00000011" WHEN  OTHERS;     —0
    END Behavioral;
```

10.5.7 数字电子钟引脚分配

1. 基于 EPM1270 核心板和 MAGIC3200 扩展板设计实现的引脚分配：

```
set_location_assignment PIN_98 -to led0
set_location_assignment PIN_18 -to clk
set_location_assignment PIN_22 -to clr
set_location_assignment PIN_23 -to h_add
set_location_assignment PIN_24 -to m_add
set_location_assignment PIN_118 -to LED_EN1
set_location_assignment PIN_109 -to led[7]
set_location_assignment PIN_110 -to led[6]
set_location_assignment PIN_107 -to led[5]
set_location_assignment PIN_108 -to led[4]
set_location_assignment PIN_105 -to led[3]
set_location_assignment PIN_106 -to led[2]
set_location_assignment PIN_103 -to led[1]
set_location_assignment PIN_101 -to led[0]
set_location_assignment PIN_113 -to row[3]
set_location_assignment PIN_114 -to row[2]
set_location_assignment PIN_111 -to row[1]
set_location_assignment PIN_112 -to row[0]
set_location_assignment PIN_104 -to LED_TP
```

2. 基于 XC95288XL 核心板和 MAGIC3200 扩展板设计实现的引脚分配：

```
NET "clk"  LOC = "p30"  ;
NET "clr"  LOC = "p20"  ;
NET "h_add"  LOC = "p21"  ;
NET "led0"  LOC = "p97"  ;
NET "led<0>"  LOC = "p98"  ;
NET "led<1>"  LOC = "p101"  ;
NET "led<2>"  LOC = "p104"  ;
NET "led<3>"  LOC = "p103"  ;
NET "led<4>"  LOC = "p106"  ;
NET "led<5>"  LOC = "p105"  ;
NET "led<6>"  LOC = "p110"  ;
NET "led<7>"  LOC = "p107"  ;
NET "LED_EN1"  LOC = "p117"  ;
NET "LED_TP"  LOC = "p102"  ;
NET "m_add"  LOC = "p22"  ;
NET "row<0>"  LOC = "p112"  ;
NET "row<1>"  LOC = "p111"  ;
NET "row<2>"  LOC = "p115"  ;
NET "row<3>"  LOC = "p113"  ;
```

第 11 章

PLD 设计实例

11.1 实例 1 8×8LED 点阵扫描

11.1.1 实例现象

点阵 LED 屏会连续显示 "↑"、"→"、"↓"、"←" 图案，形成动画效果。

11.1.2 重点与难点

点阵扫描方法，理解扫描原理，掌握 VHDL 描述方法。

11.1.3 实例说明

在硬件设计上，使用了 74HC573 作为驱动芯片，提高电流，否则 LED 可能会亮度不够。同时通过对芯片使能端的控制，实现了四位数码管和点阵 LED 屏共用 IO 口，具体电路请看原理图。

点阵 LED 一般采用扫描式显示，实际运用分为以下 3 种方式。

（1）点扫描；

（2）行扫描；

（3）列扫描。

对于 8×8 点阵屏来说，若使用第一种方式，其扫描频率必须大于 16×64=1024Hz，周期小于 1ms 即可。若使用第二和第三种方式，则频率必须大于 16×8=128Hz，周期小于 7.8ms 即可符合视觉暂留要求。例程中使用的行扫描，即每个时刻刷新一行，每 8 次为一个周期。这类似与逐行扫描电视，它也是通过行扫描的方式进行刷新的。8×8 点阵屏结构如图 11-1 所示。

图案编码见表 11-1～表 11-4 所列。

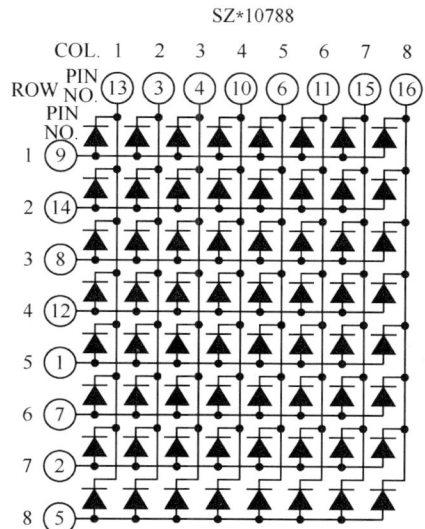

图 11-1 8×8 点阵屏结构

表 11-1　图案"↑"编码

	L1	L2	L3	L4	L5	L6	L7	L8	LIE（要显示的内容，0表示亮）	HANG（选择要刷新的行）
H1				●					"11101111"	"10000000"
H2			●	●	●				"11000111"	"01000000"
H3		●		●		●			"10101011"	"00100000"
H4				●					"11101111"	"00010000"
H5				●					"11101111"	"00001000"
H6				●					"11101111"	"00000100"
H7				●					"11101111"	"00000010"
H8									"11111111"	"00000001"

表 11-2　图案"↓"编码

	L1	L2	L3	L4	L5	L6	L7	L8	LIE	HANG
H1				●					"11101111"	"10000000"
H2				●					"11101111"	"01000000"
H3				●					"11101111"	"00100000"
H4				●					"11101111"	"00010000"
H5		●		●		●			"10101011"	"00001000"
H6			●	●	●				"11000111"	"00000100"
H7				●					"11101111"	"00000010"
H8									"11111111"	"00000001"

表 11-3　图案"←"编码

	L1	L2	L3	L4	L5	L6	L7	L8	LIE	HANG
H1									"11111111"	"10000000"
H2			●						"11011111"	"01000000"
H3		●							"10111111"	"00100000"
H4	●	●	●	●	●	●	●		"00000001"	"00010000"
H5		●							"10111111"	"00001000"
H6			●						"11011111"	"00000100"
H7									"11111111"	"00000010"
H8									"11111111"	"00000001"

表 11-4　图案"→"编码

	L1	L2	L3	L4	L5	L6	L7	L8	LIE	HANG
H1									"11111111"	"10000000"
H2					●				"11110111"	"01000000"
H3						●			"11111011"	"00100000"

	L1	L2	L3	L4	L5	L6	L7	L8	LIE	HANG
H4	●	●	●	●	●	●	●		"00000001"	"00010000"
H5						●			"11111011"	"00001000"
H6					●				"11110111"	"00000100"
H7									"11111111"	"00000010"
H8									"11111111"	"00000001"

1.1.4　实例 VHDL 参考程序

```
library IEEE;
use IEEE.STD_LOGIC_1164.ALL;
use IEEE.STD_LOGIC_ARITH.ALL;
use IEEE.STD_LOGIC_UNSIGNED.ALL;
entity ScanLEDDot is
port
    (
        HANG            :    out std_logic_vector(7 downto 0);    —4 位数码
        管引脚
        LIE             :    out std_logic_vector(7 downto 0);
        LED_EN2         :    out std_logic;
        RESET           :    in      std_logic;
        CLK             :    in      std_logic
    );
end ScanLEDDot;
architecture Behavioral of ScanLEDDot is
    signal count        :    integer range 0 to 60000;    —分频器,产生毫秒时
    钟基准
    signal count2       :    integer range 0 to 100;      —用于循环选择数据
    的时钟
    signal scancnt      :    integer range 0 to 8;        —8 行 LED 扫描计数
    signal seldata      :    integer range 0 to 5;        —显示数据选择
    subtype word is std_logic_vector(7 downto 0);
    type fifo_array is array(7 downto 0)of word;
    constant
ata_on:fifo_array:=("11101111","11000111","10101011","11101111","11101111","
1101111","11101111","11111111");          —箭头"上"
    constant
ata_down:fifo_array:=("11101111","11101111","11101111","11101111","10101011"
'11000111","11101111","11111111");          —箭头"下"
    constant
ata_left:fifo_array:=("11111111","11011111","10111111","00000001","10111111"
'11011111","11111111","11111111");          —箭头"左"
    constant
ata_right:fifo_array:=("11111111","11110111","11111011","00000001","11111011
,"11110111","11111111","11111111");          —箭头"右"
    signal data_tem:fifo_array;
  begin
    LED_EN2<='0';                          —使能 4 位 LED 数码管
```

```vhdl
—产生 LED 行扫描时钟，1/50MHZ*6000*8=0.0096s=9.6ms
process(CLK,RESET)
begin
    if  RESET='0' then     count<=0;count2<=0;seldata<=0;
    elsif CLK'event and CLK='1' then
        count<=count+1;
        if count=60000 then
            count<=0;
            if scancnt>7 then
                scancnt<=0;
                if count2>30 then
                    count2<=0;
                    if seldata>2 then seldata<=0;else seldata<=seldata
end if;
                else count2<=count2+1;
                end if;
            else    scancnt<=scancnt+1;
            end if;
        end if;
    end if;
end process;
—循环选择要显示的数据
process(seldata,RESET)
begin
    if  RESET='0' then data_tem<=data_on;
    else
        case seldata is
            when 0 => data_tem<=data_on;
            when 1 => data_tem<=data_right;
            when 2 => data_tem<=data_down;
            when 3 => data_tem<=data_left;
            when others => null;
        end case;
    end if;
end process;
—数码管扫描
process(scancnt, RESET)
    begin
    —LED_VCC 信号是'1'有效，其余信号均为'0'有效，中间的冒号两个点分别由 VCC
和 VCC3 控制
    if  RESET='0' then    null;
    else
        case scancnt is
            when 0 => LIE<=data_tem(0);HANG<="10000000";
            when 1 => LIE<=data_tem(1);HANG<="01000000";
            when 2 => LIE<=data_tem(2);HANG<="00100000";
            when 3 => LIE<=data_tem(3);HANG<="00010000";
            when 4 => LIE<=data_tem(4);HANG<="00001000";
            when 5 => LIE<=data_tem(5);HANG<="00000100";
            when 6 => LIE<=data_tem(6);HANG<="00000010";
            when 7 => LIE<=data_tem(7);HANG<="00000001";
```

```
                    when others => null;
                end case;
            end if;
        end process;
    end Behavioral;
```

11.2   实例 2   RS232 串口通信

11.2.1   实例现象

在 PC 机上打开"串口调试助手",在复选框中选中"十六进制显示"、"十六进制发送",波特率设为 9600,在发送框中输入两位 BCD 码,单击发送,测试目标板会在数码管上显示出来。另一方面,单击目标板按键 A,在串口调试助手接收框中会显示 56。

11.2.2   重点与难点

串口工作原理及实现的方法、掌握 VHDL 描述方法。

11.2.3   实例说明

串口控制器分为发送和接收两个部分。

串口发送部分,其默认配置波特率为 9600,8 位数据,1 位起始位,1 位停止位,无奇偶校验位。

在代码中发送部分出现的"1010101100",左边第一位'1'是停止位,右边第一位'0'是起始位,中间的数据是 56(可以看成是十六进制或 BCD 码)。发送过程:在串口波特率 9600 的激励下,将 10 位二进制码从右到左依次发送。

串口接收部分相比发送部分较复杂一些,首先要知道一个时钟 Clock3,它是波特率的 16 倍,也就是说一个数据位有 16 个 Clock3 周期,这是串口控制器惯用的采样时钟,目的是在位数据波形中间进行取样,这样更加可靠。

```
    case m is
        when 24 =>  Rx_Data(0)<=Rx;
        when 40 =>  Rx_Data(1)<=Rx;
        when 56 =>  Rx_Data(2)<=Rx;
        when 72 =>  Rx_Data(3)<=Rx;
        when 88 =>  Rx_Data(4)<=Rx;
        when 104 => Rx_Data(5)<=Rx;
        when 120 => Rx_Data(6)<=Rx;
        when 136=>  Rx_Data(7)<=Rx;
        when 152 => Rx_Valid<='1';
        when 168=> m:=0;Rx_Valid<='0';
        when others  => null;
    end case;
```

上面这段程序中有一组数很重要,24、40、56、72、88、104、120、136、152、168,它们的差值全是 16。图 11-2 是串行通信的数据帧,其中①②③④⑤⑥⑦⑧为采样点。每次采样都是在数据位的中间,而上面这些数字的得来也是根据下图计算出来的。每个波特率周期均为 16 个 CLOCK3。

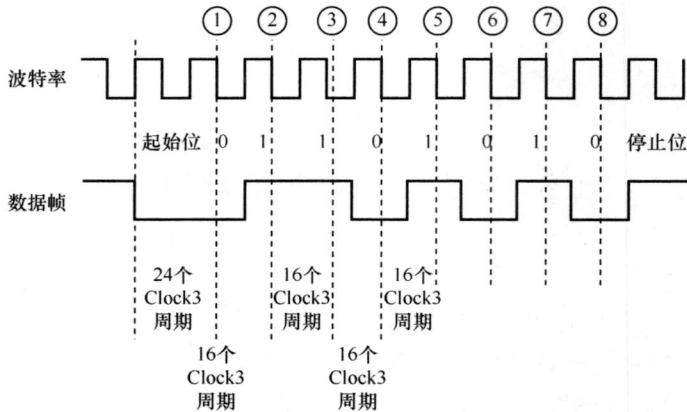

图 11-2　串行通信的数据帧

11.2.4　实例 VHDL 参考程序

```vhdl
library IEEE;
use IEEE.STD_LOGIC_1164.ALL;
use IEEE.STD_LOGIC_ARITH.ALL;
use IEEE.STD_LOGIC_UNSIGNED.ALL;
entity RS232 is
port
    (
            RESET       :in std_logic;          —复位信号
            CLK         : in    std_logic;       —时钟输入，50MHZ
            LED_A       : out std_logic;         —4 位数码管引脚
            LED_B       : out std_logic;
            LED_C       : out std_logic;
            LED_D       : out std_logic;
            LED_E       : out std_logic;
            LED_F       : out std_logic;
            LED_G       : out std_logic;
            LED_VCC1    : out std_logic;         —时十位
            LED_VCC2    : out std_logic;         —时个位
            LED_VCC3    : out std_logic;         —分十位
            LED_VCC4    : out std_logic;         —分个位
            LED_TimePoint:out std_logic;         —冒号
            LED_Point   :out std_logic;          —小数点
            LED_EN1     :out std_logic;
            KEYA        : in    std_logic;
            UART0_RX    :in std_logic;
            UART0_TX    :out     std_logic
    );
end RS232;
architecture Behavioral of RS232 is
    Signal  Clock9600   :std_logic;—9600 波特率时钟
    Signal  Clock3      :std_logic;—9600 三倍频采样时钟，用于接收采用
    Signal Send_data    :std_logic_vector(9 downto 0);  —发送寄存器
```

262

```
    Signal Send_en        : std_logic;一串口发送使能，0 有效
    Signal Send_over       : std_logic;一串口发送完成，0 有效
    Signal Rx_Hold        :std_logic;一串口接收到起始位标志
    Signal Rx_Valid       :std_logic;一标志接收到一字节有效数据
    Signal Rx_Data        :std_logic_vector(7 downto 0);          一接收寄存器
    Signal Data1        : std_logic_vector(3 downto 0);
    Signal Data2        : std_logic_vector(3 downto 0);
    signal count        :integer range 0 to 100000 ;           一分频器，产生
毫秒时钟基准
    signal scancnt        :integer range 0 to 3        ;     一LED 扫描轮转
    signal dout        : std_logic;

    component key5
    port(
            CLK,RESET:in std_logic;
            din:in std_logic;
            dout:out std_logic一'0'有效
        );
    end component;
begin
  LED_EN1<='0';一使能 4 位 LED 数码管
  process(CLK,RESET,Rx_Hold)                                一时钟产生进程
        variable ClockCount  :integer range 0 to 5208 :=0;
        variable ClockCount_Rx  :integer range 0 to 314 :=0;
    begin
      if RESET='0' then      NUll;
        elsif (rising_edge(CLK)) then
        ClockCount:=ClockCount+1;ClockCount_Rx:=ClockCount_Rx+1;
         一产生 9600 时钟，1/50MHZ*52088=1/9600
         if ClockCount=5208 then  Clock9600<='1'; ClockCount:=0;
         else  Clock9600<='0';
         end if;
         一16 倍超采样，5208/16=325
         if ClockCount_Rx=325 then     Clock3<='1';ClockCount_Rx:=0;
         else Clock3<='0';
         end if;
      end if;
  end process;
process(Clock9600)   一串口发送程序
    variable Send_count :    integer range 0 to 9 :=0;   一位发送计数
begin
    if Send_en='1' then  Send_count:=0;UART0_TX<='1';Send_over<='1';
    elsif rising_edge(Clock9600) then
       if Send_count=9 then  UART0_TX<=Send_data(9);  Send_over<='0';
       else UART0_TX<=Send_data(Send_count);  Send_count:=Send_count+1;
        end if;
    end if;
end process;
Key0:key5 port map(CLK=>CLK,RESET=>RESET,din=>KEYA,dout=>dout); 一元
件例化
```

263

```vhdl
    process(dout,Clock9600,RESET)  一发送激励
    begin
        if RESET='0' then     Send_en<='1';Send_data<="1000000000";
        else
            if rising_edge(dout)
            then Send_en<='0'; Send_data<="1010101100";
            end if;
            if Send_over='0'  then  Send_en<='1';  end if;
        end if;
    end process;
-----------------------rx-----------------------
    process(RESET,CLK,Rx_Valid) 一串口接收检测起始位
    begin
        if RESET='0' then Rx_Hold<='0';
        else
            if UART0_RX='0' and  Rx_Hold='0' then     Rx_Hold<='1';   一挂起
            串口接收
            elsif Rx_Valid'event and Rx_Valid='0' then Rx_Hold<='0';
         end if;
        end if;
    end process;
    process(RESET,Clock3) 一
        variable m:integer range 0 to 168 :=0;
    begin
        if RESET='0' then Rx_Valid<='0';m:=0;
        elsif rising_edge(Clock3) and Rx_Hold='1'
        then
            case m is
                when 24 =>    Rx_Data(0)<=UART0_RX;
                when 40 =>    Rx_Data(1)<=UART0_RX;
                when 56 =>    Rx_Data(2)<=UART0_RX;
                when 72 =>    Rx_Data(3)<=UART0_RX;
                when 88 =>    Rx_Data(4)<=UART0_RX;
                when 104 =>    Rx_Data(5)<=UART0_RX;
                when 120 =>    Rx_Data(6)<=UART0_RX;
                when 136=>    Rx_Data(7)<=UART0_RX;
                when 152 =>    Rx_Valid<='1';
                when 168=> m:=0;Rx_Valid<='0';
                when others  => null;
            end case;
            m:=m+1;
            end if;
    end process;
    process(Rx_Valid,CLK)
    begin
        if RESET='0' then    Data1<="0000";  Data2<="0000";
        else
        if rising_edge(Rx_Valid) then
            Data1<=Rx_Data(3)&Rx_Data(2)&Rx_Data(1)&Rx_Data(0);
            Data2<=Rx_Data(7)&Rx_Data(6)&Rx_Data(5)&Rx_Data(4);
        end if;
```

```
        end if;
    end process;
process(CLK, RESET) —时钟进程，产生各种时钟信号
begin
    if  RESET='0' then        NULL;
    elsif CLK'event and CLK='1' then
        count<=count+1;
        ——100000×1/50MHZ＝2ms 刷新周期
        if count=100000 then
            count<=0;
            if scancnt>1 then scancnt<=0;
            else    scancnt<=scancnt+1;
            end if;
        end if;
    end if;
end process;
process(CLK, RESET)   —数码管刷新进程
    begin
    if RESET='0' then
        LED_A<='1';LED_B<='1';LED_C<='1';LED_D<='1';LED_E<='1';LED_F
        <='1';LED_G<='1';LED_VCC1<='0';LED_VCC2<='0';
        LED_VCC3<='0';LED_VCC4<='0';
    else
        if scancnt=0 then
        case Data1 is   —分个位
          when "0000" => LED_A<='0';LED_B<='0';LED_C<='0';LED_D<='0';
            LED_E<='0';LED_F<='0';LED_G<='1';LED_VCC1<='0';LED_VCC2<='0';
            LED_VCC3<='0';LED_VCC4<='1';LED_Point<='1';—点亮小数点
          When "0001" => LED_A<='1';LED_B<='0';LED_C<='0';LED_D<='1';
            LED_E<='1';LED_F<='1';LED_G<='1';LED_VCC1<='0';LED_VCC2<='0';
            LED_VCC3<='0';LED_VCC4<='1';LED_Point<='1';—点亮小数点
          when "0010" => LED_A<='0';LED_B<='0'; LED_C<='1';LED_D<='0';
            LED_E<='0';LED_F<='1';LED_G<='0';LED_VCC1<='0';LED_VCC2<='0';
            LED_VCC3<='0';LED_VCC4<='1';LED_Point<='1';—点亮小数点
          when "0011" => LED_A<='0';LED_B<='0'; LED_C<='0';LED_D<='0';
            LED_E<='1';LED_F<='1';LED_G<='0';LED_VCC1<='0';LED_VCC2<='0';
            LED_VCC3<='0';LED_VCC4<='1';LED_Point<='1';—点亮小数点
          when "0100" => LED_A<='1';LED_B<='0'; LED_C<='0';LED_D<='1';
            LED_E<='1';LED_F<='0';LED_G<='0';LED_VCC1<='0';LED_VCC2<='0';
            LED_VCC3<='0';LED_VCC4<='1';LED_Point<='1';—点亮小数点
          when "0101" => LED_A<='0';LED_B<='1'; LED_C<='0';LED_D<='0';
            LED_E<='1';LED_F<='0';LED_G<='0';LED_VCC1<='0';LED_VCC2<='0';
            LED_VCC3<='0';LED_VCC4<='1';LED_Point<='1';—点亮小数点
          when "0110" => LED_A<='0';LED_B<='1'; LED_C<='0';LED_D<='0';
            LED_E<='0';LED_F<='0';LED_G<='0';LED_VCC1<='0';LED_VCC2<='0';
            LED_VCC3<='0';LED_VCC4<='1';LED_Point<='1';—点亮小数点
          when "0111" => LED_A<='0';LED_B<='0'; LED_C<='0';LED_D<='1';
            LED_E<='1';LED_F<='1';LED_G<='1';LED_VCC1<='0';LED_VCC2<='0';
            LED_VCC3<='0';LED_VCC4<='1';LED_Point<='1';—点亮小数点
          when "1000" => LED_A<='0';LED_B<='0'; LED_C<='0';LED_D<='0';
            LED_E<='0';LED_F<='0';LED_G<='0';LED_VCC1<='0';LED_VCC2<='0';
```

```
                   LED_VCC3<='0';LED_VCC4<='1';LED_Point<='1';一点亮小数点
      when "1001" => LED_A<='0';LED_B<='0'; LED_C<='0';LED_D<='0';
        LED_E<='1';LED_F<='0';LED_G<='0';LED_VCC1<='0';LED_VCC2<='0';
        LED_VCC3<='0';LED_VCC4<='1';LED_Point<='1';一点亮小数点
      when others => null;
      end case;
      elsif scancnt=1 then
      case Data2 is      一分个位
      when "0000" => LED_A<='0';LED_B<='0'; LED_C<='0';LED_D<='0';
        LED_E<='0';LED_F<='0';LED_G<='1';LED_VCC1<='0';LED_VCC2<='0';
        LED_VCC3<='1';LED_VCC4<='0';LED_TimePoint<='1';LED_Point<='1';
        一关闭冒号的其中一个点一关闭小数点
      when "0001" => LED_A<='1';LED_B<='0'; LED_C<='0';LED_D<='1';
        LED_E<='1';LED_F<='1';LED_G<='1';LED_VCC1<='0';LED_VCC2<='0';
        LED_VCC3<='1';LED_VCC4<='0';LED_TimePoint<='1';LED_Point<='1';
        一关闭冒号的其中一个点一关闭小数点
      when "0010" => LED_A<='0';LED_B<='0'; LED_C<='1';LED_D<='0';
        LED_E<='0';LED_F<='1';LED_G<='0';LED_VCC1<='0';LED_VCC2<='0';
        LED_VCC3<='1';LED_VCC4<='0';LED_TimePoint<='1';LED_Point<='1';
        一关闭冒号的其中一个点一关闭小数点
      when "0011" => LED_A<='0';LED_B<='0'; LED_C<='0';LED_D<='0';
        LED_E<='1';LED_F<='1';LED_G<='0';LED_VCC1<='0';LED_VCC2<='0';
        LED_VCC3<='1';LED_VCC4<='0';LED_TimePoint<='1';LED_Point<='1';
        一关闭冒号的其中一个点一关闭小数点
      when "0100" => LED_A<='1';LED_B<='0'; LED_C<='0';LED_D<='1';
        LED_E<='1';LED_F<='0';LED_G<='0';LED_VCC1<='0';LED_VCC2<='0';
        LED_VCC3<='1';LED_VCC4<='0';LED_TimePoint<='1';LED_Point<='1';
        一关闭冒号的其中一个点一关闭小数点
      when "0101" => LED_A<='0';LED_B<='1'; LED_C<='0';LED_D<='0';
        LED_E<='1';LED_F<='0';LED_G<='0';LED_VCC1<='0';LED_VCC2<='0';
        LED_VCC3<='1';LED_VCC4<='0';LED_TimePoint<='1';LED_Point<='1';
        一关闭冒号的其中一个点一关闭小数点
      when "0110" => LED_A<='0';LED_B<='1'; LED_C<='0';LED_D<='0';
        LED_E<='0';LED_F<='0';LED_G<='0';LED_VCC1<='0';LED_VCC2<='0';
        LED_VCC3<='1';LED_VCC4<='0';LED_TimePoint<='1';LED_Point<='1';
        一关闭冒号的其中一个点一关闭小数点
      when "0111" => LED_A<='0';LED_B<='0'; LED_C<='0';LED_D<='1';
        LED_E<='1';LED_F<='1';LED_G<='1';LED_VCC1<='0';LED_VCC2<='0';
        LED_VCC3<='1';LED_VCC4<='0';LED_TimePoint<='1';LED_Point<='1';
        一关闭冒号的其中一个点一关闭小数点
      when "1000" => LED_A<='0';LED_B<='0'; LED_C<='0';LED_D<='0';
        LED_E<='0';LED_F<='0';LED_G<='0';LED_VCC1<='0';LED_VCC2<='0';
        LED_VCC3<='1';LED_VCC4<='0';LED_TimePoint<='1';LED_Point<='1';
        一关闭冒号的其中一个点一关闭小数点
      when "1001" => LED_A<='0';LED_B<='0'; LED_C<='0';LED_D<='0';
        LED_E<='1';LED_F<='0';LED_G<='0';LED_VCC1<='0';LED_VCC2<='0';
        LED_VCC3<='1';LED_VCC4<='0';LED_TimePoint<='1';LED_Point<='1';
        一关闭冒号的其中一个点一关闭小数点
      when others => null;
      end case;
   end if;
```

266

```
        end if;
     end process;
end Behavioral;

library IEEE;
use IEEE.STD_LOGIC_1164.ALL;
use IEEE.STD_LOGIC_ARITH.ALL;
use IEEE.STD_LOGIC_UNSIGNED.ALL;
entity key5 is
    port(
      CLK,RESET:in std_logic;
      din:in std_logic;
      dout:out std_logic—'0'有效
    );
end key5;
architecture Behavioral of key5 is
    signal count     :   integer range 0 to 3000000 ;   —分频器
    signal keyclk    :    std_logic  ;   —分频器
    type state is(s0,s1);—定义两种状态
    signal pre_s,next_s:state;—状态机指针
begin
    process(CLK,RESET)  —时钟进程,产生各种时钟信号
    begin
        if RESET='0' then      keyclk<='0';count<=0;
        elsif CLK'event and CLK='1' then
            count<=count+1;
            if count=3000000 then keyclk<=not keyclk;   count<=0;
            else count<=count+1;
            end if;
        end if; —毫秒时钟
    end process;
    process(keyclk,RESET)    —状态机激励源
    begin
        if RESET='0' then      pre_s<=s0;
        elsif keyclk'event and keyclk='1' then    pre_s<=next_s;
        else null;
        end if;
    end process;
    process(pre_s,next_s,din)
    begin
        case pre_s is
          when s0=>
                  dout<='1';
                  if din='0' then next_s<=s1; —检测到按键
                  else next_s<=s0;
                  end if;
          when s1=>
                  dout<='1';
                  if din='0' then dout<='0'; —检测到按键
                  else next_s<=s0;
                  end if;
```

```
              when others => next_s<=s0;
         end case;
      end process;
   end Behavioral;
```

11.3 实例 3 数字电压表

11.3.1 实例现象

短接跳线 2J1，用小一字螺丝刀缓慢调节精密可调电阻 2RW1，此时你会看到数码管的数字会随着你的调节而改变，并且是线性递增或递减。

数码管是以 16 进制形式显示的，也就是说它除了显示 0~9 之外，还有 A、B、C、D、E、F。调节 2RW1，使数码管停留在一个小于 C2 的值上。然后用公式 U=（data/256）*5 计算，data 是数码管显示的数字，注意把它转换成十进制再进行计算。计算出的结果就是测量的可调电阻的电压值，可以用万用表测量后进行对比。将黑表笔测到电源接口旁的 GND，红表笔测到 Ain 接口上，因为万用表和 ADC 均有误差，所以万用表测量值和实例的测量值不会完全相同，误差大约在±0.03 左右。

11.3.2 重点与难点

ADC 的功能、状态机的描述方法，掌握 VHDL 描述方法。

11.3.3 实例说明

实例主要用到 ADC 转换功能，根据 ADC 转换的时序要求，需产生操作总线的基本时钟（1ms），即操作总线时序的节拍为 1ms。它是由一个计数器或说是分频器来产生的 clkwr 信号。

```
process(CLK,RESET)   —时钟进程，产生各种时钟信号
begin
   if RESET='0' then    count1<=0;clkwr<='1';
   elsif CLK'event and CLK='1' then
      —操作总线的基本时钟，1ms
      if count1=50000 then clkwr<=not clkwr;count1<=0;
      else count1<=count1+1;
      end if;
   end if;
end process;
```

此外会用到总线操作状态机，总线操作我们设置了 *start*、*convert*、*read1*、*read2* 四种状态，这是状态机的典型做法。在 *clkwr* 节拍的控制下，每个状态分别执行。

```
process(RESET,clkwr)
begin
   if(RESET = '0') then  current_state <= start;
   elsif(clkwr'event and clkwr = '1') then current_state <= next_state;
   end if;
end process;
process(current_state, ADC_INTR)
```

```
    begin
        case current_state is
            开始状态, 选中 ADC0804, 下发采样命令
            when start =>next_state <= convert;
                        ADC_CS <= '0';
                        ADC_WR <= '0';
                        ADC_RD <= '1';
            转换状态, 等待 ADC 中断信号, 即等待完成采样信号 ADC_INTR
            when convert =>  if(ADC_INTR = '0') then next_state <= read1;
                        else next_state <= convert;
                        end if;
                        ADC_CS <= '1';
                        ADC_WR <= '1';
                        ADC_RD <= '1';
```

完成 1 次采样后, 进行 ADC 读操作, 读取采样数据 ADC_DB

```
            when read1 =>next_state <= read2;
                        ADC_CS <= '0';
                .       ADC_WR <= '1';
                        ADC_RD <= '0';
                        data_in <= ADC_DB;
            关闭 ADC 片选, 进入下一次采样周期
            when read2 =>next_state <= start;
                        ADC_CS <= '1';
                        ADC_WR <= '1';
                        ADC_RD <= '1';
            when others =>  next_state <= start;
        end case;
    end process;
```

11.3.4 实例 VHDL 参考程序

```
library IEEE;
use IEEE.STD_LOGIC_1164.ALL;
use IEEE.STD_LOGIC_ARITH.ALL;
use IEEE.STD_LOGIC_UNSIGNED.ALL;
entity ADC is
    port
    (
        CLK             :   in std_logic;           —时钟源
        RESET           :   in std_logic;           —复位信号
        ADC_INTR        :   in std_logic;
        ADC_DB          :   in std_logic_vector(7 downto 0);
        ADC_CS          :    out std_logic;
        ADC_WR          :   out std_logic;
        ADC_RD          :   out std_logic;
        LED_EN1         :   out std_logic;
        LED_A           :   out std_logic;          —4 位数码管引脚
        LED_B           :   out std_logic;
        LED_C           :   out std_logic;
        LED_D           :   out std_logic;
```

```vhdl
        LED_E            :    out std_logic;
        LED_F            :    out std_logic;
        LED_G     :    out std_logic;
        LED_VCC1  :    out std_logic;            —时十位
        LED_VCC2  :    out std_logic;            —时个位
        LED_VCC3  :    out std_logic;            —分十位
        LED_VCC4  :    out std_logic;            —分个位
        LED_TimePoint:out std_logic;             —冒号
        LED_Point :out std_logic                 —小数点
);
end ADC;
architecture Behavioral of ADC is
    —4 个状态如下:
    —idle: CS="0",WR=0,RD=1 启动 AD0804 开始转换
    —convert: CS=1,WR=1,RD=1,AD0804 等待数据转换
    —read1:  CS="1",WR=1,RD=1,INTR,转换结束,开始读
    —read2: CS="1",WR=1,RD=0,读结束
    type state is (start, convert, read1, read2);
    signal current_state, next_state : state;
    signal count1       :    integer range 0 to 50000  ;   —分频器,产生
毫秒时钟基准
    signal clkwr        :    std_logic;—操作总线的基本时钟, 1ms
    signal wrcnt        :    integer range 0 to 20;—总线写操作指针
    signal data_in      :    std_logic_vector(7 downto 0);—总线待输出的数据
    signal read_data    :    std_logic;—数据有效标准, '1'有效
    —显示
    signal count        :    integer range 0 to 60000  ;      —分频器,产生
毫秒时钟基准
    signal scancnt      :    integer range 0 to 3         ;   —LED 扫描轮转
    signal Data0,Data1: std_logic_vector(3 downto 0);
begin
    LED_EN1<='0';—使能 4 位 LED 数码管
    —产生操作总线的基本时钟 1ms
    process(CLK,RESET)   —时钟进程,产生各种时钟信号
    begin
        if RESET='0' then     count1<=0;clkwr<='1';
        elsif CLK'event and CLK='1' then
            —操作总线的基本时钟, 1ms
            if count1=50000 then clkwr<=not clkwr;count1<=0;
            else count1<=count1+1;
            end if;
        end if;
    end process;
    —-总线操作状态机—
    process(RESET,clkwr)
    begin
        if(RESET = '0') then  current_state <= start;
        elsif(clkwr'event and clkwr = '1') then current_state <= next_state;
        end if;
    end process;
    process(current_state, ADC_INTR)
```

```
    begin
        case current_state is
            when start =>next_state <= convert;
                          ADC_CS <= '0';
                          ADC_WR <= '0';
                          ADC_RD <= '1';
            when convert =>  if(ADC_INTR = '0') then next_state <= read1;
                          else next_state <= convert;
                          end if;
                          ADC_CS <= '1';
                          ADC_WR <= '1';
                          ADC_RD <= '1';
            when read1 =>   next_state <= read2;
                          ADC_CS <= '0';
                          ADC_WR <= '1';
                          ADC_RD <= '0';
                          data_in <= ADC_DB;

            when read2 =>next_state <= start;
                          ADC_CS <= '1';
                          ADC_WR <= '1';
                          ADC_RD <= '1';
            when others =>  next_state <= start;
        end case;
    end process;
--------------------------------------------------------------------
process(CLK,RESET)  --时钟进程, 产生各种时钟信号
    begin
        if  RESET='0' then     NULL;
        elsif CLK'event and CLK='1' then
            count<=count+1;
            if count=60000 then
                count<=0;
                if scancnt>1 then scancnt<=0;
                else    scancnt<=scancnt+1;
                end if;
            end if;
        end if;
    end process;
    Data0<=data_in(3 downto 0);
    Data1<=data_in(7 downto 4);
    —数码管扫描
    process(clkwr, RESET)
        begin
        —LED_VCC 信号是'1'有效, 其余信号均为'0'有效, 中间的冒号两个点分别由 VCC2
和 VCC3 控制
            if  RESET='0' then    LED_A<='1';LED_B<='1';LED_C<'1';LED_D<='1';
    LED_E<='1';LED_F<='1';LED_G<='1';LED_VCC1<='0';
    LED_VCC2<='0';LED_VCC3<='0';LED_VCC4<='0';
    LED_TimePoint<='1'; LED_Point<='1';
```

```vhdl
          elsif clkwr'event and clkwr='1' then
            if scancnt=0 then
              case Data0 is   一分个位
              when "0000" => LED_A<='0';LED_B<='0'; LED_C<='0';LED_D<='0';
                LED_E<='0';LED_F<='0';LED_G<='1';LED_VCC1<='0';LED_VCC2<='0';
                LED_VCC3<='0';LED_VCC4<='1';LED_Point<='1';一点亮小数点
              when "0001" => LED_A<='1';LED_B<='0'; LED_C<='0';LED_D<='1';
                LED_E<='1';LED_F<='1';LED_G<='1';LED_VCC1<='0';LED_VCC2<='0';
                LED_VCC3<='0';LED_VCC4<='1';LED_Point<='1';
              when "0010" => LED_A<='0';LED_B<='0'; LED_C<='1';LED_D<='0';
                LED_E<='0';LED_F<='1';LED_G<='0';LED_VCC1<='0';LED_VCC2<='0';
                LED_VCC3<='0';LED_VCC4<='1';LED_Point<='1';
              when "0011" => LED_A<='0';LED_B<='0'; LED_C<='0';LED_D<='0';
                LED_E<='1';LED_F<='1';LED_G<='0';LED_VCC1<='0';LED_VCC2<='0';
                LED_VCC3<='0';LED_VCC4<='1';LED_Point<='1';
              when "0100" => LED_A<='1';LED_B<='0'; LED_C<='0';LED_D<='1';
                LED_E<='1';LED_F<='0';LED_G<='0';LED_VCC1<='0';LED_VCC2<='0';
                LED_VCC3<='0';LED_VCC4<='1';LED_Point<='1';
              when "0101" => LED_A<='0';LED_B<='1'; LED_C<='0';LED_D<='0';
                LED_E<='1';LED_F<='0';LED_G<='0';LED_VCC1<='0';LED_VCC2<='0';
                LED_VCC3<='0';LED_VCC4<='1';LED_Point<='1';
              when "0110" => LED_A<='0';LED_B<='1'; LED_C<='0';LED_D<='0';
                LED_E<='0';LED_F<='0';LED_G<='0';LED_VCC1<='0';LED_VCC2<='0';
                LED_VCC3<='0';LED_VCC4<='1';LED_Point<='1';
              when "0111" => LED_A<='0';LED_B<='0'; LED_C<='0';LED_D<='1';
                LED_E<='1';LED_F<='1';LED_G<='1';LED_VCC1<='0';LED_VCC2<='0';
                LED_VCC3<='0';LED_VCC4<='1';LED_Point<='1';
              when "1000" => LED_A<='0';LED_B<='0'; LED_C<='0';LED_D<='0';
                LED_E<='0';LED_F<='0';LED_G<='0';LED_VCC1<='0';LED_VCC2<='0';
                LED_VCC3<='0';LED_VCC4<='1';LED_Point<='1';
              when "1001" => LED_A<='0';LED_B<='0'; LED_C<='0';LED_D<='0';
                LED_E<='1';LED_F<='0';LED_G<='0';LED_VCC1<='0';LED_VCC2<='0';
                LED_VCC3<='0';LED_VCC4<='1';LED_Point<='1';
              when "1010" => LED_A<='0';LED_B<='0'; LED_C<='0';LED_D<='1';
                LED_E<='0';LED_F<='0';LED_G<='0';LED_VCC1<='0';LED_VCC2<='0';
                LED_VCC3<='0';LED_VCC4<='1';LED_Point<='1';
              when "1011" => LED_A<='1';LED_B<='1'; LED_C<='0';LED_D<='0';
                LED_E<='0';LED_F<='0';LED_G<='0';LED_VCC1<='0';LED_VCC2<='0';
                LED_VCC3<='0';LED_VCC4<='1';LED_Point<='1';
              when "1100" => LED_A<='0';LED_B<='1'; LED_C<='1';LED_D<='0';
                LED_E<='0';LED_F<='0';LED_G<='1';LED_VCC1<='0';LED_VCC2<='0';
                LED_VCC3<='0';LED_VCC4<='1';LED_Point<='1';
              when "1101" => LED_A<='1';LED_B<='0'; LED_C<='0';LED_D<='0';
                LED_E<='0';LED_F<='1';LED_G<='0';LED_VCC1<='0';LED_VCC2<='0';
                LED_VCC3<='0';LED_VCC4<='1';LED_Point<='1';
              when "1110" => LED_A<='0';LED_B<='1'; LED_C<='1';LED_D<='0';
                LED_E<='0';LED_F<='0';LED_G<='0';LED_VCC1<='0';LED_VCC2<='0';
                LED_VCC3<='0';LED_VCC4<='1';LED_Point<='1';
              when "1111" => LED_A<='0';LED_B<='1'; LED_C<='1';LED_D<='1';
                LED_E<='0';LED_F<='0';LED_G<='0';LED_VCC1<='0';LED_VCC2<='0';
                LED_VCC3<='0';LED_VCC4<='1';LED_Point<='1';
```

```vhdl
        when others => null;
      end case;
  elsif scancnt=1 then
    case Data1 is    一分十位
when "0000" => LED_A<='0';LED_B<='0'; LED_C<='0';LED_D<='0';
    LED_E<='0';LED_F<='0';LED_G<='1';LED_VCC1<='0';LED_VCC2<='0';
    LED_VCC3<='1';LED_VCC4<='0';LED_TimePoint<='1';LED_Point<='1';
    一关闭冒号的其中一个点一关闭小数点
when "0001" => LED_A<='1';LED_B<='0'; LED_C<='0';LED_D<='1';
    LED_E<='1';LED_F<='1';LED_G<='1';LED_VCC1<='0';LED_VCC2<='0';
    LED_VCC3<='1';LED_VCC4<='0';LED_TimePoint<='1';LED_Point<='1';
when "0010" => LED_A<='0';LED_B<='0'; LED_C<='1';LED_D<='0';
    LED_E<='0';LED_F<='1';LED_G<='0';LED_VCC1<='0';LED_VCC2<='0';
    LED_VCC3<='1';LED_VCC4<='0';LED_TimePoint<='1';LED_Point<='1';
when "0011" => LED_A<='0';LED_B<='0'; LED_C<='0';LED_D<='0';
    LED_E<='1';LED_F<='1';LED_G<='0';LED_VCC1<='0';LED_VCC2<='0';
    LED_VCC3<='1';LED_VCC4<='0';LED_TimePoint<='1';LED_Point<='1';
when "0100" => LED_A<='1';LED_B<='0'; LED_C<='0';LED_D<='1';
    LED_E<='1';LED_F<='0';LED_G<='0';LED_VCC1<='0';LED_VCC2<='0';
    LED_VCC3<='1';LED_VCC4<='0';LED_TimePoint<='1';LED_Point<='1';
when "0101" => LED_A<='0';LED_B<='1'; LED_C<='0';LED_D<='0';
    LED_E<='1';LED_F<='0';LED_G<='0';LED_VCC1<='0';LED_VCC2<='0';
    LED_VCC3<='1';LED_VCC4<='0';LED_TimePoint<='1';LED_Point<='1';
when "0110" => LED_A<='0';LED_B<='1'; LED_C<='0';LED_D<='0';
    LED_E<='0';LED_F<='0';LED_G<='0';LED_VCC1<='0';LED_VCC2<='0';
    LED_VCC3<='1';LED_VCC4<='0';LED_TimePoint<='1';LED_Point<='1';
when "0111" => LED_A<='0';LED_B<='0'; LED_C<='0';LED_D<='1';
    LED_E<='1';LED_F<='1';LED_G<='1';LED_VCC1<='0';LED_VCC2<='0';
    LED_VCC3<='1';LED_VCC4<='0';LED_TimePoint<='1';LED_Point<='1';
when "1000" => LED_A<='0';LED_B<='0'; LED_C<='0';LED_D<='0';
    LED_E<='0';LED_F<='0';LED_G<='0';LED_VCC1<='0';LED_VCC2<='0';
    LED_VCC3<='1';LED_VCC4<='0';LED_TimePoint<='1';LED_Point<='1';
when "1001" => LED_A<='0';LED_B<='0'; LED_C<='0';LED_D<='0';
    LED_E<='1';LED_F<='0';LED_G<='0';LED_VCC1<='0';LED_VCC2<='0';
    LED_VCC3<='1';LED_VCC4<='0';LED_TimePoint<='1';LED_Point<='1';
when "1010" => LED_A<='0';LED_B<='0'; LED_C<='0';LED_D<='1';
    LED_E<='0';LED_F<='0';LED_G<='0';LED_VCC1<='0';LED_VCC2<='0';
    LED_VCC3<='1';LED_VCC4<='0';LED_TimePoint<='1';LED_Point<='1';
when "1011" => LED_A<='1';LED_B<='1'; LED_C<='0';LED_D<='0';
    LED_E<='0';LED_F<='0';LED_G<='0';LED_VCC1<='0';LED_VCC2<='0';
    LED_VCC3<='1';LED_VCC4<='0';LED_TimePoint<='1';LED_Point<='1';
when "1100" => LED_A<='0';LED_B<='1'; LED_C<='1';LED_D<='0';
    LED_E<='0';LED_F<='0';LED_G<='1';LED_VCC1<='0';LED_VCC2<='0';
    LED_VCC3<='1';LED_VCC4<='0';LED_TimePoint<='1';LED_Point<='1';
when "1101" => LED_A<='1';LED_B<='0'; LED_C<='0';LED_D<='0';
    LED_E<='0';LED_F<='1';LED_G<='0';LED_VCC1<='0';LED_VCC2<='0';
    LED_VCC3<='1';LED_VCC4<='0';LED_TimePoint<='1';LED_Point<='1';
when "1110" => LED_A<='0';LED_B<='1'; LED_C<='1';LED_D<='0';
    LED_E<='0';LED_F<='0';LED_G<='0';LED_VCC1<='0';LED_VCC2<='0';
    LED_VCC3<='1';LED_VCC4<='0';LED_TimePoint<='1';LED_Point<='1';
when "1111" => LED_A<='0';LED_B<='1'; LED_C<='1';LED_D<='1';
```

```
        LED_E<='0';LED_F<='0';LED_G<='0';LED_VCC1<='0';LED_VCC2<='0';
        LED_VCC3<='1';LED_VCC4<='0';LED_TimePoint<='1';LED_Point<='1';
      when others => null;
    end case;
  end if;
 end if;
 end process;
end Behavioral;
```

11.4　实例 4　红外线报警器

11.4.1　实例现象

调整 3D1 和 3U1 的方向，使其方向接近平行，发射接收路径略微形成一个夹角。用手挡住 3D1 的发射方向，蜂鸣器此时会鸣叫。

11.4.2　重点与难点

红外传感器的发送接收原理，掌握 VHDL 描述方法。

11.4.3　实例说明

1. 红外发射管

常用的红外发光二极管，其外形和发光二极管 LED 相似，发出红外光。管压降约 1.4V，工作电流一般小于 20mA。为了适应不同的工作电压，回路中常常串有限流电阻。发射红外线去控制相应的受控装置时，其控制的距离与发射功率成正比。为了增加红外线的控制距离，红外发光二极管工作于脉冲状态，因为脉动光（调制光）的有效传送距离与脉冲的峰值电流成正比，只需尽量提高峰值 Ip，就能增加红外光的发射距离。提高 Ip 的方法，是减小脉冲占空比，即压缩脉冲的宽度 T，一些彩电红外遥控器，其红外发光管的工作脉冲占空比约为 1/3～1/4；一些电器产品红外遥控器，其占空比是 1/10。减小脉冲占空比还可使小功率红外发光二极管的发射距离大大增加。常见的红外发光二极管，其功率分为小功率（1～10mW）、中功率（20～50mW）和大功率（50～100mW 以上）三大类。要使红外发光二极管产生调制光，只需在驱动管上加上一定频率的脉冲电压。

红外线发射与接收的方式有两种，其一是直射式，其二是反射式。直射式指发光管和接收管相对安放在发射与受控物的两端，中间相距一定距离；反射式指发光管与接收管并列一起，平时接收管始终无光照，只在发光管发出的红外光线遇到反射物时，接收管收到反射回来的红外光线才工作。红外报警器使用的是反射式，而电视遥控器等使用的是直射式。

2. 红外接收管

红外接收管使用很方便，只有 3 个引脚，HA0038 红外接收管的内部结构如图 11-3 所示，它集成了 AGC（自动增益控制）、带通滤波器、解调器和控制模块。当接收到 38kHz 的红外光后输出 0 电平。但要注意的是它每次接收不能多于 70 个周期，所以红外发射管每发送一次至少要等待 1.8ms。详细参数请阅读数据手册。

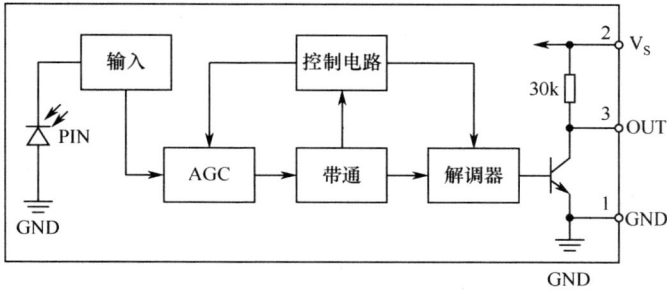

图 11-3　HA0038 红外接收管内部结构

11.4.4　实例 VHDL 参考程序

```vhdl
library IEEE;
use IEEE.STD_LOGIC_1164.ALL;
use IEEE.STD_LOGIC_ARITH.ALL;
use IEEE.STD_LOGIC_UNSIGNED.ALL;
entity Infrared is
    port
    (
            CLK       :    in     std_logic;      —6MHz 时钟输入
            RESET     :    in     std_logic;      —复位信号输入，0 有效
            IRDA_RXD  :    in     std_logic;
            IRDA_TXD  :    out    std_logic;
            Speaker   :    out    std_logic;      —蜂鸣器输出，0 有效
            LED       :    out    std_logic       —LED 输出，0 有效
    );
end Infrared;
architecture Behavioral of Infrared is
    signal cnt38khz:integer range 0 to 1400;
    signal irda_tem:std_logic;—装载 38KHZ 脉冲
    —signal count: integer range 0 to 197400;
    signal count:   integer range 0 to 600000;
    signal flag_tx:std_logic;—发送标志，因为 HS38 不能多于 70 个周期，每发送一次
要等待 1.8ms
    begin
        —产生 38KHZ 脉冲
        process(CLK,RESET)
            begin
            if RESET='0'then cnt38khz<=0;—初始化 LED,蜂鸣器
            elsif CLK'event and CLK='1'then
                if cnt38khz>657 then
                    cnt38khz<=0;
                    irda_tem<=not irda_tem;
                else cnt38khz <=cnt38khz+1;
                end if;
            end if;
        end process;
        —因为 HS38 不能多于 70 个周期(<1.8ms)，每发送一次至少要等待 1.8ms
        —发送时间：30000×(1/50MHz)＝0.6ms
        —等待时间：(300000-30000)×(1/50MHz)＝5.4ms
```

275

```
process(CLK,RESET)
    begin
    if RESET='0'then count<=0;flag_tx<='1';—初始化 LED,蜂鸣器
    elsif CLK'event and CLK='1'then
        if count=30000 then count<=count+1;flag_tx<='0';
        elsif count>=600000 then count<=0;flag_tx<='1';
        else count<=count+1;
        end if;
    end if;
end process;
IRDA_TXD<=irda_tem when flag_tx='1'else '1';
Speaker<=IRDA_RXD;
LED<=IRDA_RXD;
end Behavioral;
```

11.5 实例5 LCD1602字符液晶显示

11.5.1 实例现象

安装好字符液晶 LCD1602，注意对齐液晶模块的引脚，否则会烧坏液晶，也不要将 LCD12864 和 LCD1602 同时安装，因为它们使用了相同的片选。如果液晶没有显示或不是很清晰，请调节 8RW1 可调电阻调节液晶对比度。下载完程序后液晶会滚动显示：

```
Hello! Welcome to MoShuKeJi!
High quality,Excellence service
```

11.5.2 重点与难点

LCD1602 字符液晶的驱动方法，掌握 VHDL 描述方法。

11.5.3 实例说明

LCD1602 液晶模块内带标准字库，内部的字符发生存储器（CGROM）已经存储了 192 个 5×7 点阵字符，32 个 5×10 点阵字符。另外还有字符生成 RAM（CGRAM）512 字节，供用户自定义字符。指令见表 11-5 所列，引脚为

1 脚：VSS 为电源地，接 GND。

2 脚：VDD 接 5V 正电源。

3 脚：VL 为对比度调整端，接正电源时对比度最弱，接地电源时对比度最高。

4 脚：RS 为寄存器选择，高电平时选择数据寄存器、低电平时选择指令寄存器。

5 脚：RW 为读写信号线，高电平时进行读操作，低电平时进行写操作。当 RS 和 RW 共同为低电平时可以写入指令或者显示地址，当 RS 为低电平 RW 为高电平时可以读忙信号，当 RS 为高电平 RW 为低电平时可以写入数据。

6 脚：E 端为使能端，当 E 端由高电平跳变成低电平时，液晶模块执行命令。

7～14 脚：D0～D7 为 8 位双向数据线。

15 脚：BLA 背光电源正极（+5V）输入引脚。

16 脚：BLK 背光电源负极，接 GND。

表 11-5　LCD1602 指令表

指　　　令	RS	R/W	D7	D6	D5	D4	D3	D2	D1	D0
清显示	0	0	0	0	0	0	0	0	0	1
光标返回	0	0	0	0	0	0	0	0	1	*
置输入模式	0	0	0	0	0	0	0	1	1/D	S
显示开/关控制	0	0	0	0	0	0	1	D	C	B
光标或字符移位	0	0	0	0	0	1	S/C	R/L	*	*
置功能	0	0	0	0	1	DL	N	F	*	*
置字符发生存储器地址	0	0	0	1	字符发生存储器地址（AGG）					
置数据存储器地址	0	0	1	显示数据存储器地址（ADD）						
读忙标志或地址	0	1	BF	计数器地址（AC）						
写数到 CGRAM 或 DDRAM	1	0	要写的数							
从 CGRAM 或 DDRAM 读数	1	1	读出的数据							

指令 1：清显示，指令码 01H,光标复位到地址 00H 位置。

指令 2：光标复位，光标返回到地址 00H。

指令 3：光标和显示模式设置 I/D：光标移动方向，高电平右移，低电平左移 S:屏幕上所有文字是否左移或者右移。高电平表示有效，低电平则无效。

指令 4：显示开关控制。D：控制整体显示的开与关，高电平表示开显示，低电平表示关显示 C：控制光标的开与关，高电平表示有光标，低电平表示无光标 B：控制光标是否闪烁，高电平闪烁，低电平不闪烁。

指令 5：光标或显示移位 S/C：高电平时移动显示的文字，低电平时移动光标。

指令 6：功能设置命令 DL：高电平时为 4 位总线，低电平时为 8 位总线 N：低电平时为单行显示，高电平时双行显示 F：低电平时显示 5×7 的点阵字符，高电平时显示 5×10 的点阵字符。

指令 7：字符发生器 RAM 地址设置。

指令 8：DDRAM 地址设置。

指令 9：读忙信号和光标地址 BF：为忙标志位，高电平表示忙，此时模块不能接收命令或者数据，如果为低电平表示不忙。

指令 10：写数据。

指令 11：读数据。

11.5.4　实例 VHDL 参考程序

```
library IEEE;
use IEEE.STD_LOGIC_1164.ALL;
use IEEE.STD_LOGIC_ARITH.ALL;
use IEEE.STD_LOGIC_UNSIGNED.ALL;
entity lcd is
```

```vhdl
    Port ( CLK : in std_logic;
           RESET : in std_logic;
           LCD_RS : out std_logic;
           LCD_RW : out std_logic;
           LCD_E : buffer std_logic;
           LCD_D : out std_logic_vector(7 downto 0)
         —    stateout: out std_logic_vector(10 downto 0);
         );
end lcd;
architecture Behavioral of lcd is
    type StateType is (
        IDLE,   —无操作
        CLEAR,  —清显示
        RETURNCURSOR,    —光标返回
        SETMODE,         —置输入模式
        SWITCHMODE,      —显示开关控制
        SHIFT,           —光标或字符移动
        SETFUNCTION,     —设置功能
        SETCGRAM,        —字符发生器 RAM 地址设置
        SETDDRAM,        —DDRAM 地址设置
        READFLAG,        —读忙信号和光标地址 BF
        WRITERAM,        —写数据
        READRAM          —读数据
        );
signal state:StateType;
signal counter : integer range 0 to 127;
signal div_counter : integer range 0 to 15;
signal flag       : std_logic;
constant DIVSS : integer :=15;
signal char_addr : std_logic_vector(6 downto 0);
signal data_in   : std_logic_vector(7 downto 0);
component char_ram
        port( address : in std_logic_vector(6 downto 0) ;
              data    : out std_logic_vector(7 downto 0)
              );
end component;
signal clk_int: std_logic;
signal clkcnt: std_logic_vector(20 downto 0);
constant divcnt: std_logic_vector(20 downto 0):="010001001110001000000";
signal clkdiv: std_logic;
signal tc_clkcnt: std_logic;
begin
—对 50MHZ 进行分频,
process(CLK,RESET)
begin
  if(RESET='0')then clkcnt<="000000000000000000000";
  elsif(CLK'event and CLK='1')then
    if(clkcnt=divcnt)then  clkcnt<="000000000000000000000";
    else  clkcnt<=clkcnt+1;
```

```
      end if;
    end if;
end process;
tc_clkcnt<='1' when clkcnt=divcnt else  '0';
—产生总线操作周期时钟 clkdiv,
process(tc_clkcnt,RESET)
begin
    if(RESET='0')then clkdiv<=0;
    elsif(tc_clkcnt'event and tc_clkcnt='1')then clkdiv<=not clkdiv;
    end if;
end process;
—LCD1602 时序时钟 clk_int
process(clkdiv,RESET)
begin
   if(RESET='0')then  clk_int<='0';
   elsif(clkdiv'event and clkdiv='1')then clk_int<= not clk_int;
   end if;
end process;
—每个操作周期将 LCD_E 操作一次
process(clkdiv,RESET)
begin
   if(RESET='0')then  LCD_E<='0';
   elsif(clkdiv'event and clkdiv='0')then  LCD_E<= not LCD_E;
   end if;
end process;
—查表，得到要显示的数据
aa:char_ram
   port map( address=>char_addr,data=>data_in);
   char_addr  <= conv_std_logic_vector( counter,7) when state =WRITERAM
   and counter<29 else
   conv_std_logic_vector( counter,7) when state= WRITERAM and counter>40
   and counter<75 else
     "1111111";
—各种操作指令，通过 state 指针进行各种命令的执行
  process(clk_int,RESET)
  begin
     if(RESET='0')then state<=IDLE;counter<=0;flag<='0';div_counter<=0;
     elsif(clk_int'event and clk_int='1')then
         case state is
             when IDLE => if(flag='0')then state<=SETFUNCTION;
                            flag<='1'; counter<=0; div_counter<=0;
                            LCD_RS<='0';LCD_RW<='0';LCD_D<="ZZZZZZZZ";
                         else
                            LCD_RS<='0';LCD_RW<='0';LCD_D<="ZZZZZZZZ";
                   if(div_counter<DIVSS )then div_counter<=div_counter+1;
                   state<=IDLE;
                   else div_counter<=0; state <=SHIFT;
                   end if;
                   end if;
           when CLEAR => state<=SETMODE;LCD_RS<='0';
                 LCD_RW<='0';LCD_D<="00000001";—清显示
```

279

```vhdl
        when SETMODE        => state<=WRITERAM;LCD_RS<='0';LCD_RW<='0';
LCD_D<="00000110";—光标和显示模式设置 I/D:光标右移 S:屏幕上所有文字是
否左移或者右移。高电平表示有效，低电平则无效
        when RETURNCURSOR   =>
state<=WRITERAM;LCD_RS<='0';LCD_RW<='0';  LCD_D<="00000010";—光
标复位，光标返回到地址 00H
        when SWITCHMODE  =>
state<=CLEAR;LCD_RS<='0';LCD_RW<='0'; LCD_D<="00001100";—开显示,
无光标，不闪烁
        when SHIFT          =>
state<=IDLE;LCD_RS<='0';LCD_RW<='0'; LCD_D<="00011000";—文字左移
    when SETFUNCTION =>
state<=SWITCHMODE;LCD_RS<='0';LCD_RW<='0';  LCD_D<="00111100";—
功能设置命令,8 位总线,双行显示,5x10 的点阵字符
        when SETCGRAM       =>
state<=IDLE;LCD_RS<='0';LCD_RW<='0'; LCD_D<="01000000";
        when SETDDRAM       =>
    state<=WRITERAM;LCD_RS<='0';LCD_RW<='0';
            if counter=0  then LCD_D<="10000000";—第一行
            else LCD_D<="11000000";—第二行
            end if;
        when READFLAG       =>
    state<=IDLE;LCD_RS<='0';LCD_RW<='0'; LCD_D<="ZZZZZZZZ";
    when WRITERAM       => LCD_RS<='1';LCD_RW<='0';LCD_D<=data_in;
        if(counter=40)thenstate<=SETDDRAM;counter<=counter+1;
    elsif(counter/=40andcounter<80)thenstate<=WRITERAM;counter<=count
    er+1;
        else state<=SHIFT;
        end if;
    when READRAM => state<=IDLE;LCD_RS<='1';LCD_RW<='1';LCD_D<="ZZZZZZZZ";
    when others  => state<=IDLE;LCD_RS<='0';LCD_RW<='0';LCD_D<= "ZZZZZZZZ";
    end case;
    end if;
  end process;
end Behavioral;
```

```vhdl
    library IEEE;
    use IEEE.STD_LOGIC_1164.ALL;
    use IEEE.STD_LOGIC_ARITH.ALL;
    entity char_ram is
    port( address : in std_logic_vector(6 downto 0) ;
          data    : out std_logic_vector(7 downto 0)
          );
    end char_ram;
    architecture fun of char_ram is
    function char_to_integer ( indata :character) return integer is
    variable result : integer range 0 to 16#7F#;
    begin
        case indata is
        when ' ' =>      result := 32;
        when '!' =>      result := 33;
```

```
when '"' =>         result := 34;
when '#' =>         result := 35;
when '$' =>         result := 36;
when '%' =>         result := 37;
when '&' =>         result := 38;
when ''' =>         result := 39;
when '(' =>         result := 40;
when ')' =>         result := 41;
when '*' =>         result := 42;
when '+' =>         result := 43;
when ',' =>         result := 44;
when '-' =>         result := 45;
when '.' =>         result := 46;
when '/' =>         result := 47;
when '0' =>         result := 48;
when '1' =>         result := 49;
when '2' =>         result := 50;
when '3' =>         result := 51;
when '4' =>         result := 52;
when '5' =>         result := 53;
when '6' =>         result := 54;
when '7' =>         result := 55;
when '8' =>         result := 56;
when '9' =>         result := 57;
when ':' =>         result := 58;
when ';' =>         result := 59;
when '<' =>         result := 60;
when '=' =>         result := 61;
when '>' =>         result := 62;
when '?' =>         result := 63;
when '@' =>         result := 64;
when 'A' =>         result := 65;
when 'B' =>         result := 66;
when 'C' =>         result := 67;
when 'D' =>         result := 68;
when 'E' =>         result := 69;
when 'F' =>         result := 70;
when 'G' =>         result := 71;
when 'H' =>         result := 72;
when 'I' =>         result := 73;
when 'J' =>         result := 74;
when 'K' =>         result := 75;
when 'L' =>         result := 76;
when 'M' =>         result := 77;
when 'N' =>         result := 78;
when 'O' =>         result := 79;
when 'P' =>         result := 80;
when 'Q' =>         result := 81;
when 'R' =>         result := 82;
```

```
       when 'S' =>      result := 83;
       when 'T' =>      result := 84;
       when 'U' =>      result := 85;
       when 'V' =>      result := 86;
       when 'W' =>      result := 87;
       when 'X' =>      result := 88;
       when 'Y' =>      result := 89;
       when 'Z' =>      result := 90;
       when '[' =>      result := 91;
       when '\' =>      result := 92;
       when ']' =>      result := 93;
       when '^' =>      result := 94;
       when '_' =>      result := 95;
       when '`' =>      result := 96;
       when 'a' =>      result := 97;
       when 'b' =>      result := 98;
       when 'c' =>      result := 99;
       when 'd' =>      result := 100;
       when 'e' =>      result := 101;
       when 'f' =>      result := 102;
       when 'g' =>      result := 103;
       when 'h' =>      result := 104;
       when 'i' =>      result := 105;
       when 'j' =>      result := 106;
       when 'k' =>      result := 107;
       when 'l' =>      result := 108;
       when 'm' =>      result := 109;
       when 'n' =>      result := 110;
       when 'o' =>      result := 111;
       when 'p' =>      result := 112;
       when 'q' =>      result := 113;
       when 'r' =>      result := 114;
       when 's' =>      result := 115;
       when 't' =>      result := 116;
       when 'u' =>      result := 117;
       when 'v' =>      result := 118;
       when 'w' =>      result := 119;
       when 'x' =>      result := 120;
       when 'y' =>      result := 121;
       when 'z' =>      result := 122;
       when '{' =>      result := 123;
       when '|' =>      result := 124;
       when '}' =>      result := 125;
       when '~' =>      result := 126;
    when others => result :=32;
    end case;
    return result;
  end function;
```

```
begin
process (address)
begin
  case address is
  ──Hello! Welcome to MoShuKeJi!  (0-28)
  when "0000000" =>data<=conv_std_logic_vector(char_to_integer ('H') ,8);
  when "0000001" =>data<=conv_std_logic_vector(char_to_integer ('e') ,8);
  when "0000010" =>data<=conv_std_logic_vector(char_to_integer ('l') ,8);
  when "0000011" =>data<=conv_std_logic_vector(char_to_integer ('l') ,8);
  when "0000100" =>data<=conv_std_logic_vector(char_to_integer ('o') ,8);
  when "0000101" =>data<=conv_std_logic_vector(char_to_integer ('!') ,8);
  when "0000110" =>data<=conv_std_logic_vector(char_to_integer (' ') ,8);
  when "0000111" =>data<=conv_std_logic_vector(char_to_integer (' ') ,8);
  when "0001000" =>data<=conv_std_logic_vector(char_to_integer ('W') ,8);
  when "0001001" =>data<=conv_std_logic_vector(char_to_integer ('e') ,8);
  when "0001010" =>data<=conv_std_logic_vector(char_to_integer ('l') ,8);
  when "0001011" =>data<=conv_std_logic_vector(char_to_integer ('c') ,8);
  when "0001100" =>data<=conv_std_logic_vector(char_to_integer ('o') ,8);
  when "0001101" =>data<=conv_std_logic_vector(char_to_integer ('m') ,8);
  when "0001110" =>data<=conv_std_logic_vector(char_to_integer ('e') ,8);
  when "0001111" =>data<=conv_std_logic_vector(char_to_integer (' ') ,8);
  when "0010000" =>data<=conv_std_logic_vector(char_to_integer ('t') ,8);
  when "0010001" =>data<=conv_std_logic_vector(char_to_integer ('o') ,8);
  when "0010010" =>data<=conv_std_logic_vector(char_to_integer (' ') ,8);
  when "0010011" =>data<=conv_std_logic_vector(char_to_integer ('M') ,8);
  when "0010100" =>data<=conv_std_logic_vector(char_to_integer ('o') ,8);
  when "0010101" =>data<=conv_std_logic_vector(char_to_integer ('S') ,8);
  when "0010110" =>data<=conv_std_logic_vector(char_to_integer ('h') ,8);
  when "0010111" =>data<=conv_std_logic_vector(char_to_integer ('u') ,8);
  when "0011000" =>data<=conv_std_logic_vector(char_to_integer ('K') ,8);
  when "0011001" =>data<=conv_std_logic_vector(char_to_integer ('e') ,8);
  when "0011010" =>data<=conv_std_logic_vector(char_to_integer ('J') ,8);
  when "0011011" =>data<=conv_std_logic_vector(char_to_integer ('i') ,8);
  when "0011100" =>data<=conv_std_logic_vector(char_to_integer ('!') ,8);
  ── High quality,Excellence service(41-74)
  when "0101001" =>data<=conv_std_logic_vector(char_to_integer ('H') ,8);
  when "0101010" =>data<=conv_std_logic_vector(char_to_integer ('i') ,8);
  when "0101011" =>data<=conv_std_logic_vector(char_to_integer ('g') ,8);
  when "0101100" =>data<=conv_std_logic_vector(char_to_integer ('h') ,8);
  when "0101101" =>data<=conv_std_logic_vector(char_to_integer (' ') ,8);
  when "0101110" =>data<=conv_std_logic_vector(char_to_integer ('q') ,8);
  when "0101111" =>data<=conv_std_logic_vector(char_to_integer ('u') ,8);
  when "0110000" =>data<=conv_std_logic_vector(char_to_integer ('a') ,8);
  when "0110001" =>data<=conv_std_logic_vector(char_to_integer ('l') ,8);
  when "0110010" =>data<=conv_std_logic_vector(char_to_integer ('i') ,8);
  when "0110011" =>data<=conv_std_logic_vector(char_to_integer ('t') ,8);
  when "0110100" =>data<=conv_std_logic_vector(char_to_integer ('y') ,8);
  when "0110101" =>data<=conv_std_logic_vector(char_to_integer ('!') ,8);
  when "0111000" =>data<=conv_std_logic_vector(char_to_integer ('E') ,8);
```

```
        when "0111001" =>data<=conv_std_logic_vector(char_to_integer ('x') ,8);
        when "0111010" =>data<=conv_std_logic_vector(char_to_integer ('c') ,8);
        when "0111011" =>data<=conv_std_logic_vector(char_to_integer ('e') ,8);
        when "0111100" =>data<=conv_std_logic_vector(char_to_integer ('l') ,8);
        when "0111101" =>data<=conv_std_logic_vector(char_to_integer ('l') ,8);
        when "0111110" =>data<=conv_std_logic_vector(char_to_integer ('e') ,8);
        when "0111111" =>data<=conv_std_logic_vector(char_to_integer ('n') ,8);
        when "1000000" =>data<=conv_std_logic_vector(char_to_integer ('c') ,8);
        when "1000001" =>data<=conv_std_logic_vector(char_to_integer ('e') ,8);
        when "1000010" =>data<=conv_std_logic_vector(char_to_integer (' ') ,8);
        when "1000011" =>data<=conv_std_logic_vector(char_to_integer ('s') ,8);
        when "1000100" =>data<=conv_std_logic_vector(char_to_integer ('e') ,8);
        when "1000101" =>data<=conv_std_logic_vector(char_to_integer ('r') ,8);
        when "1000110" =>data<=conv_std_logic_vector(char_to_integer ('v') ,8);
        when "1000111" =>data<=conv_std_logic_vector(char_to_integer ('i') ,8);
        when "1001000" =>data<=conv_std_logic_vector(char_to_integer ('c') ,8);
        when "1001001" =>data<=conv_std_logic_vector(char_to_integer ('e') ,8);
        when "1001010" =>data<=conv_std_logic_vector(char_to_integer ('!') ,8);
        when others  =>data<=conv_std_logic_vector(char_to_integer (' ') ,8);
     end case;
  end process;
end fun;
```

11.6　实例 6　频率计

11.6.1　实例现象

连接好 LCD1602，打开电源，下载程序液晶上会有"20000*20ns"的类似显示，"*20ns"部分是固定的，注意"20000"数字是 16 进制数。

将 1J2 的第 3 脚用杜邦线与"FreqIn"跳线相连，按动一次 KEYA，便会进行一次测量，此时液晶上会显示 0x20000*20ns。

将 1J2 的第 5 脚用杜邦线与"FreqIn"跳线相连，按动一次 KEYA，便会进行一次测量，此时液晶上会显示 0x2000*20ns。

1J2 的第 3 脚是模拟的一个方波，周期为 2621440ns，即 0x20000*20ns。

1J2 的第 5 脚是模拟的一个方波，周期为 163840ns，即 0x2000*20ns。

液晶上此时显示的就是所测得值，大家也可以自己找一个信号源，将 FreqIn 与信号连接，再将 GND 与信号源的 GND 连接，就可以对信号进行测量了。它测量的范围很广，0.186～50MHz 都可以。

11.6.2　重点与难点

频率计原理，LCD1602 模块的调用，掌握 VHDL 描述方法。

11.6.3　实例说明

实例实现的是对输入信号的计数功能，在加入 LCD1602 后就是一个简易的频率计了，实例中用到了 LCD1602 模块的调用，工程中使用了 char_ram.vhd、lcd.vhd 和 FreqTest.vhd3 个文件，其中 char_ram.vhd 和 lcd.vhd 与实例 5 的参考程序相同。

11.6.4 实例 VHDL 参考程序

```
library IEEE;
use IEEE.STD_LOGIC_1164.ALL;
use IEEE.STD_LOGIC_ARITH.ALL;
use IEEE.STD_LOGIC_UNSIGNED.ALL;
entity FreqTest is
    port
    (
            CLK      :  in std_logic;          —时钟源
            RESET    :  in std_logic;          —复位信号
            POUT1 : buffer std_logic;
            POUT2 : buffer std_logic;
            —LED:out std_logic_vector(3 downto 0);
            KEY0 :in std_logic;
            FreqIn   :   in std_logic;
            LCD_RS : out std_logic;
            LCD_RW : out std_logic;
            LCD_E  : buffer std_logic;
            LCD_D : out std_logic_vector(7 downto 0)
    );
end FreqTest;
architecture Behavioral of FreqTest is
    component lcd
    port(
            CLK : in std_logic;
            RESET : in std_logic;
            LCD_RS : out std_logic;
            LCD_RW : out std_logic;
            LCD_E  : buffer std_logic;
            LCD_D : out std_logic_vector(7 downto 0);
            data0,data1,data2,data3,data4,data5,data6 : in std_logic_vector(3
downto 0)
        );
    end component;
    signal data0,data1,data2,data3,data4,data5,data6 : std_logic_vector(3
downto 0) ;
    signal cnt0       :  std_logic_vector(27 downto 0);     —计数器
    signal SaveData   :  std_logic_vector(27 downto 0);   —保存计数器值
    signal CntFlag    :   std_logic;
    signal scancnt    :   integer range 0 to 300000; —
    signal cnt1: std_logic_vector(15 downto 0);
    signal cnt3: std_logic_vector(11 downto 0);
begin
bb: lcd port map(
        CLK=>CLK,
```

```
                RESET=>RESET,
                LCD_RS=>LCD_RS,
                LCD_RW=>LCD_RW,
                LCD_E=>LCD_E,
                LCD_D=>LCD_D,
                data6=>data6,
                data5=>data5,
                data4=>data4,
                data3=>data3,
                data2=>data2,
                data1=>data1,
                data0=>data0
        );
        --产生一个 0x20000*20ns 的波形
        process(CLK,RESET)
                begin
                    if RESET='0' then cnt1<=X"0000";POUT1 <='0';
                    elsif CLK'event and CLK='1'then
                        if cnt1=X"FFFF" then POUT1 <=not POUT1; cnt1<=X"0000";
                        else cnt1 <=cnt1+"1";
                        end if;
                    end if;
                end process;
        --产生一个 0x2000*20ns 的波形
        process(CLK,RESET)
            begin
                if RESET='0' then cnt3<=X"000";POUT2 <='0';
                elsif CLK'event and CLK='1'then
                    if cnt3=X"FFF" then POUT2 <=not POUT2; cnt3<=X"000";
                    else cnt3 <=cnt3+"1";
                    end if;
                end if;
            end process;
        --将测试信号二分频
        process(RESET,FreqIn)
        begin
            if RESET='0' then CntFlag<='0';
            elsif rising_edge(FreqIn)then    CntFlag<=not CntFlag;
            end if;
        end process;
        process(CLK,RESET,CntFlag,scancnt)  --时钟进程，产生各种时钟信号
        begin
            if RESET='0' then scancnt<=0;cnt0<=X"0000000";SaveData<=X"0000000";
            else
                if rising_edge(CLK) then
                    case scancnt is
                        when 0  =>  if  CntFlag='1'  then  scancnt<=1;else
scancnt<=0;cnt0<=X"0000001"; end if;--等于'1'时开始采样
                        when 1 => if CntFlag='1' then cnt0<=cnt0+X"0000001";else
```

```vhdl
scancnt<=2;end if;
                        when 2  =>SaveData<=cnt0;scancnt<=3;
                        when others => if KEY0='0' then scancnt<=0;cnt0<=X"0000000";
end if;
                    end case;
                end if;
            end if;
        end process;
        data6<=SaveData(27 downto 24);
        data5<=SaveData(23 downto 20);
        data4<=SaveData(19 downto 16);
        data3<=SaveData(15 downto 12);
        data2<=SaveData(11 downto 8);
        data1<=SaveData(7 downto 4);
        data0<=SaveData(3 downto 0);
    end Behavioral;
```

附录 1

EP2C5Q208 核心板+MAGIC3200 扩展板管脚约束对应表

功能说明		引脚定义	引脚复用	EP2C5引脚
LED		LED0	IO4	72
		LED1	IO5	70
		LED2	IO6	69
		LED3	IO7	68
复位按键		RESET	—	129
50MHz时钟		CLK	—	132
SDRAM	数据总线	SD_DATA[0]	—	138
		SD_DATA[1]	—	137
		SD_DATA[2]	—	135
		SD_DATA[3]	—	134
		SD_DATA[4]	—	133
		SD_DATA[5]	—	128
		SD_DATA[6]	—	127
		SD_DATA[7]	—	120
		SD_DATA[8]	—	151
		SD_DATA[9]	—	152
		SD_DATA[10]	—	165
		SD_DATA[11]	—	164
		SD_DATA[12]	—	163
		SD_DATA[13]	—	162
		SD_DATA[14]	—	161
		SD_DATA[15]	—	160
	地址总线	SD_ADDR[0]	—	110
		SD_ADDR[1]	—	107
		SD_ADDR[2]	—	106
		SD_ADDR[3]	—	105
		SD_ADDR[4]	—	139
		SD_ADDR[5]	—	141
		SD_ADDR[6]	—	142
		SD_ADDR[7]	—	143
		SD_ADDR[8]	—	144
		SD_ADDR[9]	—	145
		SD_ADDR[10]	—	112
		SD_ADDR[11]	—	146

功能说明		引脚定义	引脚复用	EP2C5引脚
SDRAM	控制线	SD_BA[0]	—	114
		SD_BA[1]	—	113
		SD_DQN[0]	—	119
		SD_DQN[1]	—	150
		SD_CS	—	115
		SD_RAS	—	116
		SD_CAS	—	117
		SD_WE	—	118
		SD_CKE	—	147
		SD_CLK	—	149
FLASH	控制线	FLASH_CE	—	89
		FLASH_OE	—	169
		FLASH_WE	—	168
	地址总线	FLASH_ADDR[0]	H8_D	182
		FLASH_ADDR[1]	IO10	74
		FLASH_ADDR[2]	IO13	75
		FLASH_ADDR[3]	IO12	76
		FLASH_ADDR[4]	IO15	77
		FLASH_ADDR[5]	IO14	80
		FLASH_ADDR[6]	IRDA_TXD	81
		FLASH_ADDR[7]	IRDA_RXD	82
		FLASH_ADDR[8]	ADC_RD	84
		FLASH_ADDR[9]	ADC_CS	86
		FLASH_ADDR[10]	ADC_INTR	87
		FLASH_ADDR[11]	ADC_WR	88
		FLASH_ADDR[12]	ADC_DAC_DB1	90
		FLASH_ADDR[13]	ADC_DAC_DB0	92
		FLASH_ADDR[14]	ADC_DAC_DB3	94
		FLASH_ADDR[15]	ADC_DAC_DB2	95
		FLASH_ADDR[16]	ADC_DAC_DB5	96
		FLASH_ADDR[17]	ADC_DAC_DB4	97
		FLASH_ADDR[18]	ADC_DAC_DB7	99
		FLASH_ADDR[19]	ADC_DAC_DB6	101
		FLASH_ADDR[20]	IO9	102
		FLASH_ADDR[21]	IO8	103
		FLASH_ADDR[22]	IO11	104
	数据总线	FLASH_DQ[0]	L3_G	181
		FLASH_DQ[1]	L2_F	190
		FLASH_DQ[2]	L5_Point	179
		FLASH_DQ[3]	L4_TimePoint	176

功能说明		引脚定义	引脚复用	EP2C5引脚
FLASH	数据总线	FLASH_DQ[4]	L7	175
		FLASH_DQ[5]	L6	173
		FLASH_DQ[6]	—	171
		FLASH_DQ[7]	L8	170
PS/2键盘		KBDATA	—	27
		KBCLK	—	28
VGA接口		VGA_R	—	34
		VGA_G	—	33
		VGA_B	—	32
		VGA_HS	—	30
		VGA_VS	—	31
数码开关		JUMP0	—	35
		JUMP1	—	36
		JUMP2	—	37
		JUMP3	—	39
ⅡC EEPROM24LC04		EEPROM0_SCL	—	40
		EEPROM0_SDA	—	41
SPI EEPROM93C45		EEPROM1_SCK	—	43
		EEPROM0_MOSI	—	44
		EEPROM0_MISO	—	45
		EEPROM0_CS	—	58
独立按键		KEY0(A)	—	46
		KEY1(B)	—	47
		KEY2(C)	—	48
		KEY3(D)	IO1	56
		KEY4(E)	IO0	57
扩展口		IO2	—	59
		IO3	—	60
		IO4	LED0	72
		IO5	LED1	70
		IO6	LED2	69
		IO7	LED3	68
串口RS232		UART0_RX	—	61
		UART0_TX	—	63
USB转RS232		USBRXD	—	64
		USBRXD	—	67
ADC和DAC总线		ADC_CS	FLASH_ADDR[9]	86
		ADC_RD	FLASH_ADDR[8]	84
		ADC_WR	FLASH_ADDR[11]	88
		ADC_INTR	FLASH_ADDR[10]	87

功能说明	引脚定义	引脚复用	EP2C5引脚
ADC和DAC总线	ADC_DAC_DB0	FLASH_ADDR[13]	92
	ADC_DAC_DB1	FLASH_ADDR[12]	90
	ADC_DAC_DB2	FLASH_ADDR[15]	95
	ADC_DAC_DB3	FLASH_ADDR[14]	94
	ADC_DAC_DB4	FLASH_ADDR[17]	97
	ADC_DAC_DB5	FLASH_ADDR[16]	96
	ADC_DAC_DB6	FLASH_ADDR[19]	101
	ADC_DAC_DB7	FLASH_ADDR[18]	99
扩展口IJ2	IO8	FLASH_ADDR[21]	103
	IO9	FLASH_ADDR[20]	102
	IO10	FLASH_ADDR[1]	74
	IO11	FLASH_ADDR[22]	104
	IO12	FLASH_ADDR[3]	76
	IO13	FLASH_ADDR[2]	75
	IO14	FLASH_ADDR[5]	80
	IO15	FLASH_ADDR[4]	77
红外线	IRDA_RXD	FLASH_ADDR[7]	82
	IRDA_TXD	FLASH_ADDR[6]	81
LCD1602与LCD12864总线	LCD_RS	—	14
	LCD_RW	—	15
	LCD_E	—	12
	LCD_D0	—	13
	LCD_D1	—	10
	LCD_D2	—	11
	LCD_D3	—	6
	LCD_D4	—	8
	LCD_D5	—	4
	LCD_D6	—	5
	LCD_D7	—	208
	LCD_RESET	—	3
键盘阵列	KeyIn0	—	206
	KeyIn1	—	207
	KeyIn2	—	203
	KeyIn3	—	205
	KeyOut0	—	200
	KeyOut1	—	201
键盘阵列	KeyOut2	—	198
	KeyOut3	—	199
蜂鸣器	Speaker	—	195
四位LDE数码管与8×8点阵	H1_LEDVCC1	—	189
	H2_LEDVCC2	—	191
	H3_LEDVCC3	—	187

功能说明	引脚定义	引脚复用	EP2C5引脚
四位LDE数码管与8×8点阵	H4_LEDVCC4	—	188
	H5_A	FLASH_ADDR[0]	182
	H6_B	—	185
	H7_C	FLASH_DQ[1]	180
	H8_D	FLASH_DQ[0]	181
	L1_E	FLASH_DQ[3]	176
	L2_F	FLASH_DQ[2]	179
	L3_G	FLASH_DQ[5]	173
	L4_Timepoint	FLASH_DQ[4]	175
	L5_Pouint	FLASH_DQ[7]	170
	L6	FLASH_DQ[6]	171
	L7	FLASH_WE	168
	L8	FLASH_OE	169
	LED_EN1（数码管片选）		193
	LED_EN2（LED点阵片选）		197
频率计输入口	FreqIn		192

附录2

XC95288XL 核心板+MAGIC3200 扩展板管脚约束对应表

功能说明		引脚定义	引脚复用	XC95288XL引脚
LED		LED0	—	97
		LED1	—	96
		LED2	—	95
		LED3	—	94
CLK		CLK		30
RESET		RESET	—	34
SRAM （IS61LV6416）	数据总线	DATA[0]	—	87
		DATA[1]	—	86
		DATA[2]	—	85
		DATA[3]	—	83
		DATA[4]	—	82
		DATA[5]	—	81
		DATA[6]	—	80
		DATA[7]	—	79
		DATA[8]	ADC_DB5	53
		DATA[9]	ADC_DB6	54
		DATA[10]	ADC_DB7	56
		DATA[11]	IO_8	57
		DATA[12]	IO_9	58
		DATA[13]	IO_10	59
		DATA[14]		60
		DATA[15]		61
	地址总线	ADD[15]	IO_11	70
		ADD[14]	IRDA_RXD	71
		ADD[13]	L8	93
		ADD[12]	L7	92
		ADD[11]	—	91
		ADD[10]	—	77
		ADD[9]	—	76
		ADD[8]	—	75
		ADD[7]	—	74
		ADD[6]	ADC_DB4	52
		ADD[5]	ADC_DB3	51

功能说明	引脚定义		引脚复用	XC95288XL引脚
SRAM（IS61LV6416）	地址总线	ADD[4]	ADC_DB2	50
		ADD[3]	ADC_DB1	49
		ADD[2]	IO_14	66
		ADD[1]	IO_13	68
		ADD[0]	IO_12	69
	控制信号	WE	—	78
		CS	—	88
		OE	IO_15	64
PS/2键盘	KBDATA		—	2
	KBCLK		—	3
VGA接口	VGA_R		—	9
	VGA_G		—	7
	VGA_B		—	6
	VGA_HS		—	4
	VGA_VS		—	5
数码开关	JUMP0		—	10
	JUMP1		—	11
	JUMP2		—	12
	JUMP3		—	13
ⅡC EEPROM24LC04	EEPROM0_SCL		—	14
	EEPROM0_SDA		—	15
SPI EEPROM93C46	EEPROM1_SCK		—	16
	EEPROM1_MOSI		—	17
	EEPROM1_MISO		—	19
	EEPROM1_CS		—	25
独立按键	KEY0（A）		—	20
	KEY1（B）		—	21
	KEY2（C）		—	22
	KEY3（D）		—	23
	KEY4（E）		—	24
扩展口IJ2	IO2		—	26
	IO3		—	27
	IO4		—	38
	IO5		—	39
	IO6		—	40
	IO7		—	41
	IO8		DATA[11]	57
	IO9		DATA[12]	58
	IO10		DATA[13]	59
	IO11		ADD[15]	70

功能说明	引脚定义	引脚复用	XC95288XL引脚
扩展口IJ2	IO12	ADD[0]	69
	IO13	ADD[1]	68
	IO14	ADD[2]	66
	IO15	OE	64
串口RS232	UART0_RX	—	28
	UART0_TX	—	31
USB转RS232	USBRXD	—	32
	USBRXD	—	33
ADC和DAC总线	ADC_CS	—	43
	ADC_RD	—	44
	ADC_WR	—	45
	ADC_INTR	—	46
	ADC_DB0	—	48
	ADC_DB1	ADD[3]	49
	ADC_DB2	ADD[4]	50
	ADC_DB3	ADD[5]	51
	ADC_DB4	ADD[6]	52
	ADC_DB5	DATA[8]	53
	ADC_DB6	DATA[9]	54
	ADC_DB7	DATA[10]	56
红外线	IRDA_RXD	ADD[14]	71
	IRDA_TXD	—	35
LCD1602与 LCD12864总线	LCD_RS	—	142
	LCD_RW	—	143
	LCD_E	—	139
	LCD_D0	—	140
	LCD_D1	—	137
	LCD_D2	—	138
	LCD_D3	—	135
	LCD_D4	—	136
	LCD_D5	—	133
	LCD_D6	—	134
	LCD_D7	—	131
	LCD_RESET	—	132
键盘阵列	KeyIn0	—	129
	KeyIn1	—	130
	KeyIn2	—	126
	KeyIn3	—	128
	KeyOur0	—	124
	KeyOur1	—	125
	KeyOur2	—	120
	KeyOur3	—	121

功能说明	引脚定义	引脚复用	XC95288XL引脚
蜂鸣器	Spesker	—	118
四位LDE数码管与 8×8点阵	H1_LEDVCC1	—	113
	H2_LEDVCC2	—	115
	H3_LEDVCC3	—	111
	H4_LEDVCC4	—	112
	H5_A	—	107
	H6_B	—	110
	H7_C	—	105
	H8_D	—	106
	L1_E	—	103
	L2_F	—	104
	L3_G	—	101
	L4_TimePoint	—	102
	L5_Point	—	98
	L6	—	100
	L7	ADD[12]	92
	L8	ADD[13]	93
	LED_EN1（数码管片选)	—	117
	LED_EN2（LED点阵片选)	—	119
频率计输入口	FreqIn	—	116

附录 3

EPM1270 核心板+MAGIC3200 扩展板管脚约束对应表

功能说明	引脚定义			引脚复用	EPM1270引脚
LED	LED0			—	98
	LED1			—	97
	LED2			—	96
	LED3			—	95
CLK	CLK			—	18
RESET	RESET			—	61
SRAM（IS61LV6416）	数据总线	DATA[0]		—	88
		DATA[1]		—	87
		DATA[2]		—	86
		DATA[3]		—	85
		DATA[4]		—	84
		DATA[5]		—	81
		DATA[6]		—	80
		DATA[7]		—	79
		DATA[8]		ADC_DB4	55
		DATA[9]		ADC_DB5	57
		DATA[10]		ADC_DB6	58
		DATA[11]		ADC_DB7	59
		DATA[12]		IO_8	60
		DATA[13]		IO_9	62
		DATA[14]		IO_10	63
		DATA[15]		IO_11	66
	地址总线	ADD[15]		IRDA_RXD	71
		ADD[14]		IRDA_TXD	72
		ADD[13]		L8	94
		ADD[12]		L7	93
		ADD[11]		—	91
		ADD[10]		—	77
		ADD[9]		—	76
		ADD[8]		—	75
		ADD[7]		—	74
		ADD[6]		ADC_DB2	52
		ADD[5]		ADC_DB1	51

功能说明	引脚定义		引脚复用	EPM1270引脚
SRAM（IS61LV6416）	地址总线	ADD[4]	ADC_DB0	50
		ADD[3]	ADC_INTR	49
		ADD[2]	IO_13	68
		ADD[1]	IO_14	69
		ADD[0]	IO_15	70
	控制信号	WE	—	78
		CS	—	89
		OE	IO_12	67
PS/2键盘	KBDATA		—	1
	KBCLK		—	2
VGA接口	VGA_R		—	7
	VGA_G		—	6
	VGA_B		—	5
	VGA_HS		—	3
	VGA_VS		—	4
数码开关	JUMP0		—	8
	JUMP1		—	11
	JUMP2		—	12
	JUMP3		—	13
ⅡC EEPROM24LC04	EEPROM0_SCL		—	14
	EEPROM0_SDA		—	15
SPI EEPROM93C46	EEPROM1_SCK		—	16
	EEPROM1_MOSI		—	20
	EEPROM1_MISO		—	21
	EEPROMI_CS		—	29
独立按键	KEY0（A）		—	22
	KEY1（B）		—	23
	KEY2（C）		—	24
	KEY3（D）		—	27
	KEY4（E）		—	28
扩展口IJ2	IO2		—	30
	IO3		—	31
	IO4		—	40
	IO5		—	41
	IO6		—	42
	IO7		—	43
	IO8		DATA[12]	60
	IO9		DATA[13]	62
	IO10		DATA[14]	63
	IO11		ADD[15]	66
	IO12		OE	67

功能说明	引脚定义	引脚复用	EPM1270引脚
扩展口IJ2	IO13	ADD[2]	68
	IO14	ADD[1]	69
	IO15	ADD[0]	70
串口RS232	UART0_RX	—	32
	UART0_TX	—	37
USB转RS232	USBRXD	—	38
	USBRXD	—	39
ADC和DAC总线	ADC_CS	—	44
	ADC_RD	—	45
	ADC_WR	—	48
	ADC_INTR	ADD[3]	49
	ADC_DB0	ADD[4]	50
	ADC_DB1	ADD[5]	51
	ADC_DB2	ADD[6]	52
	ADC_DB3	—	53
	ADC_DB4	DATA[8]	55
	ADC_DB5	DATA[9]	57
	ADC_DB6	DATA[10]	58
	ADC_DB7	DATA[11]	59
红外线	IRDA_RXD	ADD[15]	71
	IRDA_TXD	ADD[14]	72
LCD1602与LCD12864 总线	LCD_RS	—	143
	LCD_RW	—	144
	LCD_E	—	141
	LCD_D0	—	142
	LCD_D1	—	139
	LCD_D2	—	140
	LCD_D3	—	137
	LCD_D4	—	138
	LCD_D5	—	133
	LCD_D6	—	134
	LCD_D7	—	131
	LCD_RESET	—	132
键盘阵列	KeyIn0	—	129
	KeyIn1	—	130
	KeyIn2	—	125
	KeyIn3	—	127
	KeyOut0	—	123
	KeyOut1	—	124
	KeyOut2	—	121
	KeyOut3	—	122

功能说明	引脚定义	引脚复用	EPM1270引脚
蜂鸣器	Spesker	—	119
四位LDE数码管与 8×8点阵	H1_LEDVCC1	—	113
	H2_LEDVCC2	—	114
	H3_LEDVCC3	—	111
	H4_LEDVCC4	—	112
	H5_A	—	109
	H6_B	—	110
	H7_C	—	107
	H8_D	—	108
	L1_E	—	105
	L2_F	—	106
	L3_G	—	103
	L4_TimePoint	—	104
	L5_Point	—	101
	L6	—	102
	L7	ADD[12]	93
	L8	ADD[13]	94
	LED_EN1(数码管片选)	—	118
	LED_EN2（LED点阵片选）	—	120
频率计输入口	FreqIn	—	117

参 考 文 献

[1] 王春平，张晓华，赵翔．Xilinx 可编程逻辑器件设计与开发（基础篇）．北京：人民邮电出版社，2011．

[2] 顾仁涛，王强．FPGA 设计开发与工程实践．北京：北京邮电大学出版社，2013．

[3] 李辉．PLD 与数字系统设计．西安：西安电子科技大学出版社，2005．

[4] 求是科技．CPLD/FPGA 应用开发技术与工程实践．北京：人民邮电出版社，2005．

[5] 陈耀和．VHDL 语言设计技术．北京：电子工业出版社，2004．

[6] 常晓明，李媛媛．Verilog-HDL 工程实践入门．北京：北京航空航天大学出版社，2005．

[7] 赵曙光．可编程逻辑器件原理、开发与应用．西安：西安电子科技大学出版社，2011．

[8] 谭会生，张昌凡．EDA 技术及应用（第二版）．西安：西安电子科技大学出版社，2004．

[9] 夏宇闻．Verilog 数字系统设计教程．北京：航天航空大学出版社，2008．

[10] 潘松，黄继业．EDA 技术实用教程-VHDL 版（第四版）．北京：科学出版社，2011．